KB088557

지리쌤과 함께하는
우리나라 도시 여행 2

지리쌤과 함께하는
우리나라 도시 여행 2

전국지리교사모임 지음

전국지리교사모임 선생님들이 들려주는 대한민국 17개 도시의 지리와 역사, 문화 이야기

폭스코너

"자세히 보아야 예쁘다. 오래 보아야 사랑스럽다."라는 유명한 시 구절이 있습니다. 우리를 둘러싼 풀꽃과 나무, 숲과 강물, 그 강가의 조약돌도 자세히 보고 오래 보아야 그 의미를 제대로 이해할 수 있습니다. 자연만 그럴까요? 나를 둘러싼 사람들도 그러하지요. 사람을 단면만 보고 판단할 수 없습니다. 오래 만나 소통하며 그 사람의 개성을 발견하고 단점까지도 이해할 수 있을 때, 우리는 서로를 온전히 받아들일 수 있지요. 자세히, 그리고 오래 보아야 의미 있게 받아들일 수 있습니다.

'도시'도 그렇습니다. 우리가 무심코 생활하는 도시 속 공간들은 과거와 현재의 수많은 사람들이 살아내고, 살고 있는 장소들의 집합체로 독특한 풍경과 상징, 냄새, 이야기로 가득합니다. 그러나 일상의 익숙함에 젖어버린 사람들은 내 삶터의 개성을 잘 찾지 못합니다. 건물도, 거리도, 냄새도, 우리를 둘러싸고 있는 자연도 '당연히 그러려니~, 거기에 있으려니' 생각하고 지나치고 맙니다. 그렇다 보니 자신이 살고 있는 도시나 마을에 대해서 자세히 알고 있는 이가 드뭅니다. (스스로 안다고 착각하고 있을 뿐, 막상 타인에게 소개하려고 하면 턱없이 아는 게 부족하다는 사실을 깨닫게 됩니다.) 삶터에 대한 애정과 지역정체성 인식은 곧 나 자신의 삶에 대한 애정과 자아정체성으로 연결되기 마련입니다. 그래서 도시를 걷고, 자세히 들여다보고, 그 속에 사는 사람들을 만나 대화를 나누는 여행은 나 자신과 마주하는 여행이기도 합니다.

대한민국 곳곳에서 중고등학생들을 가르치는 지리쌤들이 독자 여러분과 함께 17개 도시 여행을 떠나고자 합니다. 내가 살고 있는 도시를 더 자세히 들여다보는 여행일 수도 있고, 낯선 도시를 새롭게 느껴보는 여행일 수도 있습니다. 여행지의 지형과 생태환경 같은 자연적 요소는 물론 그 지역의 역사와 문화를 두루 배우며, 공간을 입체적이고 종합적으로 이해하는 것이 '지리 여행'의 매력이지요. 한 장 한 장 책장을 넘기며 단편적으로 존재했던 도시에 대한 지식들이 구슬 꿰어지듯 지리적 맥락으로 이어지길 기대해봅니다.

무엇보다 이번 여행을 준비하며 지리쌤들은 도시마다 갖고 있는 '개성'과 '다양성'에 주목했어요. 다문화 공존 도시, 시민 참여 도시, 다채로운 축제의 도시, 건강 도시, 남북을 잇는 도시, 종교의 힐링 도시, 교통 도시, 전통문화의 도시, 민주화운동의 도시, 근대 역사 도시, 산자락을 품은 도시, 강변 도시, 해안 도시, 신비의 섬 등등 도시마다 넘치는 개성을 확인할 수 있었고, 이런 다양성이 곧 지역의 힘이라고 느꼈습니다. 특히 지역적 특성을 살려나가는 주민들의 열의와 노력을 담고자 했습니다. 지역이 겪고 있는 어려움, 문제점도 숨기기보다는 드러내고 함께 고민하고자 했습니다. 앞으로 주민들과 여행자들의 의지가 더해져 대한민국 구석구석 더불어 행복하고 개성 넘치는 도시 공간이 펼쳐지길 바라는 마음을 전하고 싶었습니다.

자, 여러분은 어떤 여행이 되기를 희망하시나요? 질문이 있는 여행, 추억이 깃든 여행, 오랜 생각이 정리되고 새로운 생각이 싹트는 여행……. 어떤 여행이든 한 가지는 꼭 기억해주세요. 자세히 보아야 예쁘고, 오래 보아야 사랑스럽다는 것을요. 🌱

지리쌤과 여행할 도시

철원
연천 화천 양구 고성
속초
포천 춘천 인제 양양
파주 가평 홍천 강원도 강릉
경기도
서울 양평 횡성 평창 동해
여주 원주 정선 삼척
화성 제천 태백
충주 단양
당진 청주 충청북도 영주 봉화 울진
충청남도 괴산 문경 예천 영양
세종 보은 상주 안동
대전 옥천 경상북도 청송 영덕
논산 금산 영동 구미 의성
군산 전주 진안 무주 김천 칠곡 군위 영천 포항
전라북도 장수 성주 대구 경산
남원 거창 고령 경주
광주 함양 합천 창녕 청도 밀양 울산
구례 산청 경상남도 양산
전라남도 순천 하동 진주 함안 창원 김해 부산
광양 고성 거제
여수 남해 통영

울릉도
독도

1권
2권

제주시 제주도
서귀포시

차례

1부 서울

6부 경상도

1부

서울

CITY
북촌&익선동

서울의 대표 한옥마을, 북촌&익선동

드라마 〈겨울연가〉나 〈도깨비〉를 본 적 있나요? 이들 드라마의 배경은 북촌 한옥마을과 그곳에 있는 중앙고등학교였어요. 지금도 여전히 북촌 한옥마을에서 드라마, 영화, 광고 등을 찍는 모습을 많이 볼 수 있지요. 이곳에서 드라마나 광고를 많이 촬영하는 이유는 무엇일까요? 왜 중국인들을 비롯한 많은 외국인들이 북촌 한옥마을을 방문할까요? 북촌 한옥마을뿐만 아니라 요즘 SNS 등에서 핫 플레이스라며 언급되는 지역 가운데 하나가 익선동이에요. 그렇다면 왜 많은 사람들이 북촌과 익선동에 관심을 가질까요? 아마 현재 우리의 생활공간과 조금 다른 모습을 하고 있기 때문일 거예요. 북촌과 익선동은 우리의 전통 가옥인 한옥이 많이 남아 있는 지역이거든요. 한옥이 중심을 이루는 지역이라서 단층 건물에 기와가 얹어진 모습이 여유로움을 선물하죠. 서울의 다른 지역에 비해 좁은 도로와 골목길로 이루어져 한가롭게

걸으며 주변을 둘러볼 수도 있고요.

그런데 북촌과 익선동은 서로 다른 느낌을 준답니다. 북촌은 주거를 목적으로 만들어진 한옥이 큰 변화 없이 보존되어 주택으로 활용되고 있어요. 나지막한 경사면을 따라 집이 위치하고 있어 한눈에 한옥을 볼 수 있죠. 반면 익선동은 주택이었던 한옥을 카페, 식당, 옷가게 등 다양한 상점으로 리모델링한 곳이 많아요. 그리고 북촌에 비해 평지에 위치해 있고, 골목이 좁아 자동차가 전혀 드나들 수 없죠.

그럼 멋스러운 한옥, 고즈넉한 골목길 등의 매력을 지닌 북촌과 익선동 한옥마을을 자세히 알아볼까요?

북촌에는 조선시대의 한옥이 많다?

한옥마을로 유명한 북촌은 종로 한가운데 위치하고 있어요. 서울에서 가장 많은 한옥이 보존되어 있는 지역이 서울의 도심 한가운데 있다는 것이 색다른 느낌을 준답니다. 그런데 현재의 행정구역에는 없는 '북촌'이라는 이름은 어디서 온 걸까요? 조선시대부터 한양도성의 중심부에 위치한 청계천과 종로를 중심으로 위쪽을 북촌, 그 아래쪽을 남촌이라고 했어요. 북촌은 궁궐과 가까웠기 때문에 권력과 부를 가진 양반들이 모여 살았죠. 하지만 지금의 북촌은 과거 범위에서 축소되어 경복궁과 창덕궁 사이 지역을 말해요.

그럼 북촌에 있는 한옥은 주로 언제 만들어졌을까요? 흔히들 조선시대라고 생각하지만, 북촌의 한옥은 대부분 일제강점기인 1930년대 전후에 만들어졌습니다. 이것을 '근대 한옥' 또는 '도시형 한옥'이라고 부르죠. 도시형 한옥이 등장한 1930년대에는 서울의 인구가 급속하게 늘어서 주택난이 심했어요. 주택 부족 문제가 지속되자 부동산 개발 회사들은 큰 대지의 한옥을 매입한 후, 땅을 분할하여 여러 채의 소규모 한옥을 지어 도시형 한옥 단지를 만들었죠. 이 당시 도시형 한옥마을은 유사한 공간 구조를 가진 주택이 밀집된 곳이라는 면에서 오늘날의 아파트와 비슷하다고 볼 수 있어요. 도시형 한옥은 전통 한옥을 개량

옛 지도 '수선전도'

하여 수도와 전기가 들어오게 하고, 대청에는 유리문을 설치했으며, 바닥에는 타일, 처마에는 함석 챙을 달았답니다. 시대의 변화에 맞춰 사람들이 좀 더 편하게 생활할 수 있는 한옥을 만든 것이죠.

정세권은 1930년대 한옥 건설에 중요한 역할을 한 사람입니다. 그는 '건양사'라는 부동산 개발 회사를 설립해, 북촌을 비롯한 익선동, 혜화동, 성북동 등 현재 서울에 남아 있는 한옥마을단지를 조성했어요. '경성의 건축왕'이라 불리기도 했던 정세권은 일본식 가옥이 아닌 한옥만을 고집스럽게 건축했습니다. 정세권의 활동으로 인해 한옥과 조선인의 주거지가 지켜졌으니, 공간적 항일운동을 했다고 평가할 수도 있겠네요.

북촌은 일제강점기 이후 개발에서 제외되었습니다. 일본인들은 권력 있는 양반들이 주로 살고 있는 북촌이 부담스러워 남촌의 힘없는 양반들을 몰아내고 그곳을 주거지로 만들었거든요. 그래서 일제강점기 동안 일본인이 많이 살고 있는 청계천 남쪽의 명동, 충무로 등이 우선적으로 개발되었어요. 해방 이후에는 한강 남쪽으로 개발의 중심이 이동하여 한강 북쪽에 위치한 북촌은 큰 변화를 겪지 않고 1930년대 조성된 한옥의 모습 그대로 유지되었

죠. 북촌이 개발의 중심에 있지 않았기 때문에 오히려 소중한 문화유산인 한옥마을이 그대로 보존되었다고 볼 수 있어요. 물론 한옥마을이라고 해서 북촌에 한옥만 있는 것은 아니에요. 한옥마을이 보존지구로 지정되지 않았던 때, 낡은 한옥을 상가건물, 다세대주택 등으로 재건축한 경우도 있거든요.

현재 북촌의 한옥은 어떻게 활용되고 있을까요? 북촌에서도 한옥이 가장 밀집되어 있는 가회동 골목길의 한옥은 대부분 주민들이 살고 있는 집입니다. 지금도 해가 저물면 시골 동네처럼 상점은 문을 닫고 인적도 뜸해지는 동네가 북촌이지요. 최근 사람들이 몰리면서 주택이었던 한옥이 카페, 갤러리 등으로 용도가 변경되기도 했어요. 그리고 북촌 한옥 중에는 '서울 공공한옥'도 있습니다. 서울시에서 매입하여 보유하고 있는 한옥으로, 박물관, 공방, 체험관, 게스트하우스 등으로 활용된답니다. 북촌 한옥마을 지도 등 안내 자료를 받기 위해 여행객들이 많이 방문하는 '북촌문화센터' 역시 서울 공공한옥이지요. 계동길의 배렴 가옥, 마을서재 등도 공공한옥으로 개방되어 있으니

북촌의 한옥 모습

북촌문화센터 　　　　　　　　　　　　　　　배렴 가옥

방문하여 한옥 내부를 살펴보거나 잠시 쉬어가도 좋아요.

　북촌의 공공한옥 중 일부는 매듭, 한지인형, 전통염색 등을 만들거나 체험

하는 공방으로 활용되고 있습니다. 과거 북촌은 왕실이나 양반가에서 사용

하는 고급 공예품을 제작하던 수공업자인 '경공장(京工匠)'이 모여 있던 곳이

니, 전통이 이어지고 있는 셈이죠. 공방을 방문하면 공예품을 구경하거나 간

단한 체험을 할 수 있어요. 어떤 체험을 할지 고민되는 여행객은 가회동 골목

길(북촌 8경 중 3경 주변)에 위치하고 있는 '북촌 전통공예 체험관'을 방문하면 됩

니다. 요일별로 다양한 전통공예 체험이 준비되어 있으니 원하는 것을 선택

해 만들어볼 수 있답니다.

　최근 북촌 한옥마을 주변 창덕궁 앞쪽에 큰 규모의 공공한옥들이 신축되

고 있습니다. 2015년 9월 개관한 돈화문 국악당에 이어 민요박물관(2019년 10

월 예정)과 한복체험관 등이 들어설 예정이에요. 앞으로 서울에서 전통문화를

체험할 수 있는 중심 지역이 어디냐고 묻는다면 북촌 한옥마을이라고 대답

할 수 있겠죠?

물길 그대로 만들어진 도로와 고즈넉한 골목길

북촌은 하천을 중심으로 동네가 형성된 지역입니다. 과거 북촌에는 북쪽의 산에서 청계천으로 흐르는 작은 물길이 남북 방향으로 흐르고 있었어요. 1930년대 이후 북촌의 물길을 복개하여 도로로 만들었지요. 북촌의 주요 도로인 삼청동길, 가회동길, 계동길, 원서동길 등이 모두 과거 하천이었던 곳이에요. 이로 인해 도로는 남북 방향의 하천 흐름을 그대로 따르며 완만한 곡선 형태를 보이고 있습니다.

그에 비해 북촌 한옥마을 동서 방향의 도로들은 대부분 일제강점기 이후에 생긴 거예요. 경복궁에서 창덕궁을 지나 동대문에 이르는 큰 길(율곡로)은 1932년 작은 길을 확장하여 만들었습니다. 특히 창덕궁 앞 구간은 담장으로 연결되어 있던 창덕궁(창경궁)과 종묘를 분리하여 도로를 만든 것이죠. 풍수지리상 북한산의 주맥이 창덕궁(창경궁)에서 종묘로 흐르는데 이것을 끊어 민족혼을 말살시키려고 조선총독부가 도로를 만들었다는 이야기가 있어요. 현재 문화재청은 창덕궁(창경궁)과 종묘를 다시 연결하고 이 구간의 율곡로를 지하화하는 공사를 2019년 완공을 목표로 진행하고 있답니다. 일제가 허문 종묘~창덕궁(창경궁) 사이 담장이 88년 만에 제 모습을 찾게 되는 거죠.

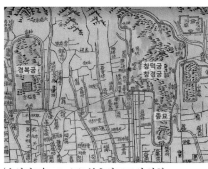

'수선전도'(1840년대) 북촌의 도로와 하천

'경성시가도'(1933년) 북촌의 도로와 하천

물길 그대로 만들어진
계동길 도로

최근 북촌을 비롯해 가로수길, 경리단길, 연남동 거리 등 구불구불하고 좁은 골목길이 인기 있는 거 다들 아시죠? 소박한 상점의 볼거리와 먹거리, 즐길 거리로 걷기 좋은 골목길에 매력을 느끼는 것 같아요.

북촌에서 골목길의 정취를 가장 잘 느낄 수 있는 곳은 계동길입니다. 3호선 안국역 앞 현대 사옥에서 중앙고등학교에 이르는 계동길에는 개성 있고 아기자기한 상점이 많이 있어요. 어디서나 볼 수 있는 프랜차이즈 상점보다 주인의 취향이 느껴지는 작은 상점들을 보며 정겨움을 느낄 수 있죠. 계동길 사이사이로 난 아주 좁은 골목길도 많아 숨은 공간 찾기를 하듯 천천히 둘러볼 수 있답니다.

◆━━ 북촌의 학교와 갑신정변 그리고 강남 개발 ━━◆

1884년 박규수, 김옥균, 서재필, 홍영식 등 젊은 개화파들이 새로운 세상을 도모하려 갑신정변을 일으켰습니다. 3일 천하로 끝난 이 사건의 주역들은 세도가 출신으로 북촌에 모여 살고 있었죠. 갑신정변 실패 이후 이들은 역적으로 몰려 집을 몰수당했고 그 터에 학교가 지어졌습니다. 그래서 북촌에는 유난히 많은 학교가 있었답니다. 김옥균, 서재필이 살던 곳(현재 정독도서관)에 관립 한성중학교(경기고등학교)가 세워졌으며, 박규수과 홍영식의 집이 있던 곳(현재 헌법재판소)에는 조선 최초의 현대식 병원인 광혜원(廣惠院)을 거쳐 경기여고가 위치했었어요.

1970년대까지 소위 명문고라고 불렸던 고등학교들은 강북, 그것도 대부분 북촌 한옥마을이 위치한 종로구에 있었습니다. 그러던 것이 1970년대 이후 강남 개발이 이루어지면서 사람들의 강남 유입을 유도하기 위해 명문고라 불리던 학교들을 강남으로 이전했죠. 경기고가 1976년 강남구 삼성동으로 이전한 이후 그 자리는 정독도서관이 되었습니다. 1978년 강남구 대치동으로 이전한 휘문고 부지에는 현재 현대그룹 계동 사옥이 위치하고 있고요. 경기여고, 창덕여고가 떠난 자리는 1993년 이후 헌법재판소로 바뀌었습니다.

서울에서 가장 오래된 한옥마을, 익선동

서울에서 가장 오래된 한옥마을은 어디일까요? 한옥으로 가장 유명한 북촌일까요? 아니요. 정답은 익선동 한옥마을이에요. 북촌 한옥마을과 그리 멀지 않은 종로3가와 창덕궁 사이에 위치한 곳이지요.

익선동 한옥마을은 1920년대 만들어진 도시형 한옥 주거단지랍니다. 익선동에는 한옥마을 이전에 누동궁이 위치하고 있었어요. 누동궁은 조선 25대 왕 철종이 출생해서 14세까지 자랐던 곳이죠. 19세에 왕이 된 후 익선동 집터에 아버지인 전계대원군의 사당을 지어 제사를 모시게 했어요. 철종의 형인 영평군이 소유했던 누동궁을 그 후손이 정세권의 부동산 개발회사인 건양사에 팔면서 현재의 익선동 한옥단지가 만들어진 거예요. 익선동과 북촌의 한옥마을은 모두 한국 최초의 부동산 개발업자인 정세권이 만들었다는 공통점이 있답니다. 다만, 익선동은 북촌보다 좀 더 작은 규모의 한옥으로 구성되었어요. 골목도 북촌보다 좁아서 두세 명 정도가 겨우 지나갈 정도랍니다.

익선동 한옥마을은 2004년 도시환경정비구역(재개발지역)으로 지정되어

현재의 익선동 골목길 모습

사라질 위기를 겪기도 했어요. 하지만 주민 간 의견 차이로 10년 이상 개발이 진척되지 못했고, 허물거나 새로 건물을 짓지 못한 채 기존의 낡은 한옥이 그대로 남게 되었죠. 2014년 서울시는 익선동을 재개발구역에서 제외했어요. 그러면서 익선동은 기존의 한옥을 리모델링한 상점이 들어서게 되었고 지금까지도 계속 변화하고 있죠. 한옥의 흙벽을 뚫어 통유리를 내거나, 마당과 마루의 경계를 허물고 마당 천장을 유리로 덮는 등 한옥을 적극적으로 리모델링하여 카페, 식당 등으로 바꾸고 있답니다. 2018년 서울시는 익선동을 서울의 마지막 한옥마을로 지정했습니다. 이제 한옥마을의 건물은 1층으로 높이가 제한되고, 인근 가로변 건물도 5층 이상 지을 수 없게 된 거예요. 외형적인 한옥마을은 유지되겠지만, 한옥을 어느 수준까지 개발해도 되는지, 어떻게 보존할지에 대해 고민이 필요할 것 같아요.

● 익선동의 피맛길 ●

일반적으로 피맛길 하면 종로 안쪽 골목길을 많이 떠올리지만 익선동에도 피맛길이 있었답니다. 피맛(避馬)길은 말을 피하는 길이라는 뜻이에요. 조선시대 말을 타고 다니던 양반들을 마주할 때마다 인사를 해야 하는 번거로움을 피하기 위해 사람들이 다니면서 자연스럽게 형성된 길이지요. 창덕궁에서 종로 3가에 이르는 큰길(돈화문로) 안쪽 익선동 골목길은 조선시대 피맛길 중의 하나였어요. 익선동 북쪽에 위치한 창덕궁이 경복궁과 더불어 조선을 대표하는 궁궐이었기 때문이죠.

삼일대로와 낙원삘딩

익선동 한옥마을 옆쪽에는 서울미래유산으로 지정된 낙원악기상가가 있습니다. 1층이 도로로 사용되는 특이한 건물 모습이 눈길을 끌지요. '낙원삘딩'이라는 현판은 1969년 건립 당시의 맞춤법에 따라 표기된 거예요. 이 건물은 필로티 공법으로 만들어진 우리나라 최초의 고급 주상복합

낙원빌딩 현판

24

아파트라고 볼 수 있습니다. 현재 지하 1층은 재래시장, 2, 3, 4층은 세계에서 규모가 가장 크다고 평가받는 악기상가, 4층 일부는 실버극장과 옥상마당, 5층은 사무 공간, 6층부터 15층까지는 아파트로 사용되고 있죠. 그럼, 지금부터 낙원빌딩에 대해 좀 더 자세히 알아볼까요?

낙원빌딩이 있던 곳은 일제강점기 때 소개지(疏開地)였던 곳이에요. 소개 지란 전쟁으로 화재가 발생하여 도시 전체가 불타는 걸 대비하기 위해 도시 중간중간 비워둔 땅을 말해요. 해방 이후 빈터였던 이곳에 자생적으로 무허가 주택과 재래시장(낙원시장)이 들어섰습니다. 1967년 당시 '불도저'로 불린 김현옥 서울시장은 낙원동 일대를 철거하여 정리하고 삼일대로와 현대식 상가 건물을 짓는 계획을 발표했죠. 삼일대로는 상징성이 높은 도로로 평가할 수 있거든요. 삼일대로의 북쪽은 가회동길이고, 더 올라가면 서울 성곽과 만납니다. 북한산에서 북악산을 따라 내려오는 서울 풍수지리의 남북 축이 삼일대로를 지나 남쪽으로 더 내려가면 남산 1호 터널, 한남대교, 경부고속도로로

삼일대로 위 낙원빌딩

연결되는 셈이죠. 그러니 풍수지리상 서울의 남북 흐름을 연결하려면 삼일대로를 꼭 건설해야 한다고 생각한 거예요. 삼일대로의 도로 이름은 '3·1운동'과 관련이 있답니다. 1919년 만세운동이 있었던 탑골공원과 민족대표들이 독립선언서를 낭독했던 태화관 등이 이 도로 주변인 것을 기념해 1966년 '삼일로'라는 이름을 붙이게 되었죠.

서울시는 1960년대 후반 상징성이 높은 지금의 삼일대로를 만들기 위해 그 자리에 있던 낙원재래시장의 상인들과 협상을 했어요. 그 결과 재래시장은 건물 지하로 들어가고, 1층은 도로로 만들기로 했죠. 드디어 1969년, 1층이 도로인 낙원빌딩이 만들어졌고, 낙원시장의 상인들은 대부분 상가에 재정착할 수 있었어요. 지금도 낙원빌딩의 지하에는 저렴한 가격에 국수, 김밥 등의 음식을 먹을 수 있고 다양한 물품을 구매할 수 있는 재래시장이 운영되고 있답니다.

낙원상가 지하 재래시장(위)
낙원악기상가 (아래)

낙원빌딩의 2층에서 4층까지는 악기상가가 밀집된 곳으로 유명해요. 1960년대 이후 종로 일대는 문화 중심지로 악기 수요가 많은 곳이었죠. 점차 낙원빌딩으로 악기상점들이 모여들었어요. 더욱이 1970년대 전후에는 밴드의 공연무대가 늘면서 악사들도 급증했습니다. 자연스럽게 낙원악기상가는 악사들의 일자리 정보를 공유하는 역할도 하게 되었죠. 1983년 낙원상가 옆 탑골공원(옛 이름 파고다공원)에 있었던 '파고다 아케이드'가 철거되면서 그곳에 있던 악기상가들은 낙원빌딩으로 대거 이동했습니다. 그 결과 낙원빌딩은 본격적으로 악기 전문 상가로 발전하게 되었지요. 그러다 1990년대 유흥업소 단속, 노래방 기계의 보급으로 악사 인력시장의 기능은 거의 사라지게 되었습니다. 이후 낙원악기상가는 어려움을 겪기도 했지만 우리나라 최대의 악기상가라는 명맥을 지금까지도 유지하고 있답니다.

1969년 낙원상가 4층 한쪽에 문을 연 '허리우드 극장'은 단성사, 피카디리 극장과 함께 종로 극장가를 대표하는 극장이었어요. 하지만 대형 복합 상영관이 생긴 1990년대부터 위기를 겪었죠. 2009년 허리우드 극장은 사회적 기업에 의해 새로운 극장으로 바뀌었습니다. 탑골공원, 종묘 등에 어르신들이 많이 모이는 것을 고려해 전 세계에 단 하나뿐인 실버 영화관이 만들어진 거죠. 어르신들께서 2천 원의 관람료만 내면 영화를 볼 수 있는 '추억을 파는 극장'이 되었답니다.

낙원 실버영화관 매표소와 광고판

● 종로 1·2·3·4가동 주민센터 ●

'2019년 2월 19명 졸업, 3월 44명 입학'

종로 1·2·3·4가동 주민센터

서울 도심의 한복판 종로구 교동초 등학교의 상황이에요. 교동초등학교는 1894년 개교한 국내 최초의 근대식 초등학교로, 1970년대에는 5천 명이 넘는 학생들로 2부제(오전·오후) 수업을 진행하기도 했답니다. 그러나 2019년 재학생 총원이 174명인 소규모 학교가 되었어요. 1980년대 후반 도심 개발로 인해 상업, 업무시설이 늘어나면서 주거지가 줄어들었기 때문이죠. 이렇게 도심의 거주 인구가 줄자 행정을 담당하는 주민센터 역시 기능을 통폐합할 수밖에 없었어요. 그래서 종로 1, 2, 3, 4동을 통합하여 행정 서비스를 제공하는 통합 주민센터가 생겼답니다.

오버투어리즘과 공정여행

최근 북촌 한옥마을은 우리나라뿐 아니라 외국인들까지 즐겨 찾는 관광지가 되었지요. 계동길에 위치한 중앙고등학교는 드라마 〈겨울연가〉, 〈도깨비〉 등의 촬영 장소로 여행객이 많이 찾고 있기도 하고요. 학교 정문 앞 문구점이 한류 스타들의 기념품점으로 바뀔 정도랍니다. 사실 중앙고는 3·1운동, 6·10만세운동 등의 발원지인데 이것을 아는 사람은 많지 않아요. 중앙고를 포함하여 북촌 한옥마을 곳곳에 새겨진 역사·문화적인 가치보다 영화나 드라마 촬영지로만 알려지는 것은 안타까운 일이죠. 지역을 여행하면서 지역이 가진 다양한 역사·문화적인 스토리에도 관심을 가지면 더 재미있고 유익한 여행이 될 수 있을 거예요.

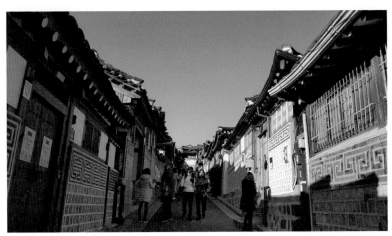

북촌5경 가회동 오름길

북촌 한옥마을의 아름다움을 볼 수 있는 '북촌8경' 중 가장 많은 사람들이 방문하는 곳은 북촌 5경과 6경인 가회동의 경사진 골목길이에요. 골목길 가운데 서서 위를 올려다보면 곡선의 한옥 처마선이 하늘과 맞닿아 있고, 아래를 내려다보면 남산과 한옥이 어우러진 멋진 장면을 볼 수 있답니다.

그러나 북촌 한옥마을이 많이 알려지고, 여행객들이 증가하면서 고즈넉한 느낌의 한옥마을 골목길이 소음과 쓰레기를 걱정해야 하는 곳이 되기도 했죠. 2018년 북촌 한옥마을 주민들은 몰려드는 관광객으로 인한 불편을 호소하며 집회를 열기도 했어요. 집 대문과 골목길에는 조용히 해달라는 메시지가 담긴 현수막이 영어, 중국어, 일본어로 붙어 있습니다. 관광객의 쓰레기 투척, 대문 낙서, 소음, 무단 사진 촬영 등의 이유로 이 지역을 떠나는 주민도 늘고 있다고 해요.

익선동도 2014년 재개발 해제 이후 독특하고 감각적인 상점이 여기저기 생기면서 SNS 등에 많이 언급되는 지역이 되었습니다. 이후 방문객이 크게

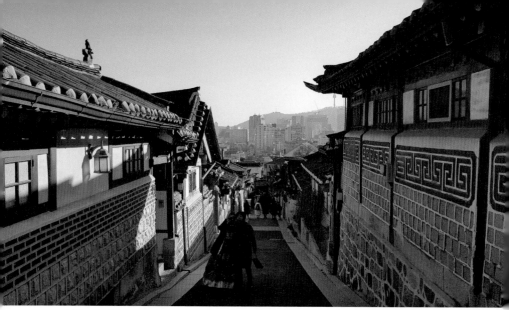

북촌 6경 가회동 내림길

증가하고 상가의 임대료는 빠르게 올랐죠. 이 때문에 익선동에 거주하던 주민들의 상당수가 이곳을 떠났고, 남아 있는 주민들도 방문객에 의한 소음, 쓰레기 문제로 어려움을 겪고 있어요.

　북촌이나 익선동처럼 유명한 지역에 관광객이 많이 방문하여 교통체증, 환경오염 등의 문제가 생기는 현상을 오버투어리즘(overtourism, 과잉관광) 혹은 투어리스티피케이션(touristification)이라고 해요. 투어리스티피케이션은 touristify(관광지화)와 gentrification(땅값과 임대료가 올라가면서 기존 상인이나 세입자 등 주민들이 쫓겨나는 현상)을 합친 단어예요. 주거지역이 관광지가 되면서 주민들이 피해를 입는 지역이 북촌이나 익선동만은 아니랍니다. 최근 혜화동 이화 벽화마을, 제주도 등도 유사한 일을 겪고 있죠. 비단 우리나라뿐만 아니라 이탈리아 베네치아, 스페인 바르셀로나, 그리스 산토리니, 독일 베를린 등 세계의 다양한 도시들도 과잉 관광 때문에 어려움을 겪고 있어요.

그래서 요즘 지방자치단체에서는 주민과 여행객이 공존할 수 있는 지속 가능한 관광, 공정여행에 대해 고민하고 있답니다. 여행지의 문화를 존중하고, 여행지의 서비스와 상품을 이용함으로써 지역 경제에 도움을 주기 위해 노력

영어, 일본어, 중국어로 써진 팻말

하는 등 여행객의 인식 개선도 매우 중요하죠. 주민들이 살고 있는 지역을 여행할 때 우리는 어떻게 해야 할까요? 한 예로 북촌문화센터는 공정여행 문화를 위한 '아름다운 여행자가 되어주세요' 캠페인을 하고 있습니다. 우리도 '작은 소리로 이야기하기, 쓰레기 버리지 않기, 집을 엿보거나 들어가지 않기, 사진 찍을 때 양해 구하기' 등을 실천해 성숙한 마을 여행자가 되어보는 게 어떨까요?

CITY

신촌&홍대 앞

경의선숲길

연세대

이화여대

창작놀이센터

연세로·문화의거리

이화여대길

홍대입구역

서교365

홍대놀이터

롯운관

홍익문고

이한열 기념관

서강대

와우산

홍익대

경의선 숲길

청년 문화의 과거와 오늘, 신촌 & 홍대 앞

　인기리에 방영됐던 드라마 〈응답하라 1994〉, 다들 보셨죠? 드라마 속 주인공들은 1994년에 대학교 1학년생이 된 풋풋한 20대였어요. 그들의 주요 활동 무대는 신촌이었답니다. 1990년대 대학가 하면 신촌을 떠올리는 사람들이 많아요. 그만큼 많은 청년들이 모여들었고, 많은 이들의 추억이 담긴 공간이죠. "뜨겁고 순수했던, 그래서 시리도록 그리운 그 시절. 들리는가, 들린다면 응답하라, 나의 90년대여." 이 드라마의 엔딩 내레이션 속 그 시절의 대표 공간이 신촌인 거예요.

　1980년대에 20대를 보낸 이들에게도 신촌은 각별해요. 영화 〈1987〉은 연세대 이한열 군이 최루탄을 맞아 죽자 이에 분노한 사람들 백만 명이 거리로 나오면서 6월항쟁이 일어난다는 이야기로 끝을 맺죠. 주요 등장인물 대부분이 실존인물을 모델로 한 이 영화는 소품, 장소도 신경을 많이 썼다고 해요. 영화 속에 등장하는 이한열 열사의 'TIGER(타이거)' 운동화도 재현된 것인데

이한열 기념관 안의 전시물들

요, 실제 운동화는 복원되어 신촌에 있는 '이한열 기념관'에 전시되어 있답니다. 1980년대 신촌은 민주화운동의 중심부였던 거죠.

2000년대 들어 젊은이들은 신촌보다 그 옆의 '홍대 앞'을 더 많이 찾아요. 사람들에게 홍대 하면 떠오르는 단어들을 물으니 클럽, 인디, 언더그라운드, 자유, 창조, 실험, 열정, 미술 등을 말하더라고요. 홍대를 홍대답게 만들어주는 것은 유명 건축물이나 먹거리가 아닌 거죠. 그곳에 머무르는 사람들이 그 공간을 점유하면서 겪는 다양한 경험들, 그로 인해 생겨난 가치랍니다.

자, 그럼 신촌과 홍대 앞이 이처럼 오랜 세월 청년들에게 사랑받는 이유는 무엇일까요? 청년들의 문화가 변하면서 그 공간은 어떻게 달라지고 있을까요? 신촌과 홍대 앞 거리를 걸으며 생각해봐요.

신촌 거리에 새겨진 100년의 도시 변천사

신촌은 조선시대부터 불리던 '새터말'이라는 지명을 한자로 옮겨 적은 이름입니다. 신촌은 조선시대부터 한양 서부 지역의 교통 결절지였어요. 한강의 수운이 중요했던 조선시대에 서강은 일찍이 도진취락(渡津聚落)이 발달했던 곳이죠. 한데 한양도성과 서강을 연결하는 길목에 신촌이 위치하다 보니 자연스레 유동인구가 많이 드나들었답니다. 하지만 일제강점기에 들어서도 신촌 일대는 한적한 농촌 지역이었지, 촌락 발달은 미미했어요.

이런 신촌을 변모시킨 몇 가지 일들이 일제강점기에 벌어졌습니다. 첫 번째는 1920년 경의선 신촌역의 개통입니다. 이로 인해 점차 화물과 승객 이동량이 늘게 되었죠. 두 번째는 1917년 연희전문학교의 설립과 1935년 이화여자전문학교의 신촌 이전입니다. 이로써 현재의 연세대와 이화여대의 신촌 캠퍼스가 생기게 되었고 이곳에 대학촌이 태동하게 되었지요. 세 번째는 신촌이 포함된 1937년 토지구획정리 사업과 1940년 신촌지구 택지조성 사업입니다. 현재 신촌의 도로와 로터리 등 가로망 대다수는 이 시기에 위치가 결정되었어요.

이런 신촌에 한국전쟁 직후 이농인구와 피난민이 몰려들었어요. 신촌은 형편이 어려운 서민들이 거주하는 도시로 빠르게 성장했고, 그런 만큼 슬럼지대가 늘게 되었지요. 계속 늘어나던 신촌의 인구는 1970년을 정점으로 줄어들어요. 신촌의 인기가 시들해졌기 때문이냐고요? 아니에요. 거꾸로 신촌의 인기가 늘어나서랍니다. 도심으로 연결된 금화터널이 뚫리고, 성산대로가 놓이고, 1984년 지하철 2호선 신촌역과 이대역이 개통되면서 신촌은 서울의 부도심으로 각광받게 되었어요. 당시 신촌 일대는 테헤란로, 마포지구, 김포가도와 더불어 도시설계구역으로 지정되었는데, 모더니스트 건축가 김수근이 신촌의 도시설계를 맡아 고층 상업지구로 계획했어요. 신촌로터리에서 이대역까지 약 600미터의 도로변을 상업지역으로 바꾸고, 이대 · 연대 입

오늘날의 신촌

구는 젊은이 중심의 문화 · 상업지역으로 개발했죠.

　신촌시장이 있던 터는 예로부터 강화, 인천, 마포 쪽에서 한양으로 가던 사람들이 아현고개를 넘기 전에 머물렀던 주막들이 많아 '주막거리'로 불렸다고 해요. 한국전쟁 이후 생필품과 식료품을 파는 서민들의 시장으로 자리 잡아온 신촌시장은 현대화 사업으로 그 명맥을 다하게 되었어요. 그 자리에 1992년 그레이스백화점이 들어섰고(현재는 현대백화점이 자리함), 이 현대식 백화점은 유동인구, 특히 젊은이들을 신촌으로 모이게 하는 데 큰 역할을 했어요. 당연히 신촌 일대 상권이 발달하며 지가와 임대료가 뛰었고, 주거지도 중산층 아파트 등으로 고급화되면서 점차 가난한 서민들이 살 공간이 줄어들게 되었지요.

　과거 달동네가 자리하던 와우산에 올라가볼까요? 지금은 휴식공간인 와우공원이 들어섰고, 녹지 공간을 둘러싸고 아파트 단지가 세워져 있어요. 해발고도가 100미터 정도로 야트막한 와우산을 천천히 돌아보시라 권하고 싶네요. 마을버스를 타고 올라갈 수도 있지만 홍익대학교 옆 빌라들 사이 골목을 따라 올라가거나 와우산로 30길을 따라 도보로 한 바퀴 걷는 길이 운치 있고 좋아요. 때론 나무가 울창하고, 때론 낙엽이 진 작은 숲길을 걸으며 신촌 시가지 일부를 내려다볼 수 있답니다.

와우근린공원

대학가 신촌에서 청년 문화를 만나다

수많은 사람들이 신촌 하면 대학가를 떠올립니다. 신촌 일대에는 앞서 말한 연세대, 이화여대뿐만 아니라 서강대, 홍익대 등 여러 대학 캠퍼스가 자리하며, 청년 문화가 싹트고 성장하고 확산되어온 중심지이기 때문이겠죠. 이 일대의 대학을 다니지 않아도 수많은 젊은이들이 신촌을 찾아 20대의 낭만을 즐겼기에, 신촌은 여러 세대에 걸쳐 추억이 켜켜이 쌓인 장소라 할 수 있어요. 그 추억의 공간을 걸으며 청년 문화의 과거와 현주소를 살펴볼까요.

신촌은 서구식 근대교육이 시작된 곳, 최첨단 유행이 가장 먼저 유입된 곳이에요. 새로운 문화에 개방적인 신촌의 문화는 이곳에서 새로운 시도들이 가능하도록 했는데, 록카페, 노래방, 비디오방 등 '방' 문화의 발원지이기도 하지요.

2호선 신촌역에서 나와 연세대 방향으로 뻗어 있는 길이 '연세로'예요. 현대백화점을 비롯해 대형 쇼핑공간이 들어서 있고, 고깃집, 음식점, 카페, 주점, 옷가게, 노래방, 당구장 등 대학생들이나 청년층의 수요에 맞춘 상업공간

주말 차 없는 거리인 연세로

이 발달해 있어요. 3층 이상에는 원룸이나 고시원 등 숙박시설도 보이고요. 연세로 대로변에는 대형 프랜차이즈 기업들이 많지만 안쪽 먹자골목에는 주점 등이 많아요. 개강 모임, 신입생 환영회, 동아리 뒤풀이 등 선후배 간 소통과 교류의 장이 펼쳐지는 곳이기도 하죠. 하지만 유흥업소의 난립과 무분별한 상업화가 대학가와 어울리지 않는다는 비판의 목소리도 적지 않아요.

최근 청년 취업난에 경쟁이 치열해지면서 학생들의 발길이 예전 같지 않다고 해요. 특히 연세대학교가 2014년부터 신입생들을 인천 송도 국제캠퍼스에서 생활하도록 하면서 신촌 상점의 고객이 더 감소했어요. 대학생 문화가 변하고 있으니, 신촌에도 이 시대에 걸맞은 새로운 장소성이 필요해 보이죠. 서대문구는 방문객들이 신촌 거리를 매력적인 장소로 느끼게 하기 위해서 '걷고 싶은 거리' 조성 사업을 펼쳤어요. 주말에는 연세로가 '차 없는 거리'가 되어 수많은 사람들이 찾는 공간이 되고 있답니다. 차 없는 연세로에서 여름에는 '신촌물총축제'가 벌어지고, 가을에는 '신촌맥주축제'가 펼쳐집니다. 특히 신촌물총축제의 기발하고 통통 튀는 아이디어는 축제의 인기를 높이고 있는데, '신촌에 불시착한 외계인과 이에 맞서는 지구인', '신촌을 점령한 안드로이드 vs 인간'의 물총 대결 등 매년 콘셉트를 달리하며 진행되고 있어요. 이런 축제뿐만 아니라 연세로에서는 주말마다 색다른 행사와 문화공연이 펼쳐지며 음악과 축제의 광장, 역동적인 청년 문화의 공간으로 재탄생하고 있답니다. 2018년 서울시가 '리콴유 세계도시상' 수상 도시로 선정되는 데 신

신촌물총축제 모습(출처: 문화체육관광부 해외문화홍보원)

촌 연세로의 '보행재생' 사례가 큰 몫을 했다고 하네요.

연세로에서 이화여대길로 이어지는 거리는 맛집들이 많은 '명물거리'예요. 연세대와 이화여대를 연결하는 길목이다 보니 유명한 미팅 장소들도 많답니다. 시대에 따라 변화하는 미팅 문화를 만날 수 있는 공간인데, 테이블에 설치된 화면으로 주문도 하고 게임도 하며 미팅을 즐기는 식당 등이 인기 있다고 해요. 명물거리 끝자락에는 경의선 신촌역사가 자리하고 있어요. 이 신촌역사를 중심으로 서쪽의 연대 상권과 동쪽의 이대 상권이 뚜렷하게 구분된답니다.

● 옛 신촌역, 서울에서 가장 오래된 간이역 ●

옛 신촌역은 1920년에 세워진 역사예요. 1925년에 세워진 옛 서울역보다 5년이나 앞서 지어진 건물이죠. 경의선 신촌역에 가면 1920년부터 그 자리를 지키고 있는 신촌역 구역사와 2006년 건축된 신역사를 함께 볼 수 있어요. 구역사는 맞배지붕 형태의 목조 지붕과 벽돌로 이루어진 몸체를 지녔어요. 커다란 신역사에 비해 자그마하지만 구역사의 단아한 아름다움은 주변 공간을 압도한답니다. 한때는 통일호를 타고 경기도 장흥 유원지로 놀러 가는 대학생들로 북적였던 곳이었는데, 2004년 교외선이 폐지되면서 기능이 약화되었어요. 이곳에 새로운 민자 역사가 지어지게 되면서 철거될 위기도 있었지만, 보존운동이 일어나 2004년 제136호 등록문화재로 지정되었답니다. 이후 민자 역사가 들어서는 과정에서 민자 역사의 출입구와 구역사의 일부가 겹치는 바람에 옛 신촌역의 매표소와 역무실을 반대편으로 옮겨 보존하게 되었어요. ■▲ 이랬던 옛 신촌역이 현재는 ▲■ 이렇게 되었다는 거죠. 아무튼 복잡한 과정을 거쳐 들어선 민자 역사에 임대가 제대로 이루어지지 않고, 과장 광고에 따른 분양대금 반환 소송까지 얽히며 경의선 신촌역 주변은 신촌 일대에서 가장 한적한 장소가 되고 말았

어요. 그렇더라도 옛 역사 안에 꼭 한번 들어가보세요. 시간이 멈춘 듯 통근열차 시간표가 그대로 남아 있거든요. 이 공간은 지금 신촌관광안내센터로 활용되고 있어요. 서대문구의 과거와 현재의 모습을 사진을 통해 확인할 수도 있고, 서울 주요 관광지 지도를 얻을 수도 있답니다.

신촌역

유행을 선도했던 이화여대길은 변신 중

경의선 신촌역에서 이화여대 정문, 그리고 2호선 이대역으로 이어진 길이 '이화여대길'이에요. 이 길을 걷다 보면 아기자기하게 진열된 상품들을 보느라 눈이 바쁘답니다. 패션의류, 신발, 액세서리, 화장품, 잡화점들이 다닥다닥 분포해 여성들을 대상으로 하는 상권임을 단박에 알 수 있어요.

1960년대의 이화여대길은 맞춤옷을 파는 양장점과 양품점, 양화점 그리고 미장원과 구두 수선집 등이 많았습니다. 물론 서점, 인쇄소, 영어강습소 등도 분포했지만, 이화여대 앞은 당시 신세대 여성들의 유행을 선도하는 공간

이화여대 캠퍼스 내 ECC
(CC BY-SA 4.0 ⓒChristian Bolz)

이화여대길

이었죠. 이대 하면 '유행과 패션의 메카'라는 인식이 있었고, 옷을 사고 머리를 하러 이대를 찾는 사람들이 많았습니다. 기성복이 유행하면서 맞춤옷을 파는 상점 대신 작은 점포의 보세의류, 신발, 잡화점들이 빼곡히 들어서게 되었어요. 또한 미용실이 밀집해 헤어스타일에 민감한 20대 여성들의 발길이 끊이지 않았고요. 당시 "이대 앞에서 (머리)했어"라는 말은 자부심이 담긴 표현이었죠. 하지만 2000년대 들어 강남이나 명동, 동대문이 미용과 의류, 패션의 핵심지역으로 재편되면서 이화여대길의 명성이 예전 같지는 않아요.

이화여대길은 1호점의 역사가 써지는 도전의 장소이기도 했어요. 미스터피자, 스타벅스, 투썸플레이스 1호점이 이대 앞에서 개업했다는 사실을 아시나요? 20대 여성들이 모이는 이화여대 앞에서의 도전은 향후 시장에서의 성공 가능성을 가늠해볼 수 있었고, 무엇보다 입소문 등 젊은이들 사이에서 광고 효과가 컸기 때문이에요. 요즘도 홍차 전문점, 요거트아이스크림 전문점, 디저트 카페, 스터디룸 형식의 카페, 24시간 카페 등 새로운 시도들이 이어지고 있지요. 화장품 브랜드숍의 원조 '미샤'가 2002년 이대 앞에 1호점을 내면서 더페이스샵, 스킨푸드, 이니스프리, 네이처리퍼블릭 등 수많은 화장품 로드숍이 이대 앞에 등장했어요. 주요 브랜드들이 첫선을 보이는 장소로 이대 앞을 선택한 거죠.

이화여대길을 찾은 관광객들이 이화여대 안으로도 들어가는 모습도 자주 보여요. 2008년 완공된 이화 캠퍼스 복합단지 ECC(Ewha Campus Complex)가 이색적인 명소로 떠올랐기 때문이랍니다. 이대생들의 학습 및 편의시설인 이 건물은 6층 규모의 지하 캠퍼스죠. 건축가 도미니크 페로가 설계했는데, 그는 "공원 같은 대학 교정, 도시와 연결된 대학 공원, 여성성과 자연을 결합한 열린 공간, 계절·시간·행사 종류에 따라 다변화하는 광장"을 설계 개념으로 밝혔습니다. 거대한 계곡을 떠올리게 하는 파격적인 공간 활용에 태양광 채광 등 친환경적 요소를 결합한 건축물로 많은 이들의 시선을 사로잡는 랜드마크가 되었답니다.

사회변혁의 중심지에 싹튼 저항문화, 대안문화

신촌은 1960년대 문인 예술가들의 아지트였고, 1970~1990년대 사회변

혁의 중심지였어요. 신촌에 모여드는 젊은이들은 속박에서 벗어난 자유로움, 현실의 모순을 극복한 해방을 꿈꾸며 기존 질서에 저항하고, 새로움을 모색했죠. 그 시절 대학가 신촌은 독재정권의 폭력에 저항하는 사람들의 데모가 이어지고, 최루탄의 연기와 매캐한 냄새가 퍼져 나가던 장소였어요. 한편에서는 사회과학 서점을 찾아 불온서적을 읽고 토론하던 '운동권'의 핫한 장소였고, 한편에서는 혼란한 외부세계와 스스로를 차단하고 록카페의 자유로움을 즐기던 쿨한 곳이었지요. 이런 과거의 역사를 오늘의 시점으로 만나볼 수 있는 장소들을 소개할까 해요.

첫 번째 장소는 '이한열 기념관'입니다. 1987년 6·10민주항쟁의 기폭제가 되었던 사건이 있었죠. 연세대 앞에서 시위하던 학생 이한열이 최루탄에 맞아 숨진 사건이었습니다. 만화 동아리 활동을 하던 평범한 대학생 이한열은 군부독재와 민주주의의 탄압에 분노하여 시위대 맨 앞줄에 나섰어요. 1987년 6월 9일, 직선으로 날아온 최루탄이 그의 뒷머리를 때렸고, 이에 분노한 시민들이 "한열이를 살려내라"며 전국적으로 거리로 나서면서 6월 29일 대통령 직선제라는 값진 결과를 얻어낼 수 있었습니다. 사경을 헤매던 그

이한열 기념관 내부

김대중 대통령, 노무현 대통령,
이소선 여사 등이 남긴 글귀

홍익문고 앞의 '문학의 거리'

는 7월 5일, 22세의 꽃다운 나이에 숨을 거뒀어요. 이후 그의 어머니가 국가로부터 받은 배상금과 시민 성금으로 2004년에 이한열 기념관이 세워졌어요. 이한열이 쓰러질 때 입고 있었던 옷과 운동화 등이 전시되어 있는 박물관 안에 들어가면 그 시절 수많은 사람들의 헌신과 희생으로 쌓아온 민주주의의 소중함을 다시금 생각해보게 된답니다.

두 번째 장소는 홍익문고와 문학의 거리입니다. 1980~1990년대 대학가에 위치한 인문 · 사회과학 전문 서점은 인기가 많았는데, 연세대 앞에 있던 '알서림'과 '오늘의 책'이 그런 책방이었죠. 이후 신촌이 상업화되고 책을 찾는 이들이 대형서점과 인터넷서점으로 몰리면서 견디지 못한 이들 서점은 폐업을 하고 말았어요. 2호선 신촌역 앞에 위치한 홍익문고도 2012년 위기가 찾아왔죠. 그런데 신촌 일대 재개발 계획으로 홍익문고가 철거될 예정이라는 소식이 알려지자, 신촌 일대의 주민들, 연세대 동문 및 재학생, 책 단체 등에서 반대 탄원운동을 벌여 재개발 대상에서 제외되었답니다. 창업 60주년이 넘은 홍익문고는 좋은 입지로 오랜 세월 신촌의 '약속 장소'였어요. 수익만 본다면 홍익문고를 허물고 건물을 올려 임대사업을 하는 게 나을 테지만, 아버지의 유지에 따라 아들로 대를 이으며 커피 한 잔, 문구 하나 팔지 않는 순수 서점으로 운영을 이어가고 있어요. '백년서점'을 다짐하는 홍익문고는 2014년 '서울미래유산'에 선정됐고, 홍익문고 앞 거리는 서대문구가 지정한 '문학의 거리'가 되었답니다. 문학의 거리에서 유명 작가들의 핸드프린팅을 찾아보는 재미, 서점 앞의 '달려라 피아노'에서 연주를 듣는 즐거움도 느껴보세요.

● 젠트리피케이션(gentrification)으로 하나둘 사라져가는 헌책방 ●

공부하는 학생, 가난한 서민들이 찾았던 헌책방들. 신촌에 있던 그 많은 헌책방들이 하나둘 사라지고 있어요. 신촌에서 홍대 방향으로 넘어가는 길목에 위치한 '글벗서점'은 1979년부터 이어져온 헌책방인데, 신촌 중심가의 높은 임대료를 견디지 못하고 현 위치로 이사했다고 합

글벗서점

니다. 책을 옮기는 데만 한 달이 걸렸다고 해요. 미술잡지, 건축, 사진, 만화책, 대학교재 등 중고서적과 재고서적들을 아주 저렴한 가격에 살 수 있는 곳이에요. 특히 서점 2층은 외국서적으로 꽉 채워져 외국인 관광객의 발길도 이어지고 있답니다. 글벗서점은 서울시가 선정한 '오래가게'이기도 해요. 서울시는 가치 있는 노포(老鋪)를 발굴해 '오래된 가게가 오래가기를 바란다'는 희망을 담아 '오래가게'로 지정하고 있어요. 일본의 시니세[老鋪]나 유럽의 백년가게처럼 서울만의 개성을 담은 '오래가게'가 지속되면 좋겠어요.

하지만 현실은 그리 녹록지 않습니다. 수십 년간 신촌 창천동에 자리해온 헌책방 '공씨책방'은 젠트리피케이션의 영향으로 이사를 했어요. 2016년 새로 온 건물주가 기존보다 두 배 이상 비싼 임대료를 요구하면서 어쩔 수 없이 책 10만 권을 두세 곳으로 나눠놓게 된 거죠. 그래서 새로 오픈한 성수동 서점에도 책이 있지만, 신촌의 이사한 건물 지하에서도 공씨책방이 운영되고 있답니다. 글벗서점과 공씨책방이 가까운 거리에 있으니 좋은 책도 구입할 겸 들러보는 건 어떨까요?

세 번째 장소는 '이화 스타트업 52번가'와 '창작놀이센터'입니다. 2000년 대 이후 지가와 임대료가 상승하면서 청년들이 떠나갔고, 신촌은 점점 활력을 잃기 시작했어요. 어떻게 하면 다시 신촌의 명성을 되찾을 수 있을까 고민하던 지자체가 다시 청년들에게서 답을 찾고 있답니다. 2016년 이화여대 정문 서편의 뒷골목에 이화 스타트업 52번가 사업이 진행 중인데요, 임대료가 높아지면서 공실이 많아진 뒷골목에 건물주와 지자체가 상생협약을 맺고, 대학에서 임대료 등 비용을 부담하여 이대 학생들의 창업 공간을 마련해준 거예요. 연세대학교 정문 앞 지하보도에도 창작놀이센터라는 공공 공간이 마련되었죠. 1978년 설치된 이 지하보도는 2014년에 횡단보도가 놓이면서 기능을 상실한 공간이었는데, 청년 창업인과 문화예술인을 위한 창업카페, 소공연장, 연습실, 세미나실 등 오픈 공유공간으로 새롭게 태어났습니다. 이처럼 청년 창업가와 새내기 예술가들이 모여들면서 신촌이 되살아나고 있어요. 칙칙하게 방치돼 있던 신촌 기차역 옆의 굴다리 토끼굴도 새롭게 변신했

이화여대 스타트업 52번가

연세대 앞 토끼굴

지요. 청년 그래피티 예술가들이 벽면에 그림을 그리면서 최근 CF나 드라마 촬영도 이루어지고 있거든요. 이렇게 신촌을 청년문화지역으로 재건하려는 움직임을 곳곳에서 만나볼 수 있답니다. 소통하고 공유하며 개성과 창의성이 발현되는 신촌, 새로운 대안문화가 창조되는 '새터말'을 기대해봅니다.

이색적인 거리 풍경과 미술 공간을 만날 수 있는 홍대 앞

주말 오후 홍대역 9번 출구 쪽으로 한번 가보세요. 인산인해를 이뤄 지하에서 계단을 따라 지하철역 밖으로 나가는 데 한참이 걸린답니다. 이처럼 핫한 장소인 홍대 앞은 어떻게 성장했을까요?

일제강점기 이 지역은 당인리 화력발전소로 무연탄을 실어 나르던 당인선 철길이 지나가던 곳이었어요. 해방이 되고 1960년대 서교동·동교동 일대에 서교토지구획정리사업이 실시되면서 본격적인 도시개발이 이루어지게 되었죠. 상하수도나 도시가스 등 인프라와 양화로 등 도로망이 잘 갖춰진 지역으로 소문이 나면서 중산층 이상에게 인기 있는 고급 주거지가 형성되었어요. 실제로 서교동에는 최규하 전 대통령이, 동교동에는 김대중 전 대통령이 거주한 바 있답니다.

하지만 철도 선로 주변 경관은 고급주택과는 거리가 멀었지요. 철

창작놀이센터

홍대 앞 9번 출구 근처 　　　　　　걷고싶은거리

도 선로를 따라 단층의 서민 가옥들이 빼곡하게 자리 잡았고, 1980년 당인리
선이 완전 폐선되자 철로 위에는 무허가 판잣집들과 먹자골목이 들어섰어
요. 2002년 월드컵을 앞두고 이 허름한 무허가 판잣집들을 철거하게 되었고,
그곳에 '걷고싶은거리'가 조성되었습니다. 과거 가난한 대학생들에게 저렴
한 먹거리로 행복을 주던 먹자골목은 사라졌지만, 2000년대 젊은이들에게
여전히 행복을 주는 장소가 되고 있죠. 주말에 걷고싶은거리로 들어서면 활
기 넘치는 거리 풍경, 다양한 버스킹 공연을 만날 수 있습니다.

　걷고싶은거리를 지나 어울마당로로 들어서면 다양한 쇼핑 상점들이 늘
어선 공간이 나옵니다. 건물의 높이도 폭도 재료도 다른 다양한 건물들이 줄
지어 서 있는 모습이 특이해요. 이 건물들은 기찻길을 등지고 시장 골목 쪽을
향해 들어선 가게들인데, 이곳 번지수를 따서 '서교365'라고 부르게 되었어
요. 더 재밌는 건 원래 철도가 있던 주차장길 쪽이 건물의 뒷면이었는데, 지금
은 반대로 앞면으로 인식되고 있다는 사실이죠. 이처럼 걷고싶은거리, 서교

서교365 　　　　　곳곳에 그려진 그래피티와 공연 포스터들

365, 주차장길은 과거 당인선 철길이 지나던 곳에 자리한 홍대 앞의 메인도로랍니다.

사실 서울시와 마포구는 '걷고싶은거리' 2단계 사업으로 서교365 가게들을 철거하려고 했어요. 이에 건축가와 예술가들을 중심으로 결성된 모임인 '서교365'가 예술저항운동을 펼치며 이곳의 가치를 알려나갔죠. 결국 서울시와 마포구가 철거를 포기하면서 서교365 공간은 남게 되었답니다.

홍대 앞을 이야기하면서 홍익대학교를 빼놓을 수는 없겠죠. 홍대 앞이 미술의 공간, 예술의 장소로 자리매김한 데는 홍대의 역사와 관련이 깊습니다. 해방 직후 개교한 홍익대학교는 한국전쟁 시기 캠퍼스가 여기저기 흩어져 있다가 1955년 와우산 자락의 현재 캠퍼스로 이전했어요. 1961년 5·16 쿠데타로 권력을 잡은 군사정권은 대학정비령을 내리는데, 이때 홍익대학교는 법정학부, 문학부, 이학부가 모두 폐과되고 미술학부만 살려 '홍익미술대학'으로 대폭 축소되었어요. 이후 다시 종합대학교로 승격되었지만, 여전히 홍익대학교

홍대 정문 홍문관

의 대표 분야는 미술로 이어지고 있습니다. 미술대학과 건축학과 학생들은 인근 주택가 차고나 철도 선로 근처 건물에 저렴한 작업실을 마련했어요. 이를 토대로 홍대 앞은 미술 문화 공간, 예술 공간이라는 장소성을 얻게 되었죠. 1990년대 중후반에는 비교적 임대료가 싼 홍대로 문화예술인들이 모여들면서 독립문화, 클럽문화가 싹트게 되었습니다. 작업실이라는 독특한 공간들이 카페와 클럽으로 이어지다니 재미있지 않나요?

홍대 앞에는 독특한 경관이 있는데, 바로 미술학원, 화방, 미술공방, 스튜디오, 갤러리 등이 밀집해 있다는 거예요. 홍대 정문을 바라보고 오른쪽으로는 클럽거리가, 왼쪽으로는 미술학원가가 형성되어 있어요. 과거 홍대 정문 앞에는 '호미화방'이 있었는데, 1990년대 후반 건물주가 커다란 빌딩을 짓기 위해 세입자들을 내보내면서 호미화방도 자리를 이전했어요. 당시 홍대 앞에 유흥업소와 소비문화가 확산되는 것을 우려하던 홍대 학교 측과 학생들은 '인간띠잇기' 행사까지 벌이며 호미화방 부지의 빌딩 신축을 막았습니다. 이후 이 부지를 사들여 2006년 홍문관 건물을 지었는데, 이는 세계 최대의 대

담벼락을 따라 그려진
거리미술전 벽화들

학 정문으로 알려져 있답니다. 학생들은 홍대 앞의 정체성을 지키고자 많은 노력을 해왔어요. 특히 1993년부터 미대생들은 매년 '거리미술전'을 펼쳐 담벼락 곳곳에 벽화를 그리고 있는데, 이렇게 조성된 '벽화거리'는 많은 이들의 시선을 사로잡으며 사랑받는 장소가 되었답니다.

상업 자본에 맞선 시민 연대로 공유공간을 열다

지하철 2호선 홍대입구역에 2010년 공항철도와 2012년 경의선까지 개통되면서 홍대 앞은 외국인 관광객을 포함한 유동인구가 더욱 증가하게 되었어요. 이미 걷고싶은거리, 피카소거리 등의 조성으로 상업 자본이 깊이 침투한 상황이었는데, 교통이 편리해지면서 더 많은 인구가 몰리게 되자 임대료는 더욱 치솟았지요. 이 과정에서 많은 공연장이 문을 닫았고, 그동안 예술과 인디문화를 가꿔온 주체들이 타 지역으로 밀려나게 되었어요. 이런 젠트리피케이션 현상으로 인해 대안문화의 성격을 가진 홍대 앞 고유의 장소성이 옅어지고 있어 안타

프리마켓

까워요. 하지만 희망의 장소들이 남아 있으니 구경을 해볼까요?

첫 번째는 프리마켓이 열리는 '홍대 놀이터'예요. 원래 '홍익어린이공원'이지만 주변 환경상 어린이들은 놀지 않았고, 지금은 '홍익문화공원'으로 공식 명칭이 바뀌었습니다. 그래도 아직은 홍대 놀이터가 더 친숙하죠. 이제는 매주 토요일 오후에 예술시장이 열리는 장소로 더 유명해졌습니다. 일상예술창작센터가 운영하는 프리마켓(free market)에는 생활창작 아티스트 백여 명이 만든 독창적인 장신구, 미술작품, 생활용품들이 전시되고 판매돼요. 중고 물품이 판매되는 유럽의 플리마켓(flea market)이 아닌, 창작품이 판매되고 창작행위가 펼쳐지는 예술시장이죠. 다양한 미술체험도 하고, 창작자와 시민이 자연스럽게 소통도 해요. 2002년 6월부터 꾸준히 이어온 프리마켓은 대안적인 문화예술 활동을 꿈꾸는 수많은 창작자들에게 인큐베이터 같은 장소랍니다.

두 번째는 '땡땡거리'와 경의선 책거리가 있는 '경의선 숲길'입니다. 산울

와우교 아래 경의선 책거리

땡땡거리

림소극장 건너편의 작은 샛길에서 와우교 아래 옛 철길을 가로질러 조성된 길이 땡땡거리예요. 경의선 기차가 지나가면 건널목 차단기가 내려지고 '땡땡' 소리가 났다 해서 지어진 이름이랍니다. 2005년 경의선이 지하화되자 이곳은 황량한 공터가 되었는데, 주민들이 음악인, 미술인들과 협력해 '땡땡거리마켓'을 열고, 《땡땡 매거진》도 발간하면서 다시 사람들이 모여들기 시작했어요. 경의선 숲길이 조성되고 철도

건널목과 경보 차단기, 깃발을 들고 있는 역무원 아저씨와 동네 주민들의 모습도 복원해놓아 옛 풍경을 고스란히 느낄 수도 있답니다.

와우교 아래에서 경의선 홍대입구역 6번 출구까지의 구간에는 책을 주제로 경의선 책거리가 조성되었습니다. 출판사들이 모여 있는 마포구의 특성을 살려 독서문화가 담기도록 조성한 책 테마 거리예요. 폐선이 된 옛 철길의 일부를 산책하기 좋은 숲길로 조성하면서, 시민들에게는 도심 속 여유와 힐링을 누릴 수 있는 공간이 되었죠. 하지만 경의선 부지에 공유공간을 더 늘려야 한다는 시민들의 요구도 이어지고 있습니다. 도심 속 시민들이 즐겁게 어울릴 수 있는 공유지가 더욱 많아졌으면 좋겠어요. ❦

경의선 숲길

경의선 숲길은 마포구 연남동에서 용산구 원효로까지 지하화된 경의선 철길을 따라 지상에 조성된 공원입니다. 한국철도시설공단은 부지의 일부는 숲길을 조성했고, 역세권 개발로 이득을 볼 수 있는 구역은 기업에 개발을 넘겼어요. 이런 현실에 문제제기를 하는 사람들도 있어요. 그들은 "경의선이 지하화되면서 남겨진 부지는 누구의 것일까요?"라는 물음을 던지며 시민의 공유지가 되어야 한다고 주장하고 있어요. 경의선공유지시민행동에 모인 이들은 일방적으로 땅을 독점하고 사유화하는 방식에 대해 문제제기를 하고, 땅은 모두가 함께 사용하고 접근할 수 있는 공유재(commons)여야 한다고 말합니다. 경의선 공유지는 원래 국유지였고, 경의선을 지하화하고 숲길을 조성하는 데 시민들의 세금이 들어갔으니까요.

경의선공유지시민행동은 서울의 스물여섯 번째 새로운 자치구를 표방하면서 다양한 시도를 하고 있어요. 공덕역 인근 경의선공유지에 기린캐슬, 미술관 모라 등 간이건물을 짓고 '스쾃팅'(도심의 빈 공유지를 점유하는 문화운동)을 벌이고 있죠. 이곳에서는 행정과 자본에 의해 밀려난 노점상, 상인, 세입자 등이 모여 대안적인 삶을 함께 모색해요. 다양한 강연과 레슨, 행사가 이어지고 있으니 스물여섯 번째 자치구에 놀러 가보는 건 어떨까요?

이태원&대림동

이태원

경리단길

국군재정관리단
((구)육군중앙경리단)

우사단로14길
우사단로12길
우사단로1길 이슬람 서울중앙성원

대림

대동초등학교

대림역

대림중앙시장

3

도심 속 또 다른 세계, 이태원&대림동

힙합 스타일이 유행하던 시절에 학창시절을 보낸 쌤은 힙합 패션을 완성하려면 이태원에 가야만 하는 줄 알았어요. 유명한 보세 제품이나 가짜 고가 제품을 구매할 때에도 이곳이 적격이었죠. 뿐만 아니라 국내에서 구하기 힘든 빅 사이즈 옷이나 밀리터리 룩 등도 이태원에 가면 쉽게 구할 수 있었어요. 이렇다 보니 이태원은 패션 소비시장의 중심이기도 했습니다. 골목골목마다 영어로 써진 간판, 길을 걷다가 흔히 마주치는 외국인들을 보며 마냥 신기해했었죠. 이런 이태원이 요즘 '힙'하고 '핫'한 지역으로 뜨고 있습니다. 개방적이고 다채로운 문화를 접할 수 있는 공간이자 소규모의 개성 강한 점포들이 모여 분위기 있는 골목길 문화를 선도한 지역이기도 하거든요. 우리나라에서 가장 글로벌한 동네를 꼽으라면 많은 이들이 이태원을 떠올릴 것 같아요.

그런데 최근 더 이국적이라고 느껴지는 동네가 있습니다. 바로 대림동이에요. 골목을 누비다 보면 중국의 한 거리를 걷는 듯한 착각에 빠지게 되는 동네이지요. 사방팔방에서 중국어로 대화하는 소리가 들리고, 한문과 간자체로 채워진 간판들도 이색적이랍니다. 서울 한복판에서 또 다른 세계를 경험할 수 있는 대표적인 곳, 이태원과 대림동을 한번 둘러볼까요?

서울 속 작은 지구촌 이태원에서 '다름'을 경험하다

이태원의 다양한 정체성은 '길'에서 드러납니다. 다국적, 다문화 그리고 이로 인한 개방성과 소수자들의 공유공간은 이태원을 규정하는 단어들이지요. 이태원의 윗동네라 불리는 소방서 뒤편의 우사단로를 보면 이태원의 역사를 엿볼 수 있습니다. 첫 번째 골목 '후커 힐'(hooker hill, 기지촌/우사단로 14길)은 용산에 주둔했던 미군부대 군인들이나 외국인을 상대로 성행한 클럽이나 펍 등이 처음 자리 잡은 곳입니다. 1980~1990년대 이태원에 유흥문화가 한창 번창할 때 나온 노래의 가사만 보아도 이 지역의 모습을 한눈에 그려볼 수 있답니다.

소방서 골목마다 서성대는 짙은 화장을 한 여자들은

길 가는 남자마다 붙들고서

무슨 이야기를 하는 걸까

반지 목걸이 귀걸이 한 파마머리 저 사람은 모습은 여자인데

나도 몰라 목소리는 어머 웬일이니

－〈이태원 이야기〉(겨레의 노래 1, 1990)

이태원 하면 최근에는 외국인들을 통해 다양한 문화가 유입된 공간, 세계 각국의 음식을 맛볼 수 있는 맛집이 즐비한 거리, 화려한 카페와 클럽들, 문화 예술인들을 통해 다양한 시도가 이루어지는 장소 등이 떠오릅니다. 그러나 화려한 거리 이면에는 과거 미군기지를 상대로 유흥가들이 빼곡했던 아픔의 길도 있습니다. 다큐멘터리 영화 〈이태원〉(2016)은 현대사의 수많은 굴곡을 함께 넘어온 세 여성의 삶을 통해 이태원의 변화를 보여줍니다. 한때 이곳은 여성의 성(性)을 이용해 외화를 벌어들였던 역사의 한 장소이자, 미국 문화에 대한 무한한 동경이 펼쳐지던 곳이었거든요. 미군부대를 통해 흘러나오는 물건이 중고품이라 할지라도 'made in USA'라고 하면 가치가 둔갑했죠. 영어를 배우고자, 또는 미국에 대한 동경을 품고 아메리칸 드림을 실현하고자 하는 많은 이들이 찾아오는 첫 번째 곳이기도 했어요. 또 많은 대중문화가 선도되는 장소이기도 했고요. 일례로 미8군 무대는 대중가수로 성장할 수 있는 기회의 장이기도 했거든요. 패티김, 조용필, 신중현, 조영남 등의 유명한 가수들도 미8군 무대 출신이에요. 그러니 미국식 팝 음악을 바탕으로 우리만의

현재 후커 힐의 모습

대중음악을 만들어내는 창작의 공간이었던 셈이죠. 미8군 무대에 서지 못한 수많은 예술가들도 자신의 끼를 이곳, 이태원 소방서 뒷골목 펍에서 발산하기도 했고요. 어쩌면 언더그라운드들의 상징적 장소가 된 신촌이나 홍대 이전에 이태원이 그 시초였을지도 모르겠네요. 이태원의 장소성은 한국 사회가 기준으로 세워둔 어떤 틀에서 벗어나, 일종의 해방감을 표출하는 데 있었어요. 일탈과 실험이 가능한 곳, 어떤 문화가 유입되고 표출되더라도 비딱한 시선이 없는 곳이었죠.

이렇게 이태원은 미군부대를 통해 미국 문화가 유입되는 통로이자, 새로운 형태로 확산되어가는 장이었습니다. 또한 이태원은 '다름'이 '틀림'으로 여겨지지 않는 유일한 공간이기도 했어요. 또 성소수자들에게도 해방구 같은 공간이었는데, 두 번째 골목에 들어서면 '게이 힐'이라 부르는 우사단로12길과 마주할 수 있답니다. 1990년대 이후 성소수자들을 위한 장소가 꾸준히 만들어졌고, 이태원이라는 공간이 지니는 자유로움과 이질적 문화에 대한 높은 수용도를 바탕으로 성소수자들의 아지트가 형성되었어요. 다른 지역의

현재 게이 힐의 모습

성소수자 커뮤니티와 달리, 이곳에서의 그들은 거리낌이 없습니다. 오히려 자신을 더 드러내기도 하죠. 사회적 소수자들이 특별해 보이지 않을 수 있는 공간이란 점은 이태원이 다채로운 문화의 산실이자 성, 인종, 정체성 그 어떤 것도 무관한 유연성이 자리 잡은 곳임을 보여준답니다.

미군부대를 통해 흘러나온 물건들이 우리 소비자들을 만날 수 있는 곳이 오르막 언덕길에 자리 잡은 도깨비시장이었습니다. 한국전쟁 이후 산업화를 겪으며 자생적으로 생겨난 복잡한 골목길에 낮이면 볼 수 없던 시장이 해가 지면 열렸다고 해요. 남대문의 도깨비시장과는 비교할 수 없겠으나, 이곳 사람들에게는 식료품과 생필품을 구할 수 있는 중요한 장터였습니다. 현재는 시장의 열기는 사라지고, 길 이름을 통해서만 흔적을 찾을 수 있습니다. 점차 주거공간이 낙후되면서 골목 또한 황폐해져갔죠.

그런데 이 오래된 길, 즉 이태원 도깨비시장에서부터 이슬람사원으로 이어지는 길이 문화예술인들에게 매력적으로 다가왔나 봐요. 2003년 한남뉴타운 개발계획에 따라 재개발지역으로 묶였지만 큰 진척이 없어 낙후된 거주 공간으로 머물러 있다 보니 임대료도 낮고, 과거의 모습도 고스란히 담고 있었죠. 자연스럽게 문화예술인들의 작업장이 하나둘씩 생기기 시작했어요. 큰길과는 다른 작은 길에서 젊은이들은 새로운 문화적 시도를 펼칠 수 있었습니다. 한때는 가파른 계단 길에 벼룩시장 '계단장'을 열기도 하고, 어떻게 하면 생동감 넘치는 마을을 만들지 함께 논의하며 공동체를 꾸리기도 했지요.

하지만 그런 노력들이 유명세를 치르게 되자 상업적으로 변질되기 시작했습니다. 임대료가 오르고 건물 주인이 바뀌며 지속하기 어려워졌죠. 계단장 또한 안전상의 문제로 기억 속 저편으로 사라졌습니다. 이럴 때마다 참 아쉬운 마음이 들어요. 젊은 예술가들이 힘을 합쳐서 낙후된 지역을 좀 더

'살아 있는' 곳으로 하나씩 변화시켜나갈 때마다 상업화 위주로만 공간이 재편성되는 과정이 씁쓸하기만 하답니다.

다양한 문화가 공존하는 이태원

오늘날 이태원에 다양한 외국인들이 많이 모이게 된 것은 미군기지의 영향이 커요. 1960년대에는 용산기지가 가까워 유사시 신속하게 보호받을 수 있다는 지리적 이점 때문에 여러 나라의 대사관이 들어서기 시작했거든요. 현재 용산에 자리한 주한외국 대사관은 60여 곳이라네요. 이처럼 대사관이 밀집 분포한 이 거리에는 대사관로라는 이름이 붙여졌죠. 그 주변에 공관 등도 자리 잡고 있어서 외국인과 다문화가족의 거주 비율이 높은 곳이에요. 경리단길에도 필리핀, 알제리, 피지, 케냐, 아르헨티나 대사관과 파키스탄 대사관저 등 9개의 외국 공관이 몰려 있습니다. 이 지역은 1963년 사격장 터였던 현 대림아파트 부지에 외국인의 군인아파트가 건설되면서 집단 거주지역으로 개발되기 시작했어요. 이에 이태원과 용산 미군기지 배후 주거지 기능을 담당했죠.

길 초입에 세계 각국의 인사말이 보이네요. 그 옆에 육군중앙경리단(지금은 해군·공군중앙경리단과 통합되어 국군재정관리단이 되었어요)이 자리 잡고 있었기 때문에 경리단길이라는 이름이 붙었죠. 경리단길이 있는 이태원 2동은 남산과 군부대 등 고립된 지리적 입지와 고도 제한의 영향으로 저층 단독 주거 밀집 지역이 형성되었어요. 주변 다른 지역보다는 임대료가 저렴해 형편이 넉넉지 않은 서민들의 생활공간이 된 거였죠. 그런데 이곳이 걷고 싶은 골목길, 매력적인 공간의 원조가 될지 누가 알았겠어요. 비좁은 골목길, 반듯하게 정돈되지 않았기에 더욱 이색적인 공간이 탄생한 거예요. 평범한 주택가, 좁은 골

경리단길

목길에 예술가와 상인들이 모여들어 새로운 트렌드를 선도하고 있답니다.
경리단길의 골목길 풍경과 이로 인한 상업적 성공은 전국적으로 '~단길'을
유행시키기도 했어요.

　이태원은 다양한 종교적 경관을 볼 수 있는 장소이기도 합니다. 1976년,
이곳에 이슬람 서울중앙성원이 지어질 당시에는 국내에 이슬람 성도들이 거

이슬람 성원으로 올라가는 길

의 없었어요. 그럼에도 불구하고 모스크를 건축한 이유는 당시 중동 건설의

열기 때문이었죠. 또 석유 파동을 겪으며 서남아시아 국가들과의 친화적인

교류를 위한 것이기도 했고요. 이에 이슬람 성원으로 가는 우사단로 10길 곳

곳에는 이슬람 문화의 색채가 여지없이 드러납니다. 무슬림의 식문화를 반

영한 식당과 식품점 등이 밀집되어 있는데, 할랄('허락된 것'이라는 뜻의 아랍어로,

이슬람 율법에 따라 도축·가공한 식품) 인증을 받았는지 여부가 매우 중요하지요.

또 케밥, 양고기, 양꼬치 등의 음식문화를 엿볼 수 있을 뿐 아니라 아랍어로

쓰인 서적과 꾸란, 그리고 여행사도 쉽게 접할 수 있어요.

국내 최초이자 최대 규모인 이태원의 이슬람 성원을 들어서려면 옷차림

부터 잘 갖추어야 합니다. 맨살이 드러나는 옷을 입고 출입할 수 없기 때문이

지요. 예배를 보는 성전은 남성과 여성의 예배실이 엄격하게 구분되어 있으

며, 같은 공간에서 예배드릴 수 없답니다. 화장실의 세면 공간(우두실) 모습도

우리와는 달라 보입니다. 기도나 예배를 드리기 전에 간단한 세정의식(우두/

오른쪽부터 손과 입, 코, 얼굴, 팔, 머리, 귀와 발 순서대로 씻음)이 필수적으로 따라야 하거

할랄 정육점과 이슬람 성원 내부 화장실(우두실)

든요. 이슬람교에서는 금요일을 예배일로 준수한답니다. 주마 예배(매주 금요일에 행하는 단체 예배)에 1,500여 명의 무슬림들이 참석하여 예배를 드린다고 하니 이 거리는 이때가 가장 활기찰 것 같죠?

● 이태원 내 이슬람 문화거리 ●

이슬람 성원은 '꿉바'라는 돔 형태의 지붕과 '미나레트'라고 불리는 첨탑으로 이루어집니다. 정면에 보이는 녹색 글자는 아랍어로 '알라만이 가장 위대하다'라는 뜻입니다. 이슬람 신앙의 근본을 이루는 다섯 가지 기둥 중 첫 번째 신앙 고백의 내용입니다. 성전 내부는 아라베스크 문양이 펼쳐지고요, 정중앙의 화려한 벽장식(미흐랍)은 메카의 방향을 나타냅니다. 사원 옆에는 '술탄 마드라사'라는 이름의 무슬림 학교도 있습니다.

이슬람 서울중앙성원

서울시 등록 외국인 현황(국적별, 구별) 통계(2018.2/4분기)에 따르면 27만 5,468명의 외국인이 체류 중이며, 용산구에는 1만 5,568명이 거주합니다. 이중 파키스탄(320명), 인도네시아(88명), 말레이시아(509명), 방글라데시(125명), 사우디아라비아(194명), 터키(79명), 이집트(609명), 이라크(62명) 등 이슬람교 문화권에서 온 사람들도 다수 거주하고 있어요. 이들은 돼지고기를 금할 뿐 아니라 소, 양, 닭도 율법에 맞게 도축한 것만 허용되기 때문에 정육점도 일반 가게를 가기가 힘듭니다. 돼지고기의 부산물인 젤라틴이나 콜라겐 성분이 들어간 과자류, 화장품류 등도 금해요. 그래서 할랄 인증을 받지 않은 일반 제품은 소비하기가 힘들죠. 이에 점차 이들을 위한 상점과 먹거리들이 확대되고 있는 추세인데, 이태원의 이슬람 성원을 올라가는 길목에 밀집 분포해 있습니다.

그러나 미군부대를 중심으로 마을과 상권이 형성된 이태원에 많은 변화가 찾아오고 있습니다. 용산기지 미군의 감축과 미군기지 이전이 단계적으로 이루어지면서 미군 인구는 상대적으로 감소하고 있지요. 대신 그 자리를 여러 국적의 외국인들이 유입되면서 다양성이 더 확대되고 있습니다.

최근에는 외국인 거주 비율이 높은 이태원 일대 내에서도 국적과 인종에 따라 지역적 분포가 극명하게 달라지는 것이 보입니다. 남산을 향하는 이태원 위쪽(북) 부근에는 고급 단독주택이 자리 잡고 있으며, 여러 국가의 대사관들도 밀집 분포하고 있어요. 북미, 유럽, 호주·뉴질랜드 등에서 온 외국인들이 더 많이 거주하는 편이지요.

한강으로 내려가는 아래쪽(남쪽) 부근은 중동, 아시아, 아프리카 등지에서 온 사람들이 많이 살고 있어요. 아프리카 국가 중에서는 나이지리아 국적의 사람들이 가장 많죠. 동대문, 남대문에서 물건을 떼어다가 본국으로 가져가 팔던 나이지리아 보따리상들이 노후화되어 임대료가 저렴한 주거지에 모여들면서 형성되었습니다. 하지만 2008년 719명이었을 때도 있었는데, 2017년에는 568명으로 집계된 것을 보니 많은 사람들이 다른 곳으로 이전한 것

같아요. 임대료 상승으로 인한 지역의 변화를
또 한번 느낄 수 있는 대목입니다.

어디에서나 서로 끈끈한 유대감을 느낄 수
있는 사람들끼리 모이는 현상은 자연스러운
일입니다만, 출신 국적의 경제적 수준에 따른
양극화가 자칫 편견과 차별, 이로 인한 거주 환
경의 극명한 차이에 이르지는 않는지 관심을
기울여야겠습니다.

이태원의 역사, 그리고 변화와 성장

이태원의 '원(院)'은 이곳이 교통과 관련된
취락이라는 점을 알려줍니다. 한양도성 남쪽
에 설치된 숙박시설로, 출장을 가는 관리들이

이태원 내 아프리카 거리

나 먼 길을 떠나는 여행자들에게 숙박의 편의를 제공하는 곳이었죠. 한양의
네 개의 원 중에 수도 한양으로 진입하는 첫 번째 원이었어요. 이처럼 한양으
로 통하는 주요 관문이자, 한강의 물길이 닿아 여러 지역의 물자들이 오고
갔던 항구의 기능도 담당하던 곳이었습니다. 이에 이태원은 교통의 요지였
을 뿐 아니라 군사적 요충지 역할을 하기도 했어요. 일제강점기에도 일본군
의 주둔지였고, 광복 이후 미군의 주둔기지가 된 것도 이러한 특성 때문이겠
지요.

조선 효종 때 배 밭이 많아서 '梨(배나무 이), 泰(크다 태) 院'이라 불렸다고 전
해지지만, 또 한편으로는 '다른 모양의 것들로 이루어진 동산'이라는 말에

서 유래했다고도 합니다. 우리의 역사의 슬픈 단면을 보여주는 지명이지요.

1592년 임진왜란 때 왜군은 서울 도성까지 점령하며 조선 여성들을 납치해 위안소를 설치했어요. 이때 이태원 지역에는 '운종사'라는 여승들이 머무르는 절이 있었는데, 그들마저도 왜군들의 횡포를 당할 수밖에 없었다고 합니다. 이렇게 태어난 왜군의 혼혈 아이들을 외면할 수만은 없으니, 아이들을 집단으로 보육할 수 있는 곳을 여기에 지었던 거죠. 임진왜란 이후 조선군에 항복하고 귀화한 일본인의 거주지가 모여 있다 하여 이타인(異他人)이 사는 지역으로 불리기도 했고, 왜군들과의 사이에서 태어난 혼혈들이 거주한 곳이라 하여 '異(다를 이), 胎(아이 밸 태) 院'으로도 불렸다고 합니다. 이 같은 이태원의 역사에서 이곳의 지역 정체성이 출발한 건 아닌가 싶네요. 왜란과 개항기, 미국에 의한 신탁통치를 통해 우리와 다른 이들이 대대로 터를 잡았던 곳이기 때문이죠. 임오군란 때에는 청나라 부대의 주둔지, 일제강점기 시절에는 일본 조선사령부의 주둔지였고, 그 터가 광복 이후의 미군기지로까지 이어졌으니 말이에요.

그러나 조선시대 이태원의 위치는 지금과는 달랐어요. 지금의 용산고등학교를 가면 이태원 터 표석을 볼 수 있어요. 최근에는 용산기지 내부나 해방촌 부근이 실제 터에 가깝다는 학계의 연구도 있습니다. 한강 이남으로 가는 길목에 위치하여 한강을 건너기 전에 쉬었거나, 남쪽에서 올라와 한양으로 입성하기 전에 머물렀던 곳 주변에 자연스럽게 조성되었던 마을은 현재 우리가 떠올리는 이태원동과는 거리가 있죠.

이태원 터 옆 남산 아래 자락엔 지금의 해방촌이 조성되어 있습니다. 남산 아래 첫 마을인 이곳은 광복 이후 해외에서 돌아온 사람들, 북쪽에서 월남한 사람들 그리고 한국전쟁으로 피난 온 실향민들이 자리 잡으며 해방촌이라

이태원 터

불리게 되었죠. 미군에서 버린 자재와 판자 등으로 집을 짓고 살며 통일되기를 손꼽아 기다렸어요. 북한의 종교 탄압을 피해 가톨릭교, 기독교 신자들이 모였으며, 특히 기독교를 일찍부터 받아들이고 상업이 발달했던 평안북도 선천군을 고향으로 둔 피난민들이 모여 '선천군민회'를 조직할 정도로 강한 공동체가 형성되기도 했습니다.

일제강점기 때 신사참배를 위해 만들어졌다는 가파른 108계단을 올라가 봅시다. 만주전쟁과 태평양전쟁으로 죽은 일본 군인들을 추모하기 위해 지은 신사로 오르내리는 석조 계단은 여전히 이곳 주민들에겐 동네와 동네를 잇는 가파른 지름길인 셈이지요. 그래서 경사형 엘리베이터를 설치하는 공사를 추진하고 있답니다.

해방촌의 상권은 1960~1970년대 일명 '요코'(스웨터 가내수공업)라 불리는 편물업이 각광받으며 번성했습니다. 인근 남대문시장으로 납품할 노동 중심의 가내수공업이 번창했었는데, 그 한가운데에 이 지역 전통시장인 신흥시장이 있었다고 해요. 하지만 의류산업의 발달과 값싼 노동력을 통해 싼 단가로 밀려들어오는 중국산 의류를 이기지 못했어요. 결국 해방촌 니트 산업은

해방촌 신흥시장

쇠퇴하고 말았는데 이는 시장에서도 드러나고 있어요. 곳곳에 빈 점포가 더 많아지고, 상가가 오히려 취약계층의 주거공간으로 바뀌기까지 했다고 하니 시장의 상업적 기능이 얼마나 떨어졌는지 알 수 있죠.

반백년 명맥을 이어오며 점차 낙후되고 있는 이곳을 2015년 서울시가 도시재생지역으로 선정했습니다. 철거를 통한 대규모 전면 개발방식에서 벗어나 기존지역 자원을 최대한 활용하는 리모델링 방식으로 접근했죠. 노후화된 시장의 슬레이트 지붕이 사라지고, 시장 안에 젊은 상인들이 들어오면서 아트마켓으로 거듭나고 있습니다. 대중매체를 통해 소개돼서인지 평일인데도 꽤 많은 사람들이 한 식당 앞에 줄을 서 있더군요. 서울상생협약을 통해 6년 동안 임대료를 물가 상승률만큼만 올리기로 합의하며 젠트리피케이션을 막고자 노력하고 있습니다만, 자율협약이라는 점에서 건물의 주인이 바뀔 때마다 상인들은 힘들다고 해요.

슬레이트 지붕을 걷어내자 시장 위에 거주하는 사람들의 집들이 보입니다. 이북에서 넘어온 이들이 닦은 삶의 터전은 산업화 이후 일자리를 찾아 도시로 상경한 이들에게, 그리고 현재는 코리아드림을 안고 머나먼 타국에서 향수를 달래고 있는 수많은 외국인들에게 주거공간이 되어주고 있습니다.

시장 위의 집들

곳곳에 붙어 있는 안내판을 통해 이곳에 다양한 국적의 사람들이 얼마나 많이 모여들고 있는지 체감할 수 있답니다. 최근 몇 년 사이 이태원 인근의 집값이 점차 오르자 가난한 예술인들이 해방촌으로 많이 이주했다고 해요. 그러나 이곳 또한 해방촌 예술인마을이 조성되고 골목길도 많이 변화하고 있어서 앞으로 어떻게 달라질지 모르죠.

용산구 쓰레기 배출 관련
안내문

서울 속 차이나타운, 가리봉동&대림동

2017년 말 체류 외국인의 수가 우리나라 인구 대비 4%(2,180,498명)를 넘었다고 해요. 체류 외국인 인구가 전체 인구의 2%가 넘으면 다문화 사회 진입 단계로, 5%를 넘으면 성숙 단계로 구분하니까, 우리나라는 이미 성숙 단계에 다가서고 있는 셈입니다. 다문화 학생 수만 해도 10만 명이 넘어요. 이제 거리에서 외국인을 마주치는 일은 특별한 게 아니지요. 심지어 미디어에서도 국내 거주 외국인들이 자신들이 바라보는 한국 사회에 대한 다양한 이야기를 들려주잖아요? 이처럼 빠르게 다문화 사회로 진입하고 있는 만큼 여러 정책과 사회적 논의가 필요하다고 할 수 있겠죠.

우리나라도 2006년부터 다문화 원년을 선언하고 여러 정책을 펼치고 있습니다. 그 일환으로 정부는 2009년에 외국인이 가장 많은 지역인 경기도 안산을 다문화 특구로 지정했어요. 원래 안산은 인구 분산을 위해 만든 계획적인 신도시이자, 2차 산업을 기반으로 한 공업도시예요. 1980년대 반월공단, 시화공단 등 주변 공업지대의 배후 주거지가 바로 원곡동이지요. 1990년대 후반부터 외국인 이주노동자들이 대거 유입되며 이곳에 자신들의 삶의 터전을 닦기 시작했어요. 공단으로 출퇴근하는 데 교통이 편리할 뿐만 아니라 내국인들이 빠져나가면서 주거비용도 저렴해 이곳이 적격이었지요.

100여 개국의 다양한 국적 사람들이 모여 살며 다양한 문화와 인종이 함께 어우러진 다채로운 문화가 지금의 '국경 없는 마을'을 형성했다고 볼 수 있답니다. 현재도 안산시 인구의 10% 이상(2017년 7월 기준, 77,673명)을 차지하며, 세계 각국의 음식문화와 이색적인 풍경을 엿볼 수 있는 대표적인 공간입니다.

이처럼 다문화 사회로 진입하며 국내에는 다양한 외국인 마을이 조성되어 있어요. 특히 외국인 비율이 5% 이상인 지역이 경기도에 밀집되어 있는데, 대부분은 공업 지역을 중심으로 제3국의 근로자가 많이 거주하면서 외국인 거주 비율이 높아졌죠. 거제는 조선업을 바탕으로 외국인 유입이 많아진 지역입니다. 해양플랜트 산업을 위해 유럽과 호주에서 온 엔지니어 등이 주축이 되어 마을이 형성되기도 했고요. 최근에는 조선업의 침체로 인구 유출이 많아진 실정이랍니다.

서울 반포동에 위치한 프랑스인 밀집 지역인 서래마을은 1985년 프랑스 대사관학교가 용산의 한남동에서 이전하며 형성되었습니다. 프랑스 국기가 곳곳에 보이고, 몽마르트 언덕의 이름을 본떠 만든 몽마르트 공원도 조성되어 있어요. 최근에는 익숙한 풍경이어서 여기가 왜 프랑스인 마을인지 의아

서래마을 프랑스학교

스럽기도 하지만, 갓 구운 바게트를 언제든 살 수 있고, 고급 레스토랑에서 와인을 마시며, 테라스에 앉아 책을 보고, 브런치를 즐길 수 있는 곳이 예전에는 흔치 않았답니다.

1965년 한일 수교 이후 동부이촌동은 '리틀 도쿄'로 불리고, 혜화동에는 일요일마다 필리핀 시장이 열려요. 필리핀은 300년간 스페인의 지배를 받았던 영향으로 대부분의 주민이 가톨릭교를 믿죠. 1995년 혜화동 성당에 필리핀 신부가 부임해 모국어(타갈로그어)로 진행하는 미사를 연 이래 주말마다 이곳엔 필리핀 시장의 축소판이 열린답니다.

여기는 혹시 옌볜?

외국인 200만 시대입니다. 우리나라에서 가장 많은 수를 차지하는 외국인은 중국인들입니다. 국내 체류 외국인 중 중국 국적이 50%가 넘어요. 이에 따라 중국인들의 집단 거주지, 그들의 문화가 재현된 공간이 점차 더 뚜렷해지고 있지요.

대림역에서 내려 거리를 걷다 보면 여기가 대한민국인지 의아할 정도입니다. 곳곳의 간판과 안내문도 중국어이고, 시장에서 주고받는 이야기들에서도 중국어가 많이 들리거든요. 그러나 이곳은 인천의 차이나타운과는 특성이 다릅니다. 인천은 관광지특구로 지정되면서 관광객을 상대로 다양한 먹거리, 볼거리 등이 개발되다 보니 그들의 삶의 터전 같은 느낌은 들지 않아요. 그런데 이곳은 다릅니다. 대림중앙시장 한복판에 가보면 중국인들이 서로 아는 얼굴을 만나 반가움을 표하고 여기저기 삼삼오오 모여 서로의 안부를 묻는 모습을 볼 수 있어요. 시장을 중심으로 한 이 공간은 자신들의 정체성을 확인하는 공간이자, 낯선 타지에서 고향 땅의 거리를 밟는 것같이 편안함을 주는 곳이지요. 그러나 우리에게는 이색적이기도 하고 지하철을 타고 내렸을 뿐인데 중국에 온 것 같은 착각이 들 정도로 낯설기도 합니다.

1992년 중국과의 수교 이후, 많은 조선족 동포들이 일자리를 찾아 한국행을 결심했어요. 그 당시 한국의 한 달 월급이 중국에서의 세 달치 월급과 비슷했다고 해요. 게다가 언어의 장벽도 없고 정서적으로도 통했기에 많은 사람들이 이주했던 거죠.

원래 구로구의 이 지역은 구로공단에서 일하던 노동자들의 주거지였어요. 1970~1980년대 섬유, 봉제 산업 등 노동집약적인 산업을 바탕으로 이곳에서 일하던 저임금 근로자들이 살던 곳이었지요. 공단 주변으로는 주거비 또한 매우 저렴한 쪽방촌들이 들어서 있었죠. 2~3층의 다가구 건물의 한 층마다 여러 개의 창호와 문들이 있어 벌집촌이라고도 불렸어요. 비좁은 공간

대림중앙시장의 식료품 가게 및 정육점

에 여러 세대가 밀집 분포하는 곳이기에 서울에서 이렇게 싼 동네를 찾긴 어려울 거예요.

1990년대 인건비 상승으로 인해 해외로 이주한 공장들, 3D 업종 기피 현상으로 인해 빠져나간 노동자들의 삶의 공간에 조선족 이주노동자들이 유입되기 시작했어요. 일자리가 많은 구로와 가깝고 지하철 2, 7호선이 지나는 교통의 요지라는 장점을 지니고 있죠. 뿐만 아니라 주거비가 저렴하다는 점이 큰 영향을 미쳐 2002년 이후 본격적으로 조성되었어요. 초기 정착된 조선족 거리는 가리봉동에서 출발했습니다만, 최근에는 가리봉동의 재개발로 인해 바로 옆 대림동으로 옮겨가면서 대림동 시장이 그들의 중심 커뮤니티가 되었습니다.

시장에서 판매하는 먹거리나 식품류, 식당 등을 보니 마치 중국에 놀러 온 느낌이 들어요. 설탕물을 묻힌 과일 꼬치 '탕후루', 커다란 빵 '총유병', 튀긴 간식류, 다양한 부위의 육고기류, 입이 심심할 때마다 까 먹는다는 해바라기 씨 등 그들의 먹거리를 엿볼 수 있는 장터가 그대로 보입니다. 닭발은 평범한 거였나 봐요! 돼지 코와 귀부터 오리 통구이에, 중국식 소시지와 순대도 곳곳

대림동 거리 풍경

에서 보이네요. 여기저기 알아보기 힘든 간자체 간판과 상품의 안내, 광고조
차도 한자이니 더욱 이국적으로 보이고 말이에요.

　2018년 대동초등학교 입학생 전원(72명)이 다문화 학생들이었어요. 서울
에서는 첫 사례로 꼽히지요. 2017년 기준으로 62.4%가 다문화 학생이었다
고 하는데, 점차 늘어나는 추세랍니다. 인근의 영일초등학교와 함께 2016년
에는 문화소통 세계시민 양성 연구학교로 지정되었고, 한 · 중 이중 언어 교
실도 운영하고 있습니다. 서울영일초등학교 홈페이지에는 중문으로 안내하
는 페이지도 만들어져 있거든요.

　그러나 최근 이곳도 고민이 많습니다. 영화나 드라마와 같은 미디어 매체
에서 일방적으로 묘사되는 위험한 동네의 이미지가 고착되는 것은 아닌지
걱정하고 있죠. 이러한 사회적 편견과 싸우느라 애쓰고 있어요. 우리 사회가
서로 다른 문화권을 가진 이들을 얼마만큼 유연하게 받아들이는지, 출신 국
가의 경제적 배경에 따라 차별적 시선을 주고 있지는 않은지, 대한민국에 정

착하여 다음 세대를 양육하고 있는 다문화 가정, 이주민들에게 한국인이라는 자긍심을 심어주고 있는지 돌아볼 때입니다.

2부

경기도

CITY
부천

아인스월드

한국만화영상진흥원

부천옹기박물관

부천교육박물관

부천활박물관

원미동
사람들의 거리

춘덕산
복숭아과원

원미산
(둘레길)

성호천

펄벅
기념관

성주산 복숭아과원

꿈을 이루는 문화 도시, 부천

어린이 만화 〈아기공룡 둘리〉의 주민등록 주소가 어디인지 아시나요? '부천시 상1동 둘리의 거리'로 되어 있답니다. 83년생이면 이제 30대 중반이 넘었으니 아기 공룡은 아니겠네요. 부천이 만화산업의 중심지임을 알리기 위해 2003년 부천시에서 둘리의 주민등록증을 상징적으로 만들어주었다고 해요. 이처럼 부천은 만화에 대한 애정이 깊은 도시입니다. 현재 전국 만화 작가의 약 3분의 1이 부천에서 활동하고 있을 정도랍니다.

부천은 1970년대 초까지만 해도 인구약 6만 5천 명에 불과하던 도시였으나, 공업 기능을 중심으로 한 서울의 위성도시로 개발되면서 급성장을 하게 됩니다. 이후 1990년대 중동 신도시, 2000년 초반에 상

둘리의 주민등록증

동 신도시가 들어서지만 자족 기능이 부족한 침상도시(베드타운)의 형태로 개발되면서 잠시 머물다 떠나는 도시라는 부정적인 이미지도 형성되었습니다. 부천이 이러한 공업도시와 침상도시의 한계를 극복하고 도시 이미지를 개선하기 위해 추진한 정책이 바로 문화 정책입니다. 문화 정책을 추진해 도시 발전의 동력으로 삼겠다는 거죠.

따라서 이번 여행은 부천시에서 추진하는 문화 콘텐츠를 찾아봄으로써 공업 기반 도시에서 문화 도시로 산업구조를 개편하고자 하는 부천시의 의지를 엿볼 수 있는 기회가 될 거예요.

무릉도원의 추억

부천시의 상징마크는 복사꽃(복숭아꽃)이랍니다. 활짝 핀 복사꽃 잎은 부천시를 둘러싼 다섯 개의 산(성주산, 원미산, 할미산, 춘의산, 작동산)을 뜻하고 꽃잎 속에 있는 꽃 수술은 부천시를 흐르는 다섯 개의 하천(심곡천, 소사천, 고리울천, 베르내천, 굴포천)을 뜻하죠.

부천의 복숭아는 한때 구포의 배, 대구의 사과와 함께 전국 3대 과일로 손꼽힌 특산품이었다고 해요. 봄이 오면 분홍빛 복숭아꽃이 만발하고, 7~8월이면 복숭아 향이 가득해 복사골이라 불렸다고 하죠. 지금도 해마다 열리고 있는 복사골 예술제는 부천 복숭아의 명성을 말해주고 있어요.

하지만 예쁜 꽃모양과 달리 부천 복숭아 재배의 시작은 다소 아픈 역사를 품고 있답니다. 부천의 근대적 도시 발전은 일제강점기인 1899년 경

부천시의 상징마크
(출처: 부천시청 홈페이지)

인선이 개통되면서 시작되었다고 할 수 있습니다. 경인선 기차는 당시 서울과 인천을 연결하는 유일한 교통로였고, 경인선의 소사역은 부천과 김포평야에서 생산되는 농산물을 모아 인천항을 통해 일본으로 반출해나가는 중심지 역할을 하게 되었어요. 이때 역 주변에 많은 일본인들이 거주하면서 그들의 구미에 맞는 작물을 재배했는데, 지금의 심곡본동 부근에서 복숭아 재배를 시작했다고 해요. 이후 재배 면적이 크게 늘어 전국적으로 명성을 날렸던 거죠.

부천의 중앙공원 서편에는 복숭아기념동산이 있는데, 여기엔 부천과 자매결연한 일본의 오카야마 시에서 기증한 복숭아들이 심어져 있답니다. 오카야마 시는 일본에서 복숭아 명산지로 알려져 있어, 매년 '모모타로(복숭아동자)' 축제가 열린답니다. 부천시에서도 매년 '복사골 예술제'를 여는데, 복숭아를 매개로 두 도시가 초청 방문하며 우호를 다지고 있습니다.

● 모모타로[桃太郎] ●

모모타로는 일본 전설의 대중적인 영웅 이야기에 나오는 주인공으로, 여러 책과 영화, 작품 및 국정 교과서에 실리기도 했답니다. 명칭인 모모타로는 복숭아를 뜻하는 '모모'와 일본의 남자아이 이름인 '타로'가 합쳐져 만들어진 것인데, '복숭아 동자'란 뜻을 지니고 있어요.

복숭아 재배는 타의에 의해 시작되었지만, 이후 부천은 초등학교 교과서에 복숭아 4대 생산지로 소개될 만큼 명성을 날리게 되었답니다. 1960~1970년대까지만 해도 주말이면 현재의 경인국도와 경인전철을 따라 가족 단위 나들이객이나 데이트를 즐기려는 연인들이 줄을 이었다고 해요. 부천에서 생

춘덕산 복숭아꽃축제

산된 복숭아는 부천 자유시장 건너 깡시장(과일 · 채소시장)에서 경매를 통해 팔려나갔어요. 통행금지가 있던 시절이지만 깡시장으로 새벽길을 다녀야만 했던 복숭아 생산 농민들에게는 단속에서 제외시켜주는 행정적 편의를 제공했다고 합니다. 또 깡시장이 활성화되면서 복숭아 통조림 공장도 들어서게 되었죠. 즉 복숭아는 이 지역 주민의 생계 수단이었고, 부천의 이름을 전국에 떨치게 한 명물이 되었습니다.

그러나 유명세를 타던 부천의 복숭아도 도시개발의 바람을 피하지는 못했답니다. 1980년대부터 부천이 서울의 공업을 분산시키는 위성도시로 개발되면서, 대규모 복숭아 과수원 단지는 공장과 주택단지, 도로 등으로 바뀌었죠. 1990년대 후반부터 부천시는 사라져가던 복사골 이미지를 살리기 위해 복숭아 관련 축제를 열고 있답니다. 현재 복숭아축제는 시에서 보존하고 있는 두 곳의 과수원(춘덕산, 성주산)에서 1년에 두 차례 개최되고 있어요. 꽃이 피는 4월 말에는 춘덕산 부근에서 복숭아꽃축제를 하고, 복숭아가 익는 여름이면 성주산 기슭에서 복숭아축제를 연답니다. 꽃피는 4~5월과 열매가 달리는 7~8월에 부천을 찾으면 복숭아에 얽힌 옛 부천 사람들의 삶의 이야기를 느껴볼 수 있습니다.

산업화와 원미동 사람들

혹시 '조마루 감자탕'이란 상호를 들어보셨나요? '조마루'는 예전 '조가 많이 심어지던 언덕'이라고 해서 불리던 원미산 아래 동네를 말해요. 이후 원미산 아래 위치한 동네라 하여 원미동으로 지명이 바뀌었답니다. 산업화가 급속하게 진행되던 1980년대 소시민들의 일상을 그린 양귀자 작가의 연작소설 《원미동 사람들》의 배경이 바로 이곳이에요. 산업화 시기 선량한 이웃들이 점차 변두리로 밀려나며 타락하고 절망하는 과정을 그대로 보여주는 소설이죠. 아무리 노력해도 지하 생활을 하는 사람은 지상으로 올라오지 못하고, 서울에서 밀려난 사람들은 다시는 서울로 진입하지 못하는 1980년대라는 시대와 돈만을 중요시하는 천박한 사회에서 상처받은 사람들의 이야기를 담아낸 작품이랍니다.

부천시 원미1동 행정복지센터 부근에는 《원미동 사람들》 속 인물의 특징을 살린 동상과 조형물 등을 조성한 '원미동 사람들의 거리'가 있어요. 이 거리를 걷다 보면 소설 속으로 잠시 여행하는 느낌을 받을 수 있죠.

부천이 발전하기 시작한 건 1899년 우리나라 최초의 철도인 경인선이 개통되면서부터였어요. 그 중심은 경인선의 역사(驛舍)였던 소사역입니다. 경인선 철도에는 인천역, 동인천역, 우각역, 부평역, 소사역, 오류

원미동 사람들의 거리

역, 노량진역이 만들어졌는데, 부천 부근에 소사역이 설치되었거든요. 그러면서 인근 마을의 주민들이 이곳으로 옮겨오고, 여행객을 상대하는 업소들이 들어서면서 가촌형태의 취락이 발달하게 된 거죠.

1962년 경제개발 5개년 계획이 시행되면서 서울, 인천 등 대도시는 땅값이 급속히 올라 소규모 임대 공장의 운영이 어렵게 됩니다. 반면 부천은 서울, 인천에 비해 땅값이 저렴하고, 경인고속도로와 경인철도가 지나는 교통 요충지라는 지리적 여건이 맞아 서울의 공장들이 이전하게 되죠. 정부의 산업 정책도 한몫을 했고요. 이러한 이유로 오랫동안 복숭아를 비롯한 농업 중심의 경제기반을 가지고 있던 부천이 과감하게 산업 부문의 변화를 꾀할 수 있었던 거예요.

부천을 찾아오셨다면《원미동 사람들》의 지명 이름을 가져온 원미산에 올라볼 것을 추천합니다. 1호선 지하철 역곡역, 소사역과 7호선 부천종합운동

둘레길 코스

장역, 까치울역을 이용하면 쉽게 찾을 수 있답니다. 부천에는 시 경계를 따라 만든 '둘레길'이라는 걷기 코스가 있어요. 원미산도 둘레길 코스가 이어지거든요. 원미산은 해발고도 167미터밖에 안 되는 낮은 산이지만, 정상에 오르면 부천 시내를 조망할 수 있고, 멀리 서울, 인천, 고양시까지 바라볼 수 있습니다. 특히 4월에는 진달래축제도 펼쳐지기 때문에 더 좋죠. 원미산의 만발한 진달래꽃을 소재로 한 지역축제를 경험하실 수 있을 거예요.

부천의 청계천 '심곡천'

전국에서 인구밀도(2018년 기준)가 서울시(16,558명/㎢) 다음으로 높은 도시(16,270명/㎢)는 어디일까요?

인구 규모는 약 87만 명(2018년)으로 전국 160여 개 시·군 중 열세 번째이지만, 면적은 53.44㎢로 구리, 과천, 광명, 군포 등에 이어 일곱 번째로 작은 부천시랍니다. 하지만 부천이 한때는 전국 지방자치단체 중 가장 큰 면적을 가졌던 적도 있었어요. 지금의 서울 강서구·양천구·구로구·영등포구·시

홍구와, 인천의 동구를 제외한 대부분, 즉 옹진군의 섬, 시흥시, 안양시, 안산 대부도까지 부천에 포함되었을 때가 있었거든요. 지금의 인천시 중구 답동 성당 뒤편에 부천군청이 자리했었고, 서울 영등포교도소가 '부천형무소'라 는 이름으로 1949년에 처음 문을 열었죠. 모두 예전엔 부천이었답니다. 그러 나 1963년 이후 행정구역 개편으로 이곳저곳을 주변 행정구역에 넘겨주고 지금과 같은 좁은 면적만 남게 되었습니다.

부천은 주변이 산으로 둘러싸인 분지에 발달한 도시랍니다. 자연히 분지 내에 주변 산지에서 흘러드는 물이 모여 흐르는 하천이 만들어지겠죠? '부천 (富川)'이란 지명에서 보듯이 이곳은 하천 주변의 평야에서 농업을 기반으로 부를 쌓는 동네였어요. 그러나 산업화 과정에서 부천의 하천은 굴포천이나 베르내천 등을 제외하고 대부분 지하로 숨어들게 됩니다.

도시가 성장하면 주거 기능은 교통로를 따라 도시 주변 지역으로 확산되 어 교외 지역의 도시화가 급속히 진전되죠. 이와 같은 도시화의 진전으로 인 접한 도시들 간에 시가지가 연속되면서 행정적인 경계선의 구별이 모호해 지고 하나의 도시로 결합되는 연담도시를 이루게 되는데, 이를 커너베이션 (conurbation) 현상이라고 해요. 이러한 현상은 수도권의 서울-부천-인천, 서 울-안양-수원 등지에서 볼 수 있어요. 대도시 서울과 인천 사이에 위치하여 교통체증이 심한 부천은 시가지의 확산과 함께 대부분의 하천을 복개해 자 동차 통행도로로 이용해왔습니다.

특히 심곡천은 부천시 소사역 부근에서 발원하여 소명여자고등학교와 원 미초등학교 등을 거쳐 부천소방서에 이르러 계남대로를 따라 굴포천으로 흘 러 한강으로 나가는 부천의 대표적인 하천이었어요. 그러나 1980년대 후반 시가지 확산으로 일부분을 복개한 후 1990년대 중동 신도시가 건설되면서

심곡천

박스형 지하 하수도로 숨겨지게 됩니다. 이후 30년 넘게 지하 하수도로 흘러오던 심곡천은 최근 물고기가 노니는 자연형 하천으로 돌아왔답니다. 물론, 서울의 청계천처럼 인공수를 흘려보내는 형태의 한계가 있지만, 콘크리트로 덮여 있는 공업도시의 이미지를 벗어나 생태 중심의 거주 공간을 만들고자 하는 부천시의 의지를 엿볼 수 있는 부분이랍니다.

이제 빽빽한 도심 한가운데를 흐르는 심곡천에서는 수시로 각종 문화행사가 열려 시민들의 휴식공간이 되고 있어요. 하천변을 걷다 보면 갤러리같이 아이들의 그림이 전시된 타일벽도 볼 수 있고, 특히 10월엔 국화축제를 관람할 수 있답니다.

유네스코 선정, 문학과 창의의 도시

유네스코는 2004년부터 문화와 창의성에 기반을 둔 창의 산업이 도시 발전을 지속적으로 견인할 것으로 보고, '창의도시 네트워크' 사업을 추진하고 있습니다. 문학, 영화, 음악, 디자인, 음식, 미디어 아트, 공예와 민속예술 등 일곱 개 분야로 나누어 창의도시를 지정하고 네트워크 활동을 장려해 상호 발전을 지원하고 있답니다. 우리나라에서는 서울(디자인), 이천(공예와 민속예술), 전주(음식), 광주(미디어 아트), 부산(영화), 통영(음악) 등이 가입되어 있죠. 특히 부천은 '문학 창의도시'로 선정되었답니다. 문학 창의도시라 하면 영국의 노팅엄(전설적인 영웅 로빈 후드의 고향)이나 아일랜드(더블린), 아이슬란드(레이캬비크) 등이 대표적인 곳이에요.

부천을 대표하는 작가로는 한국 신시(新詩)의 선구자인 수주 변영로를 비롯하여, 아동문학가 목일신, 한국 현대시의 아버지로 불리는 정지용, 소설가 양귀자 등이 있답니다. 문학적 자원이 아주 풍부하다고 볼 수는 없지만, 1980년대 한국 연작소설의 걸작으로 꼽히는《원미동 사람들》의 내용처럼 산업화를 통한 도시 성장 속에서 좌절하지 않고 오랜 기간 문화산업을 육성해온 노력이 선정의 이유가 된 것 같아요.

또한 미국 여성 중 유일하게 퓰리처상과 노벨문학상을 동시에 수상한 최초의 여류작가였던《대지》의 저자 펄벅 여사가 10여 년간 한국에 머물며 다문화 아동들을 위한 복지활동을 펼쳤던 곳이 부천이랍니다. 특히 한국에 대한 애정

펄벅 기념관

이 남달라 1963년 한국의 수난사를 그린 소설 《살아 있는 갈대(THE LIVING REED)》를 집필하기도 했죠. 펄벅 여사의 한국 이름은 '진주(珍珠)'라고 해요. 부천시 심곡본동에 펄벅 기념관이 운영되고 있으니 참고하세요.

펄벅 기념관을 중심으로 부천시는 펄벅을 공유하는 6개국(미국, 중국, 대만, 태국, 필리핀, 베트남)과 네트워크를 형성하여 사회에서 소외받는 이들의 인권과 복지 향상을 위해 애쓰고 있어요. 이외에도 펄벅 여사가 활동했던 심곡본동에는 펄벅 문화거리가 조성되어 있고, 복원된 심곡 시민의 강에는 펄벅교를 만들어 기리고 있답니다.

이외에도 부천은 문학가들의 위상을 높이는 노력을 하고 있어요. 도시 곳곳에 문인의 이름을 딴 도로명(수주로, 소향로, 은성로)과 다리(橋) 이름(변영로교, 양귀자교, 펄벅교, 목일신교)을 지었고, 시비(70여 개)와 문학비 및 문인 동상 등을 곳곳에 세웠죠.

이처럼 부천은 짧은 역사를 가진 신생 산업도시이지만, 공업도시의 한계를 극복하고 도시 이미지를 개선하기 위해 1990년대 후반부터 꾸준히 노력하고 있습니다. 특히 문학적 유산과 도서관 인프라 및 만화와 영화산업 등을 추진하여 유네스코 문학 창의도시로 선정되는 등 공업도시의 이미지를 탈피하고 있지요. 그중 1998년 부천만화정보센터(현 한국만화영상진흥원)를 설립해 부천국제만화축제(Bicof), '부천국제학생애니메이션 페스티벌(PISAF)' 등을 개최하고 있는 점, 그리고 만화도서관 및 만화박물관(2001)을 개관하여 만화산업을 육성하고 있는 점 등은 눈여겨볼 만한 성과입니다. 이러한 노력으

부천 만화창작스튜디오

부천 만화박물관

로 영화산업과 만화산업의 창의 인재들이 부천으로 모여들기 시작했고, 현재 많은 만화 작가들이 부천에서 활동하고 있답니다.

이외에도 대표적인 문화 사업으로는 '부천국제판타스틱영화제(PiFan)', '부천필하모니오케스트라', '복사골예술제' 등이 있으니 시간이 되면 가보세요.

박물관의 도시

벨기에의 수도 브뤼셀이 아름다운 것은 박물관과 미술관이 많기 때문이라고들 합니다. 부천에는 교육, 유럽 자기, 수석, 활, 펄벅, 옹기, 향토역사 등을 주제로 한 테마 박물관과 만화박물관, 자연생태박물관, 로봇테마파크 등 다양하고 특색 있는 박물관들이 많이 있어요. 이들 박물관에서는 과거와 현재, 동양과 서양의 문화를 박물관별로 다양하게 전시해둠으로써 시민들에게

부천교육박물관

부천활박물관   각궁

여러 문화를 경험할 수 있도록 하고 있죠. 또한 여러 교육 프로그램도 운영하여 교육의 장으로도 이용되고 있답니다.

이중 부천교육박물관은 우리나라 교육의 역사를 모두 볼 수 있는 곳이에요. 옛날부터 요즘에 이르기까지 학교에서 사용하던 각종 교과서, 참고서, 상장, 학용품 등 다양한 교육 자료가 전시되어 있죠. 또 여러 체험 교육 프로그램을 운영하기도 하고, 학생들 대상으로 매주 인문학 교양 특강 프로그램을 진행하고 있기도 합니다. 부천교육박물관밴드(band.us/@bcedumuseum)를 통해 신청할 수 있답니다. 예전의 여러 교육 관련 자료를 살펴보고 우리 아이들의 미래 교육에 대해 생각해볼 수 있는 시간이 될 거예요.

올림픽 양궁 하면 떠오르는 나라는 단연 우리나라죠. 하지만 우리나라에는 양궁보다 훨씬 우수한 국궁인 각궁이 있답니다. 부천활박물관은 각궁과 그에 대한 자료, 유물들을 전시하고 있는 곳이에요. 각궁의 제작과 활쏘기의 맥을 잇기 위해 일생을 바친 국가무형문화재 궁시장 고(故) 김장환 선생의 기증품을 중심으로 전시되고 있죠. 전시뿐만 아니라 활 만들기 체험, 활 문화 교육 및 활쏘기 체험에 직접 참여하여 활에 대한 올바른 이해와 정신 수양을 할

부천옹기박물관(위)
부천수석박물관(중간)
부천유럽자기박물관(아래)

수도 있답니다.

병인박해를 피해 이주해온 천주교도들이 옹기를 굽던 부천 점말 옹기가마터에 자리 잡고 있는 부천옹기박물관에서는 우리나라 전통 옹기에 대해 체계적으로 공부할 수 있어요. 직접 도자기를 만드는 체험도 할 수 있고요.

이외에도 유럽문화에 대한 이해의 폭을 넓힐 수 있는 유럽자기박물관, 수석의 아름다움과 가치를 살펴볼 수 있는 수석박물관 등도 있답니다.

박물관은 아니지만 아인스월드에는 예술성이 뛰어난 전 세계 유명 건축물(유네스코가 지정한 문화유산 및 현대 건축물 등 세계 25개국 총 109점)을 미니어처로 재현해놓고 있습니다. 또 부천로봇파크는 부천테크노파크 안에 있는 로봇 상설 전시장인데, 각종 로봇대회 등을 열어 아이들에게 첨단산업과 문화의 만남을 경험하게 해주고 있죠.

이렇듯 부천의 박물관에 가면 감동과 배움을 동시에 느껴볼 수 있습니다. 다시 말해 부천에는 문화도시의 향기를 느낄 수 있는 공간이 많다는 얘기지요. 작은 도시 부천에 이렇게 많은 문화 시설과 박물관이 있다는 사실이 놀랍지 않나요?

매주 토요일 진행되는 부천 시티투어(Fun Fun City Tour) 프로그램을 신청하면 이러한 박물관을 돌아가며 상세히 체험할 수도 있답니다.

● 부천 시티투어 ●

부천은 작지만 박물관, 테마파크, 원예체험장, 생태공원, 유적지 등 볼거리가 다양한 도시예요. 특히 하루 동안 부천의 곳곳을 문화관광해설사와 함께 구경할 수 있는 '뻔뻔(fun fun)부천시티투어'가 있어 더욱 편리하고 알차게 즐길 수 있답니다. 매주 토요일마다 '판, 타, 지, 아' 각 네 개의 코스별로 신청을 받아 진행되는데, 부천문화원 홈페이지를 통해 신청할 수 있어요.

• 판(역사여행) : 활박물관 → 부천시궁도장 → 고강동선사유적지 → 옹기박물관
• 타(상상여행) : 부천로봇파크 → 심곡천 → 유럽자기·교육·수석박물관 → 부천천문과학관
• 지(환경여행) : 아인스월드 → 부천자연생태공원 → 여월농업공원/부천아트벙커 → 부천시공예체험관
• 아(힐링여행) : 한국만화박물관 → 한옥체험마을 → 역곡상상시장 → 부천승마장

오늘 여행한 부천은 한국의 압축적 근대화 과정에서 급성장한 공업 중심의, 잠시 머무는 이주민의 도시라는 부정적 이미지가 강하던 곳이었어요. 하지만 1990년대 후반부터 영화, 만화, 애니메이션, 음악 등 다양한 문화 콘텐츠 육성을 위해 노력하고 있는 도시랍니다. 특히 문학을 문화적 창의성 개발의 도구로 삼고 있다는 게 눈에 띄는 대목이죠. 부천 어느 곳에서든 문화를 쉽게 접할 수 있으니 한번 놀러 가보세요. 🌱

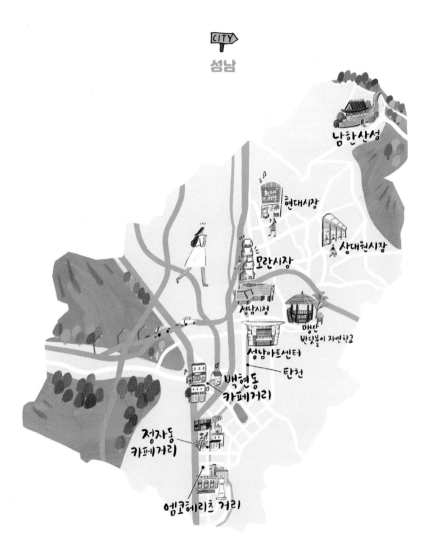

CITY
성남

남한산성

현대시장

상대원시장

모란시장

성남시청

맹산
반딧불이 자연학교

성남아트센터

탄천

백현동
카페거리

정자동
카페거리

엠코헤리츠 거리

5
오롯이 시민이 주인인 도시, 성남

　성남시는 먼 옛날, 백제의 도읍이었던 하남 위례성의 옛터로 추정되는 지역에 위치해 있습니다. 그 이름을 따서 지금 위례 신도시가 만들어지는 중이기도 하죠. 하지만 광주산맥의 지맥으로 둘러싸여 있는 지형은 기복이 무척 심해서, '성남에는 살찐 사람과 자전거 타는 사람이 없다'는 우스갯소리가 있을 정도입니다. 사람들이 모여드는 마을로서 기능하기는 불리한 자연조건이었던 거죠. 광주목 혹은 광주군에 속한 지역으로, 역사 속에서 크게 주목받지는 못했던 공간이었어요. 1973년에 시로 승격했으니까, 2018년을 기준으로 '성남시'라는 지명은 불과 50년도 되지 않은 셈이죠.

　사람들이 모여 산 역사가 길지 않은 성남시에서 크고 웅장한 문화재나 유적지를 찾아보기는 어렵습니다. 어떻게 보면 자체적으로는 '특별할 만한 구석'이 없는 자연적·역사적 상황을 갖고 있는 거죠. 하지만 2018년을 기준으로 성남시는 인구 100만을 바라보는 대도시로 성장했습니다. 성남시민들은 정부의 못 미더운 도시 개발정책을 기다리지 않고, 투쟁을 통해 원하는 것을 얻어냈죠. 또 시민들을 위한 시의 정책을 통해 조금씩 성장해나간 공간들이 많아요. 직접 만들어가고 있는 도시 공간이기 때문에 성남시민들은 지역에 대한 애착이 남다르답니다.

2019년 현재 성남시의 인구는 아직 100만 명을 넘지 못했어요. 1기 신도시인 분당, 2기 신도시인 판교 모두 다른 신도시 지역과 비교했을 때 지역 선호도가 높은 편이라, 가격 부담이 생겼어요. 이로 인해 인근의 광주나 용인으로 빠져나가는 사람들도 있고, 본도심의 재개발 과정(2018년 기준)에서 성남을 빠져나가는 사람들도 일부 있습니다. 마치 인근 지역으로 인구가 빠져나가고 있는 서울과 비슷하다고 할까요.

지역 주민뿐만 아니라 인근 지역 사람들까지 사로잡고 있는 '살고 싶은 도시' 성남의 강점은 무엇일까요? 시민에 대한 배려가 녹아 있고, 시민이 주인이 되어 만들어나가고 있는 공간들을 구석구석 함께 살펴보면서, 성남의 매력에 빠져보기로 해요.

스토리도, 풍광도 매력적인 남한산성

성남에 대한 이야기를 풀어나가기 위해 먼저 남한산성을 둘러보려고 해요. 성남시라는 이름이 남한산성에서 비롯되었거든요. 성남은 산성의 남쪽이라는 의미를 담고 있어요.

남한산성은 북한산성과 함께 조선의 수도였던 한양을 지키는 2대 산성 중 하나입니다. 나라의 중심을 지키는 중책을 담당하는 공간인 거죠. 도대체 어

테뫼식 산성, 예산 임존성　　　　　　포곡식 산성, 김포 문수산성

떤 특징을 갖고 있는 걸까요? 산성은 입지 특징에 따라 '테뫼식 산성'과 '포곡식 산성'으로 구분되는데, 남한산성은 포곡식 산성이에요. 머리에 수건을 둘러멘 것처럼 산꼭대기를 둘러싸고 높은 지역만을 사수하는 테뫼식 산성에 비해, 하나 이상의 계곡을 끼고 있어 물을 구할 수 있는 포곡식 산성은 장기간의 농성이 가능합니다.

　남한산성 지역은 한강의 지류인 탄천과 경안천의 수원에 위치하여 물을 구하기 쉬워요. 계곡에서의 물놀이와 한방 백숙을 동시에 즐길 수 있는 남한산성 백숙거리의 음식점들은 포곡식 산성의 입지 특성을 잘 활용하고 있는 셈이죠. 물만 있어서는 사람들이 살 수 없지만, 산성 안에 위치한 고위평탄면에는 600~1000여 호의 농가가 존재했다고 해요. 식량 생산이 가능하기 때문에, 적이 둘러싸더라도 장기간 버틸 수 있는 공간이었던 거죠. 게다가 남한산성에서는 인근의 시가지를 훤히 내려다볼 수 있으며, 한강 북쪽의 인왕산까지 살필 수 있는 시계를 제공해요. 따라서 대규모의 적이 몰래 접근하는 것은 불가능합니다. 그야말로 요충지로서의 조건을 두루 갖추었다고 볼 수 있어요. 이런 특징을 파악한 선조들은 이곳을 오래전부터 활용했는데, 통일신라시대에는 이 자리에 주장성을 건축하여 당나라의 침입을 막기 위한 전진

행궁 입구인 한남루　　　　　　　　좌전

기지로 활용했고, 고려시대에는 몽고의 침입을 이곳에서 격퇴한 적이 있죠.
조선시대에는 비상사태가 발생할 경우 수도를 이곳으로 옮길 계획을 갖고,
임금이 머무는 행궁 좌우에 종묘와 사직을 옮길 좌전과 우사를 만들어두기
도 했어요. 우사는 터만 남아 있지만, 좌전을 비롯한 행궁은 잘 복원되어 있
습니다.

　남한산성은 해가 지지 않는다는 의미를 담아 일장성이라고 부르기도 합
니다. 산줄기를 따라 성곽이 동서남북을 모두 둘러싸고 있기 때문이죠. 시대
에 따라 방호기능을 강화하기 위해 봉암성, 한봉성 등의 외성을 지어 이중, 삼
중의 성벽이 존재하는 방향도 있어요. 화포 등 상대의 무기를 견뎌낼 수 있는
구운 벽돌과 큰 돌들로 증축했고, 따라서
성곽을 이루고 있는 돌의 모양도 다양하
답니다. 보통 성문을 보호하기 위해 반원
모양으로 쌓는 옹성은 다른 산성과는 달
리 앞으로 길게 돌출되어 있는데, 이는 전
투의 경험을 통해 성문뿐만 아니라 성벽

세계문화유산인 남한산성

남한산성에서 볼 수 있는 낙조 　　　　　　숲과 어우러지는 성벽과 등산로

자체도 보호해야 한다는 것을 배웠기 때문이라고 합니다. 몸을 숨겨 적을 향해 효과적으로 총이나 활을 쏠 수 있게 만든 여장에는 화포를 쏠 수 있는 총안이 있고, 여장과 여장 사이에는 활을 쏠 수 있는 타구가 있어요. 대포가 유입된 이후로 증축된 포루도 요지에 위치하고 있습니다. 전쟁 과정에서 차곡차곡 쌓인 노하우가 그대로 남한산성에 녹아 있는 거죠. 이런 가치를 인정받아 2014년에 세계문화유산으로 지정되기도 했습니다.

　한때 국가 군사기능의 핵심 중 하나였지만, 지금의 남한산성은 가족이 함께 할 수 있는 등산코스일 뿐만 아니라 손꼽히는 벚꽃 명소 중 하나입니다. 내부의 고위평탄면 지역으로는 구두를 신고 걸어도 될 만큼 경사가 완만해서, 연인과 함께 소나무와 기와지붕의 운치를 느끼며 걸어도 좋을 것 같아요. 하지만 경사가 급한 성곽길도 남한산성의 매력 중 하나라고 생각해요. 서울뿐만 아니라 광주, 성남, 하남의 시가지를 내려다볼 수 있거든요. 특히 서문 인근의 연주봉 옹성은 서울의 시가지 위로 저무는 낙조를 찍을 수 있는 포토 스팟입니다. 매일 해 질 녘이면 삼각대와 카메라를 짊어지고 이곳을 오르는 포토그래퍼들을 많이 만날 수 있어요. 하지만 성곽과 어우러지는 소나무, 서울

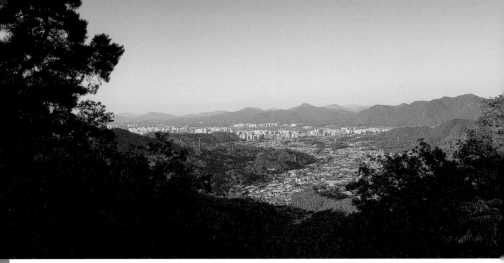

등산로에서 내려다보이는 하남시

의 시가지와 낙조라면 사진 실력이 부족하더라도 충분히 멋진 사진을 건질 수 있습니다.

아, 성곽길을 걸을 때 남문에서 수어장대 방향으로 걸으면 무시무시한 오르막 계단을 만나게 돼요. 체력에 자신이 없다면 수어장대에서 남문 방향으로 걷는 것을 추천합니다.

● 남한산성 성곽길의 소나무 조경 ●

남한산성 성 외곽을 따라 쭉 심겨 있는 소나무들은 2016년 아름다운 숲 전국대회의 대상을 수상했을 정도로 아름다운 조경을 자랑합니다. 소나무는 사실 기르기 어려운 나무로 손꼽히는데, 남한산성 주변의 소나무는 왜 이렇게 잘 보존되어 있을까요? 일제강점기에 훼손될 위기에 처했던 이 숲을 보호하기 위해, 인근 마을 주민 303명이 금림조합을 결성하고 산림감독 50명이 6명씩 교대로 산림을 감시하면서 도벌을 막아 지켰다고 해요. 산림감독은 극빈 계층에서 선발했기 때문에 취약계층의 구제에도 도움이 되었다고 합니다. 자연과 주민의 긍정적인 공존관계가 엿보이는 사례라고 할 수 있죠.

남한산성에 대한 소개를 마치며, 잠깐 남한산성을 더 유명하게 만든 동명의 영화 이야기를 해볼까 합니다. 영화 속 인조는 결국 치욕스러운 삼궤구고두례(三跪九叩頭禮)의 의식을 치르고 항전을 그만둡니다. 명예를 중요하게 생각하는 김상헌에게 이 상황은 견딜 수 없는 일이었고, 결국 자기 목숨을 끊고 말죠. 그의 선택을 이해할 수 없는 바는 아니지만, 영화 속 최명길의 대사도 깊은 울림을 줍니다. "부디 치욕을 견디더라도 백성의 살길을 열어주시옵소서." 결국 항전 과정이 길어지면 길어질수록 힘들어지는 것은 추위와 배고픔 속에서 남한산성을 수호해야 하는 백성들이었겠죠. 누군가에게는 죽음보다 어려웠던 삶을 선택한 남한산성 속의 교훈, 시민의 행복을 최우선으로 삼고 시민이 오롯이 주인으로 살아가야 한다는 성남시의 캐치프레이즈와 일맥상통하는 부분이 있지 않나요?

실제로 성남에는 시민에 대한 배려가 녹아 있고, 시민이 주인이 되어 직접 만들어나간 공간들이 많습니다. 성남시의 탄생부터가 지역 주민들의 주체적 요구에 의해 진행되었거든요.

광주대단지 사건과 성남시의 탄생

성남에서 분당과 판교는 서울의 집중화를 해결하고자 개발된 신도시로 널리 알려져 있지만, 사실 성남의 본도심 지역이야말로 가장 먼저 형성된 계획적 신도시라고 볼 수 있어요. 물론 그 계획이 이주민들을 위한 것은 아니었습니다. 1960년대 과잉 도시화가 진행됐던 서울의 주거공간이 부족해지자, 서울시와 행정부가 무허가 건물 지대 문제를 해결하기 위해 내놓은 대안이 서울 바깥에 신도시를 개발하는 것이었어요. '35만 명 규모의 새 위성도시 건설', '대전시 규모의 새 도시 건설' 등 기대를 불러일으키는 말로 사람들을 혹하게 했지만, 실제로는 청계천변 복개 공사, 세운상가 아파트 건립 공사 등으로 시 세입을 확충하기 위해 무허가 주택의 철거민들을 '선입주 후공사'라는 해괴한 방식으로 쫓아냈습니다. 쫓겨나듯 보금자리를 옮긴 빈민들 외에, 지역이 개발될 것을 기대하는 마음으로 이 지역을 찾은 사람들도 있었고요.

당시의 광주군으로 보내진 사람들은 약속과 달리 도시 기반시설이 전혀 없는 허허벌판에 당황했습니다. 이 지역은 경사가 심해 밭농사를 주업으로 삼는

경사가 급한 성남 원도심의 주거지역

지하철 8호선 산성역(2018년 기준으로 만덕역에 이어 두 번째로 깊은 역)의 에스컬레이터

사람들이 많았다고 해요. 당연히 식량이 넉넉한 지역은 아니었죠. 도로라고 해봐야 모란에서 천호 쪽으로 이어져 있는 길이 전부였어요. 원주민이 6천 명 남짓하던 공간에 어마어마한 수의 사람들이 몰려들었고, 안 그래도 모든 것

성일고등학교 인근 언덕

이 부족했던 지역은 곧 처참한 상황에 빠지게 됩니다. 전기나 수도는 고사하고 주택조차 없었다고 하니까요.

━━━● 성남 본도심 지역이 서울의 신도시 개발 구역으로 선정된 이유 ●━━━

이 지역의 땅은 3분의 2 정도를 서울시와 경기도, 광주군이 소유하고 있었다고 해요. 대부분이 국·공유지라 비용이 필요 없었고, 나머지 3분의 1에 해당하는 지역도 기반시설이 없을 뿐만 아니라 경사마저 악랄해 땅값이 싼 편이었던 거죠. 사람들을 위한 도시를 개발하겠다는 생각보다는, 서울이 당면한 문제를 싼 값에 '해결'하려는 접근이었던 거예요. 임야를 벌목하고 단단한 기반암을 깎아내면서까지 택지를 조성할 마음은 더더욱 없었던 것 같아요. 결국 택지와 도로에 능선과 계곡 등의 원지형이 그대로 노출되어 있는 본도심 지역의 밑그림이 이때 만들어집니다.

많은 사람들이 천막을 치고 열악한 환경에서 생활해야 했어요. 이들은 싼 가격에 토지를 분양하겠다는 말, 공단 조성을 통해 일자리를 만들어주겠다는 약속이 이행되기만을 기다렸습니다. 하지만 서울시와 정부의 관심사는 서울의 개발이었지, 개발을 위해 쫓아낸 빈민들의 삶이 아니었어요. 사람들의 기대는 곧 좌절과 분노로 바뀌었죠.

결정적으로 토지 분양 가격이 약속했던 것보다 훨씬 비싼 금액으로 책정된데다가 일시불로 납부하라는 일방적인 통보가 날아들었습니다. 철거민들 중 투기세력이 일부 섞여 있다는 말을 듣고, 열악한 주거환경을 견디며 버티던 빈민들이 감당할 수 없는 얼토당토않은 조건을 내건 거예요. 주민들은 약속한 가격으로 토지를 분양할 것, 세금부과 연기, 긴급 구호대책, 취역장 알선 등의 요구사항을 정리하여 면담을 요구했습니다. 그러나 당국은 번번이 이를 묵살했고 면담마저 이뤄지지 않았습니다. 격분한 주민들은 관용차, 경찰차를 불태우고 파출소를 파괴하는 등 광주대단지 전역을 장악했어요. 이를 '광주대단지 사건'이라고 합니다. 생존을 위한 투쟁이었지만 다소 폭력적인 부분도 존재했고, 이 상황에 대한 사회적 논의가 부족하기 때문에 아직까지는 '사건'이라는 애매한 명칭으로 불리고 있답니다.

이 상태는 오래 지속되지 않았습니다. 오후 5시경 서울시장이 주민들의 요구를 무조건 수락하겠다고 약속하면서 광주대단지 사건은 마무리됩니다. 당시의 언론은 이를 폭력사태, 폭동, 난동 등으로 묘사했지만,《성남시사 40년》에서는 이를 "준비되지 않은 도시계획으로 인한 희생자들의 생존을 위한 몸부림"으로 기록하고 있어요. 윤흥길의 단편소설 〈아홉 켤레의 구두로 남은 사내〉에도 이 당시 상황이 묘사되어 있습니다.

이후 본도심 지역은 성남시로 승격되고, 시민들이 생활하는 데 필요한 기반시설들이 빠르게 만들어집니다. 일례로, 수진역과 신흥역 사이 시가지에는 초·중·고교를 합쳐서 9개 학교가 담벼락을 맞대고 있는 학교 밀집 지역이 있습니다. 이 학교들 중 절반 정도는 개교 시기가 비슷해요. 광주대단지 사건 직후입니다. 삶의 터전을 옮긴 사람들을 위해 한순간에 학교를 지은 거죠. 지역 주민들의 일자리를 위한 공단이 형성되고, 시장도 생겨나게 됩니다. 부족하지만 점점 사람 사는 도시로서의 구색을 갖춰나가기 시작해요.

도시계획이라는 말 자체도 생소하게 느끼는 사람이 많았던 시절이지만, 성남에 자리를 잡은 사람들은 생존을 위해 자신들의 필요를 정부에 요구해야 했습니다. 철거민, 빈민들이 다수였지만 조직을 만들고, 자신의 필요를 정리하여 상대방에게 전달하는 과정에서 자연스럽게 시민의식이 함양되었죠. 다소 과격했어도 시민이 주인이 되는 성남시가 형성되는 데 밑거름이 된 사건이었다고 생각합니다.

사람 냄새 가득한 모란 5일장

2018년 2월, 공영주차장 부지를 활용하여 진행된 모란 5일장의 현대화 작업은 '28년 만의 신장개업'이라는 홍보와 함께 인근 주민들에게 주목을 받았어요. 전국적으로 규모가 가장 큰 5일장 중 하나이며 수도권에서 가장 큰 규모를 자랑하는 정기 시장이죠. 광주대단지 사건 이전부터 모란 지역에 자리했다고 해요. 날짜에 4, 9가 들어가는 날이면 장이 서는데, 그 날짜가 주말과 겹치면 인근에 거대한 교통 혼잡이 발생하곤 합니다. 성남시가 2010년에 조사한 바에 따르면, 평일 모란장을 이용하는 사람은 4만 명 이상, 주말에 이용

인근 건물에서 내려다본 현대화 작업 이후의 모란시장

모란장에서 판매되는 물품들

하는 사람은 9만 명 이상이라네요. 바로 맞은편에 쇼핑센터가 있고, 차로 10분 거리 이내에 대형마트가 있음에도 모란장은 아직 많은 사람들의 삶터가 되어주고 있어요.

모란장은 첨단기기, 대형가구 등을 제외하면 웬만한 물건들은 모두 구입할 수 있는데다가 꽈배기, 핫도그, 국수 등 여행객들 입장에서 즐길 만한 음식들도 많아요. 저녁에는 어르신들의 향수를 불러일으키는 품바 공연이 열리기도 합니다.

모란장 인근에는 중국 및 동남아시아 노동자들의 주거지가 위치해 있어요. 이슬람교도들의 희생절 즈음이 되면, 모란장 옆 건강원, 약재상에서 염소를 구입해가는 사람들의 모습을 볼 수 있습니다. 재래적인 공간으로 손꼽히는 모란장에서 세계화를 느낄 수 있는 대목이지요.

많은 사람들이 모란장을 개고기와 연결 지어서 생각합니다. 사실 외국 언론에 모란장의 사례가 보도된 적도 있었을 정도로 한국의 식용견 문화를 대표하는 공간이었죠. 시장 안에서 도축하는 소리를 들을 수도 있었고, 개뿐만 아니라 식용 고양이를 판매하기도 했어요. 모란장 상인들 중 일부는 생계와 관련하여 개고기 판매를 금지하는 것에 대해 반감을 가졌습니다. 하지만 동물권에 대한 관심이 높아진 요즘, 개고기 판매는 모란장의 약점이 될 수 있다고 생각하는 상인들이 더 많았어요. 현대화 작업이 진행되는 과정에서 모란장은 주변의 건강원들과 공간적으로 분리되었고, 개를 도축하는 소리는 모란장에서 사라졌습니다. 재래적 공간들도 시대의 흐름에 맞게 변화를 추구하고 있는 것이죠.

성남시는 인구가 100만에 육박하는 대도시이지만, 모란장을 비롯한 재래적인 상업 공간들의 몰락을 두고 보지 않고 다양한 방식으로 돕기 위해 노력하고 있습니다. 대표적인 예로 '성남사랑상품권'이라는 지역 화폐를 들 수 있어요. 가맹점에서 현금처럼 사용할 수 있는 상품권을 소비자에게 액면 금액의 6%를 할인 판매하는 대신, 대형마트나 백화점 등에서는 사용할 수 없게 해 지역 영세 상인을 도우려 한 것이죠. 이 성남사랑상품권은 이후 성남의 무상복지 정책인 청년배당(만 19~24세 청년들에게 분기별 25만 원씩, 1년에 100만 원을 지급), 아동수당 등에서도 활용되고 있어요. 2017년 기준, 청년배당으로 지급한 성남사랑상품권은 99%가 회수되었다고 합니다. 지역 상권에 확실하게 긍정적인 영향을 미쳤겠죠. 다른 지역에서는 10만 원을 현금으로 지급하는 아동수당의 경우도, 성남사랑상품권(체크카드 형태)으로 지급하는 대신 만 원을 더한 11만 원을 지급합니다. 인터넷 쇼핑이 불가능하다는 불만을 감수하면서까지, 자녀를 둔 가정의 복지 증진과 함께 지역 상권을 활성화시키려는 노력

현대화 작업이 끝난 현대시장 내부

이 진행 중인 거죠.

또 재래시장들의 환경을 개선하려는 구체적 노력도 병행되고 있습니다. 2018년을 기준으로 아직 재개발에 난항을 겪고 있는 성호시장 같은 곳도 있지만, 현대화 작업이 진행 중인 중앙시장이나 이미 현대화 작업을 완료한 상대원시장, 현대시장 같은 곳도 있어요. 천장을 덮어 더위와 추위, 비를 막고 위생적인 환경을 만들었답니다.

모란 5일장을 비롯한 전통시장들의 생존은 지역 상권의 보존을 '남의 일'로 치부하지 않는 주민들의 공동체 의식을 보여줍니다. 시에서 이런 정책들을 추구하려면 시민들의 호응이 필요하거든요. 광주대단지 사건을 통해 형성된 지역 토박이들의 끈끈한 정은 시장을 살리려는 시의 노력을 이끌어냈습니다. 시장 상인들도 성남 시민이며, 시대가 지났다고 해서 그들의 삶을 의미 없는 것으로 치부해서는 안 된다는 생각, 몰락해서 사라지는 것이 아니라 현대화 작업을 통해 부족한 부분을 보완하여 명맥이 이어지도록 하는 것이 성남의 방식인 거죠.

애물단지에서 사랑받는 성남 9경으로, 성남시청과 성남아트센터

성남시청은 위치상 중원구에 입지해 있지만, 분당스러운 경관의 시작점이자 본도심과 분당을 연결하는 중심으로 작용하고 있습니다. 실제로 성남시청 9층에서 주변 경관을 바라보면, 분당구 쪽과 중원구 쪽의 건물 높이가 다른 것을 확인할 수 있어요. 신도시 개발 과정에서 새롭게 형성된 분당 지역에 성남의 본도심보다 더 많은 인구가 거주하게 되었고, 분당 지역 주민들의 접근성 불편 문제가 제기되어 본도심에 있던 시청 청사를 분당과 원도심의 경계로 이전했습니다. 구 시청사는 전국 최초 공공 병원인 성남의료원으로 활용된다고 해요.

● 1기 신도시, 분당 ●

1990년대 정부의 주택 200만 호 건설 계획에 의해 성남의 분당 지역을 비롯하여 일산, 평촌, 산본, 중동 등의 신도시가 서울의 주거 기능을 나눠 맡도록 지역 개발이 추진되었습니다. 서울과의 접근성, 자족 기능 등의 요소로 인해 분당은 신도시 중 가장 안정적으로 정착했다는 평을 받고 있어요. 하지만 성남 내부적으로는 이질적인 공간이기도 합니다. 고도 제한 등의 이유로 재개발이 늦어진 본도심 지역은 건물의 높이가 상대적으로 낮고 노후화된 주택이 많으며 급하게 도시화가 이루어지는 과정에서 자동차 도로를 고려하지 못해 길이 좁습니다. 하지만 분당 지역은 강남의 주택 수요를 분산시키기 위해 만든 넓은 평수의 고층 아파트가 많아 본도심 지역과 다른 경관이 나타나죠.

아파트가 촘촘하게 들어서 있는 분당의 전경

성남시청사　　　　　　　　　　　　시청사 외부의 연못과 분수대, 잔디밭

　　현재의 성남시청은 2018년 기준으로 지자체 행정건물 중 연면적이 가장 넓고, 총 공사비를 따지면 무려 3천억 원이 넘는 초호화 청사입니다. 시청을 둘러싼 공원과 시청 앞의 분수 광장은 투자된 예산이 가늠될 만한 멋진 조경을 뽐내고 있어요. 이 초호화 시청사는 사실 성남아트센터와 함께 성남을 재정 위기에 빠뜨린 애물단지로 손꼽혔습니다. 하지만 지금은 시에서 자체적으로 선정한 성남9경 중 제1경, 성남의 랜드마크로 자리 잡았으며 '시민사랑방 청사'라고 불릴 만큼 시민들의 사랑을 받고 있습니다. 전망이 가장 좋은 9층의 시장 전용 공간을 2층으로 옮기면서 9층을 북카페와 아이사랑 놀이터로 바꿨어요. 또한 시청 광장과 산책로는 취사 빼고는 뭐든 가능하다는 말이 나올 정도로 시민들이 다양하게 활용하고 있습니다. 유리궁전이라고 불리는 현대식 건물 바로 옆에 텐트가 늘어선 캠핑촌이 있는 모습이 어색해 보이면서도, 시민들의 편의를 위해 공간을 내어준 청사의 모습이 나쁘게 보이지만은 않습니다. 여행객이라면 이런 이질적 경관에서 시민의 권리, 그 권리를 행사하는 이들의 여유를 느낄 수 있을 것 같아요. 시청사 광장에서 1년에 두 번 열리는 어린이 벼룩시장도 아이를 동반한 여행객에게 재미있는 이벤트가 되고 있답니다.

성남시의 정책 가운데 앞에서 소개한 청년배당, 아동수당 외에도 무상교복, 공공산후조리원 시행 등이 유명합니다. 2018년부터 중학생뿐만 아니라 고등학교 신입생에게도 무상으로 교복을 지급하고 있고, 성남에 거주한 지 1년 이상 된 사람에 한해 자녀를 출산했을 경우 산모에게 산후조리 지원금(50만 원)을 성남사랑상품권으로 지급하고 있어요. 이외에도 2018년 9월부터 고등학생들을 대상으로 무상급식 정책을 시행하여 학생 1인당 월 6만 5천 원을 지급하고 있죠. 여러 혁신적 복지 정책의 결과, 주민의 삶의 질은 점점 향상되어가고 있습니다. 주변 지역에서 성남의 정책을 벤치마킹하는 일도 많아지고 있고, 성남에서 의미 있게 적용된 정책들은 경기도 전체로 확대 시행되는 경우도 생길 것으로 보입니다.

성남시청만큼이나 많은 돈을 들여 건축한 성남아트센터는 현재 성남의 공연과 전시문화의 중심지로 기능하고 있습니다. 그리고 성남의 문화사업 전반을 주관하고 있죠. 성남아트센터의 운영을 위해 성남시장이 이사장으로 자리하는 성남문화재단이 만들어졌고, 이 재단은 공연뿐만 아니라 성남시의 축제를 기획하고 문화예술 지원사업을 총괄하고 있습니다. 이 문화예술 지원사업의 방향성은 확고합니다. 예술에 대한 접근성을 높여서 시민들의 문

성남아트센터 전경

화 향수성을 고양시키려는 것이랍니다.

성남아트센터에는 공연장과 전시관 외에도 성남미술은행, 악기도서관, 성남미디어센터 등이 위치해 있어요. 성남미술은행, 악기도서관 등을 운영해서 저렴한 가격으로 악기나 미술작품을 대여해주고 있답니다. 성남미디어센터에서는 시민들에게 미디어 문화를 전파하고 미디어 교육을 진행합니다. 성남아트센터 내부에 위치해 있진 않지만, 성남문화재단에서는 두 군데의 공공예술창작소를 운영하고 있어요. 청년 작가들이 예술 활동을 계속할 수 있도록 도우면서 시민들을 위한 전시 및 예술 교육을 펼치고 있답니다. 두 군데 모두 본도심 지역에 위치해서, 상대적으로 성남아트센터에 대한 접근성이 떨어지는 지역 주민들도 예술을 향유할 수 있도록 노력하고 있습니다. 본도심 지역을 중심으로 해서 우리 동네 문화공동체 만들기 등의 예술 관련 프로젝트도 진행 중이에요. 모두 예술에 대한 시민들의 접근성을 높이고, 교육 및 체험활동을 통해 시민들이 예술적 감각을 느낄 수 있도록 노력하는 공간이라고 볼 수 있어요.

시민의 힘으로 살려낸 탄천과 맹산 반딧불이 자연학교

다음으로는 시민의 힘으로 살려낸 분당 지역의 자연환경에 대해 이야기하려 합니다. 먼저 둘러볼 곳은 탄천이에요. 탄천은 용인에서 발원하여 성남과 서울의 강남, 송파구를 지나 한강으로 흘러들어가는 하천입니다. 성남을 본도심과 분당, 판교로 나누었을 때, 이 세 곳을 관통하는 하나의 공간적 요소가 바로 탄천이지요. 따라서 탄천은 성남의 성장과 발전에 중요한 축이 된다고 볼 수 있어요.

해 질 무렵의 탄천 전경

　탄천은 물고기가 많아 그물질이 가능할 정도였다고 하지만, 1990년대 분당 택지개발 진행 과정에서 하천의 침식을 막기 위해 설치된 콘크리트 호안으로 인해 생태계가 크게 훼손되었다고 해요. 수질은 악취가 나는 5급수로, 공업용수로밖에 활용할 수 없는 상황이었다고 하죠. 이전 탄천의 모습을 기억하는 지역 주민들의 아쉬움은 구체적인 행동으로 이어졌고, 이러한 행동은 시를 움직였습니다.

　인공으로 설치한 콘크리트를 철거하고, 원래의 물줄기를 살리면서 생태계를 복원하려는 노력에 시와 지역주민이 동참했습니다. 하천 복원사업을

자전거 도로, 산책로와 탄천

탄천의 갈대숲

진행한 도시는 여러 곳이 있지만, 인 공적인 색채를 빼고 생태 보존을 최 우선에 둔 지역은 많지 않아요. 조경 은 잘되어 있지만 인공적 요소가 강 한 청계천과는 달리, 탄천 복원은 생 태계를 살리고 주민들이 그 자연을 누릴 수 있도록 하는 데 초점이 맞춰

맹산 반딧불이 자연학교 산책로

졌습니다. 지금의 탄천은 금개구리, 은어 등이 서식하고 회귀 조류들을 관찰할 수 있는 2급수가 되었어요.

분당 지역은 개발하는 과정에서 녹지 비율을 어느 정도 고려했기 때문에, 탄 천뿐만 아니라 시가지 곳곳에 녹지를 만날 수 있는 장소들이 있어요. 특히 율동 공원과 중앙공원은 성남 9경 중 하나로, 시민들이 사랑하는 공원이죠. 하지만 여기서는 두 공원에 비해 규모가 훨씬 작고, 시기에 따라서는 색다른 경험을 할 수 있는 장소를 소개할까 합니다. 바로 맹산 반딧불이 자연학교예요.

맹산 반딧불이 자연학교는 야탑역에서 대중교통으로 10분 정도 거리에 위치하고 있는 숲과 습지입니다. 상권이 몰려 있는 시가지의 중심지는 아니 지만, 고층 주거지들 바로 옆에 위치하고 있음에도 많은 이들의 노력이 더해 져 자연환경이 잘 보전되어 있답니다.

신도시의 개발 열풍 속에서 청정의 자연이 보존될 수 있었던 중심에는 역 시 시민들의 노력이 존재합니다. 맹산 반딧불이 자연학교를 지키기 위해 주 도적으로 노력한 분당환경시민의모임이라는 시민단체가 있었거든요. 자녀 들에게 어떤 공간을 물려줄 것인가에 대한 고민에서 출발해 도심 내의 체험 환경 교육프로그램을 진행했고, 이 지역으로 한 고등학교가 이전을 계획하

맹산 반딧불이 자연학교 생태 학습 공간   반딧불이를 볼 수 있는 습지

자 이를 반대하는 지역 주민과 결합해 시민단체의 성격을 지니게 되었어요.

이 단체는 학교 이전에 대한 반대의견 제시만으로는 부족하다는 판단으로, 녹지 보전에 대한 가족 단위 교육프로그램을 운영하면서 성남 시민들의 인식을 바꾸려 노력했다고 해요. 그 결과 맹산의 가치에 대해 관심을 갖는 사람이 점점 늘어났고, 한국내셔널트러스트의 열두 번째 시민유산 후보지로 맹산 반딧불이 자연학교가 지정되었어요. 서로 연대하고, 교육을 통해 가치를 전달한 결과 맹산 지역으로의 학교 이전은 무산되었습니다. 지금은 맹산 반딧불이 자연학교 일대의 지역을 시민유산으로 영구 보존하려는 계획을 갖고 있다고 해요.

맹산 반딧불이 자연학교에서는 6월이면 여러 종류의 반딧불이를 관찰할 수 있습니다. 왕복 6차선 도로에서 얼마 떨어지지 않은 동네 뒷산에 희귀종이 살고 있다는 것은, 자연에 대한 시민들의 관심과 노력의 정도를 보여줍니다. 2~3초가량 반짝이는 애반딧불이의 빛은 휴대폰에 담을 수 없을 정도로 연하지만, 자연을 위한 시민들의 노력만큼은 환하게 빛난다고 할 수 있습니다.

빌딩숲 속 보행자를 위한 공간, 백현동 카페거리

이번에는 판교 지역으로 넘어가볼까요. 판교는 〈응답하라 1988〉, 〈고백부부〉 등의 드라마에서 투자 지역으로 등장했을 정도로 유명한 곳이죠.

판교, 특히 판교 테크노밸리의 경관은 본도심, 분당 및 위례신도시 지역과는 다릅니다. 아직 재개발이 진행되지 않은 본도심 지역과의 차이는 당연하다 하더라도 비교적 최근에 개발된 분당, 위례 지역과도 경관이 다른 것은 의외라 할 수 있어요. 판교와 같은 2기 신도시이지만 상대적으로 주거 기능에 집중되어 있고, 2018년을 기준으로 아직 상가들의 분양이 끝나지 않은 위례신도시는 상대적으로 분당 지역과 경관이 비슷한 느낌이에요. 하지만 판교에는 다양한 기능의 고층건물들이 입지하고 있기 때문에 현대적인 이미지가 더욱 강한 편이죠.

---● 판교 테크노밸리 ●---

판교 테크노밸리의 낮과 밤

분당 개발 과정에서 드러난 자족 기능 부족 문제를 보완하기 위하여, 판교는 주거 공간과 생산 공간이 조화를 이루도록 계획했습니다. 지하철 신분당선이 개통되어 향상된 접근성이 쾌적한 주거환경과 함께 매력요소로 작용하면서 첨단산업들이 유치되어 판교 테크노밸리가 형성되었죠. 정보·통신산업, 전자기기 산업 등이 클러스터를 이루고 있어요. 판교 테크노밸리가 자리를 잡으면서 판교는 주거와 녹지, 생산 공간이 어우러진 신도시가 되었답니다.

백현동 카페거리는 판교역에서 도보로 10분 정도 떨어져 있습니다. 약 3~4층 규모의 개성 강한 건물들이 늘어서 있고, 카페를 비롯한 의류, 미용, 음식 판매점 등이 입점해 있어요. 건물 자체의 디자인이 모두 다르고 입점해 있는 점포들의 인테리어도 각각 개성이 강하지만, 그 자체가 거리의 지역성처럼 느껴집니다. 선명한 색을 쓴다거나 큰 글자를 사용하는 등의 튀어 보이는 간판은 없습니다. 거리 전체를 보면 묘한 통일성이 느껴져요. 메인 거리 중앙에는 인공 수로와 분수대가 설치되어 있고, 야간이 되면 수로를 따라 조명이 켜집니다. 각지게 구부러지며 흘러가는 수로 주변에는 나무가 심겨 있어요. 굳이 주변 상점들 때문이 아니더라도 걷고 싶은 마음이 생길 만한 거리랍니다. 나무와 물, 독특한 분위기의 상점들이 어우러지면서 만들어내는 이국적 분위기는 백현동 카페거리를 찾는 사람들에게 있어 매력적인 요소가 아닐까 싶어요.

백현동 카페거리를 정자동 카페거리, 정자동 엠코헤리츠 거리와 비교하면서 살펴보면 더욱 재미있답니다. 정자동 카페거리는 정자역에서 가깝다는 접근성과 함께, 북유럽의 거리를 연상케 하는 독특한 분위기의 고급 카페들로 채워져 관광 명소로 손꼽혔습니다. 성남 외부에서도 데이트 등을 목적

백현동 카페거리

백현동 카페거리의 밤

정자동 카페거리(위)
엠코헤리츠 거리(아래)

으로 정자동 카페거리를 찾는 이들이 많았죠. 하지만 신분당선 개통 이후로 정자동 카페거리의 유동인구가 줄었다고 합니다. 강남역과의 접근성이 높아지자 정자동 카페거리를 찾는 이들이 강남으로 발걸음을 옮긴 거죠. 교통이 발달하자 오히려 상권에 위기가 찾아온 셈입니다. 고급 카페들은 하나둘씩 문을 닫았고, 그 자리를 선술집과 옷가게, 음식점 등이 채워가면서 지금의 정자동 카페거리는 정체성이 불분명해졌어요. 간판과 인테리어에서 거리의 통일성이 느껴지지 않게 되자, 흡인 요인을 더욱 잃어버리면서 다른 번화가들과의 차별성이 줄어들었습니다.

반면 정자동 카페거리 바로 인근의 엠코헤리츠 거리는 최근 주목을 받고 있습니다. 거리 경관의 통일성을 높이고, 체스판을 연상케 하는 바닥판과 거대한 체스 말 조형물들이 시선을 끌고 있죠. 백현동 카페거리처럼 거리 자체의 경관이 걷고 싶은 마음을 자극하는 곳이에요.

백현동 카페거리와 엠코헤리츠 거리, 정자동 카페거리를 비교할 때 '차도' 중심인가, '인도' 중심인가를 가지고 구분하면 차이가 뚜렷이 나죠. 정자동 카페거리는 차도를 끼고 있는 인도에 조성되어 있어 다소 소란스럽고, 그런 분위기에서 고급 카페거리가 존재하는 건 아무래도 어색해요. 하지만 정자동 엠코헤리츠 거리는 오피스텔 단지 내부에 조성되어 있는 길이기 때문에 걸어서 접근할 수밖에 없습니다. 백현동 카페거리도 메인이라 할 수 있는 공간은 산책로를 중심으로 양쪽에 점포들이 입점해 있어요. 차보다 인간을 중심에 두는 거리들이 주목을 받고 있다는 이야기는 사실 이미 많은 곳에서 언급되고 있지요. 정자동 카페거리의 변화, 백현동 카페거리와 정자동 엠코헤리츠 거리의 등장을 한 가지 이유만으로 설명할 순 없겠지만, '거리'라고 이름 지으려면 그곳을 걷는 사람들에게 매력적으로 느껴져야 한다는 점은 확실한 것 같아요. 그리고 그 거리를 가장 많이 향유하는 사람들은 누가 뭐래도 인근 지역에서 일하거나 거주하는 사람들이겠죠. 지역 사람들에게 사랑받는 거리가 결국 여행객들에게도 가보고 싶은 장소로 알려지게 되는 것 아닐까요?

지금까지 성남에서 돌아볼 만한 지역 몇 곳을 살펴보았습니다. 조선 전기와 후기를 가르는 국란의 역사를 비롯하여 성남시가 출발한 순간의 광주대단지 사건 및 연속적인 신도시 개발까지 성남의 발자취들이 굵직굵직하게 느껴집니다. 현재의 성남은 누가 뭐라 해도 시민을 위해 노력하고 또 변화해가는 공간입니다. 규모가 크거나 화려하진 않지만 지역 주민들이 공존을 위해 노력하고 그 공간의 주인이 되어 직접 만들어나가고 있는 성남은 확실히 매력적인 도시입니다.

CITY

여주

6

남한강을 품고 있는 막내 도시, 여주

여행을 할 때는 그 지역의 별미를 맛보는 것 또한 큰 재미라고 할 수 있죠. 여주에 간다면 뭘 먹으면 좋을까요? 추천하고 싶은 건 다름 아닌 '쌀밥'이랍니다. 왕의 밥상에 올리기 위해 왕실에서 직접 관리하던 여주 지역의 쌀은 지금도 '대왕님표 쌀'이라는 이름으로 유명하죠. 여주는 큰 강과 넓은 평야 덕분에 일찍이 농업이 발달한 지역이랍니다. 그만큼 강이 중요했기 때문에 여주의 상징에서도 강은 빠질 수 없는 존재예요. 그 덕분에 조선시대에는 큰 시장이 형성되었고, 지금은 자전거 여행과 캠핑을 좋아하는 사람들에게 사랑받는 도시가 되었답니다.

또 여주에는 우리나라에서 가장 유명한 왕인 세종대왕의 능이 있어 매년 한글날 즈음 세종대왕문화제가 열립니다. 전통 방식으로 대장간에서 무기를 만들어보고, 3D프린터와 드론까지 직접 다뤄볼 수 있는 세종대왕문화제는 과거와 현재를 이어주는 연결고리 같아요. 사시사철 색다른 매력을 품고 있어 오감을 만족시키는 여행이 가능한 여주! 그럼, 지금부터 고속도로와 수도권 전철 개통으로 더욱 가까워진 여주로 떠나볼까요?

남한강과 함께 성장한 여주

요즘 한강에 떠 있는 배들은 대부분 유람선이에요. 하지만 조선시대에는 한강을 통해 여러 물건들을 곳곳으로 실어 나르는 배들이 무척 많았습니다. 국토의 70%가 산지인 우리나라의 지형 특성상 도로를 내는 것은 무척 어려운 일이었죠. 그래서 하천을 이용해 물자를 수송했던 거랍니다. 당시 한강의 4대 나루(마포나루, 광나루, 이포나루, 조포나루) 중 두 개(이포나루, 조포나루)가 여주에 있었을 만큼, 조선시대의 여주는 수운으로 번성한 곳이었어요. 임금님께 진상하던 쌀로 알려진 여주·이천 지역의 평야에서 생산된 기름진 쌀과 남한강에서 잡힌 다양한 어류들, 그리고 강원도와 충청도에서 온 배들이 서로 모여 시장이 크게 열리던 지역이었답니다. 강원도 영월, 정선 등에서 온 뗏목은 목재를 가득 싣고 와 '떼돈을 번다'라는 말의 유래가 되었을 정도로 번성했고, 서해안에서부터 소금이나 새우젓을 싣고 온 배들은 이를 식량과 바꾸어갔습니다. 또 마포와 충청도 사이에서 사람들을 싣고 다니는 황포돛배까지, 장날이면 많은 사람들과 배들이 한데 모여 시끌벅적했을 거예요. 여주에서 황포돛배를 타고 남한강의 절경을 감상하면서 과거의 명성을 상상해보는 것도 좋겠지요. 최근에는 고증을 통해 전통 기법으로 복원한 황포돛배를 타고 강변유원지에서 신륵사를 거쳐 세종대왕릉까지 갈 수 있게 되었답니다.

수운은 사람들의 생활에서 떼어놓을 수 없을 만큼 중요했고 국가의 조세

124

징수에서도 큰 역할을 했지만, 우리나라의 기후는 수운에 유리한 조건이 아니었어요. 강수량의 대부분이 여름에 집중되는 특성상 사계절 내내 안정적으로 수운을 이용하기가 무척 어려웠기 때문이죠. 반면 도로나 철도교통은 날씨의 영향을 상대적으로 적게 받으니, 하천이 담당하던 교통의 기능을 대체하기에 충분했어요. 조선 초기부터 도로 교통 체계인 '역참제'가 시행되었고, 여주에도 세 개의 역(관리들의 임무 수행에 필요한 말과 경비를 공급해주던 곳)과 여덟 개의 원(공무 여행자에게 숙식을 제공하던 곳)이 설치되었답니다. 그래도 18세기까지는 상업의 활성화에 힘입어 남한강의 수운이 주요 교통수단으로 굳건하게 기능했지만, 19세기 후반부터 등장한 철도에 결국 그 명성을 내어주게 되었어요. 경인선, 경부선, 호남선, 중앙선 등의 철도가 물류 수송을 담당하게 되었으니까요.

주요 교통수단이 바뀐 뒤, 여주와 같이 하천을 중심으로 형성되었던 중심지들은 쇠락의 길을 걷게 돼요. 대신 도로교통과 철도교통의 요지가 급격히 성장하게 되죠. X자 모양의 기형적인 철도 노선은 아직도 해결되지 않은 국토 불균형의 첫 단추가 되었습니다. 약 100년 전에는 이곳 여주에 총 세 개의 5일장이 열렸지만(여주읍내장, 이포장, 태평리장) 현재는 하나만 남아 명맥을 이어가고 있습니다. 교통의 중심지 역할을 상실한 것에 이어, 산업화와 도시화 과정에서 생긴 이촌향도 현상으로 인해 인구도 많이 줄었습니다. 하지만 아직도 날짜 끝자리가 5나 0으로 끝나는 날이면(5, 10, 15, 20, 25일) 여주 5일장이 열려 번성했던 과거의 모습을 엿볼 수 있답니다.

●————● 경기도에서 두 번째로 큰 5일장, 여주 5일장 ●————●

여주 5일장은 지금도 규모가 꽤나 커서 구경하려면 한참이 걸린답니다. 경기도, 강원도, 충청도가 맞닿아 있는 여주의 지리적 특성상, 농산물과 임산물뿐만 아니라 수산물까지 아우르는 온갖 식재료와 물건들이 모여들었던 전통이 고스란히 남아 있기 때문이죠. 상인들 중에는 충청도나 강원도에서 온 경우도 있지만, 대부분은 여주 주민들이고 30~40년씩 자리를 지키는 사람들도 있답니다. 꼭 뭔가를 사러 가지 않더라도 도넛이나 만두, 홍어회, 부침개 등 곳곳에서 고소한 음식 냄새가 풍겨 발걸음을 쉽게 뗄 수 없죠. 출출한 배를 채우러 갔다가 양손 가득 고구마, 땅콩, 복숭아 등의 특산물을 들고 돌아오기도 해요. 농부들이 직접 판매해서 가격도 저렴한데다가 하나라도 더 얹어주려는 따뜻한 인심 때문에 다시 찾게 되죠.

정기시장의 쇠퇴는 상업 시설의 변화와 맥락을 같이했어요. 대부분의 지역에서 인구의 증가와 교통의 발달로 인해 정기시장은 줄어들고 상설시장이 그 자리를 대체하게 되었죠. 또 최근에는 대형마트의 등장으로 인해 전통 시장의 입지가 더욱 위태로워졌어요. 여주에도 물론 상설시장과 유명 대형마트가 들어섰지요. 여주시에서는 전통 시장을 살리기 위해 루미나리에를 설치해 경관을 아름답게 꾸미고 주차장을 만드는 등 쾌적한 환경을 만들려는 노력을 했어요. 더불어 신선한 상품, 저렴한 가격, 양심적인

원산지 표기, 재미있는 구경거리를 갖추어 신뢰할 수 있는 시장으로 자리매김하려는
상인들의 노력도 이어졌고요. 덕분에 여주 5일장은 관광객들뿐만 아니라 여주 시민들
도 자주 찾는 생활공간이자 문화공간이 되었답니다.

물길과 역사를 함께한 폐사지와 신륵사

수운 기능이 쇠퇴하면서 운명을 달리하게 된 것은 비단 시장만이 아니었
어요. 남한강을 따라 쉽게 찾아볼 수 있는 폐사지(옛 절터)들도 수운과 흥망성
쇠를 함께했죠. 하천이 중요한 교통로로 이용되던 시절에는 순조로운 운항
을 기원하는 상인들의 시주 덕분에 남한강 주변에 있던 많은 절들이 흥했답
니다. 예를 들면 여주의 고달사를 비롯해 원주의 거돈사·법천사·흥법사,
충주의 청룡사 등이 있어요. 그러나 수운이 쇠퇴하면서 점차 절을 찾는 상인
들의 발걸음도 뜸해지게 되었고, 결국 운영이 어려워져 폐사되고 말았죠. 그
래도 아직까지 절의 원형이나 문화재가 꽤나 잘 보존되어 있어 많은 생각에
잠기게 하는 장소랍니다. 그럼 여주에 있는 고달사지로 함께 떠나볼까요?

고달사지

고달사지에 들어선 순간 황량한 절터에 석조 건축물만 덩그러니 남아 있는 것이 무척이나 쓸쓸했어요. 한편으로는 압도적인 규모를 보며, 전성기 때는 위용이 장대했겠구나 하는 생각이 들었죠. 기록에 따르면 고달사가 창건된 것은 신라 경덕왕 때(764년)라고 해요. 고려시대에 규모가 확대되었고, 조선 초기에 간행된《신증동국여지승람》에도 고달사에 대한 기록이 나오는 것으로 보아 이때까지도 건재했던 것으로 추측돼요. 당시 고달사의 입구에 심어진 것으로 추정되는 400년 된 소나무는 아직까지 남아 이곳 마을의 보호수 역할을 하고 있답니다. 매끈하게 다듬어진 석조(승려들이 물을 담아두거나 곡물을 씻을 때 사용하던 용기), 섬세한 연꽃잎 등 고려시대의 예술 솜씨가 엿보이는 석조대좌와 통일신라 후기의 탑비 형식을 잘 보여주는 원종대사 탑비 등의 석조 건축물을 보고 있으면 세월의 흐름과 함께 지나간 고달사의 흥망성쇠가 고스란히 느껴져요. 오랜 세월이 지났는데도 기품이 살아 있는 석조 건축물들은 분명 당시 가장 뛰어난 기술자들이 만들었을 거예요. 그만큼 고달사의 기세 또한 높았겠지요.

삼면이 산으로 둘러싸인 황망한 절터에서 염불 소리와 목탁 소리가 계속 크게 들려서 의아했는데, 조금 더 올라가니 새롭게 지어진 작은 규모의 절이 있었어요. 이제는 아득한 역사의 흔적만 남은 고달사지에 현대식 절이 있어, 과거와 현재를 이어주는 듯 보였답니다.

남한강변의 폐사지들과는 다르게 아직도 굳건히 자리를 지키고 있는 천년고찰 신륵사는 신라시대에 만들어진 절입니다. 원효대사가 창건했다는 설이 전해지고 있는데, 7일 동안 기도를 올리자 아홉 마리의 용이 연못에서 나와 승천한 뒤에 절을 지을 수 있게 되었다는 것이 설화의 내용이에요. 이것만 봐도 이곳에 절을 짓기가 꽤나 어려웠을 거라는 걸 짐작해볼 수 있지요. 남한

400년 된 소나무

석조

석조대좌

원종대사 탑비

신륵사(출처 : 여주시청 홈페이지)

강 바로 앞에 위치해 있지만, 평탄한 지형이 아니거든요. 원효대사의 전설은 산기슭의 나무를 베고 암반을 깎아 신륵사를 건립한 과정의 어려움을 표현한 게 아닌가 싶습니다.

신륵사에서는 여주의 아름다운 경치를 감상할 수 있고, 석탑과 비석을 비롯한 문화재들을 통해 역사를 돌아볼 수 있기에 사람들의 발길이 끊이지 않는답니다. 최근에는 템플스테이를 통해 고즈넉한 절 속에서 사찰 문화를 즐길 수 있는 프로그램도 인기가 많습니다. 현재 신륵사 주변은 강변과 숲이 어우러진 대규모의 유원지로 조성되었고, 매년 세종대왕문화제와 오곡나루 축제가 열리는 장이랍니다. 앞서 이야기한 황포돛배를 탈 수 있는 선착장도 있어요. 과거 나루터의 모습을 조금이나마 엿볼 수 있는 선착장에서는 매년 오곡나루 축제 때 조포나루의 옛 모습을 재현한 주막이 열리기도 합니다.

신륵사에 가면 꼭 다층전탑이 있는 곳에 올라가보세요. 보통 석탑은 화강암으로 만드는 경우가 많아요. 굳기가 단단해 오래 보존할 수 있고, 큰 암반으로 채굴할 수 있어 조각하기에 편했기 때문이지요. 그런데, 신륵사 다층전탑은 (일부 화강암을 사용하기는 했지만) 흙으로 빚은 벽돌을 켜켜이 쌓아 올린 탑으로 독특한 매력이 있답니다. 우리나라에 단 몇 기만 남아 있는 형식이고, 고려시대의 전탑 중에는 유일하게 남아 있어 더욱 소중한 문화재예요. 게다가 이곳은 남한강의 절경을 가장 잘

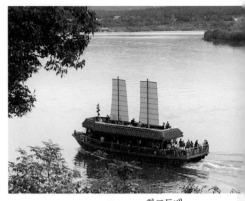

황포돛배

느낄 수 있는 위치랍니다. 황포돛배가 움직이는 모습을 보고 있으면, 마치 시간여행을 하는 듯한 착각마저 들 정도예요. 이곳에 탑을 쌓은 이유는 홍수가 나지 않기를 기원하는 마음이 담겨 있는 것이겠지요.

그 밖에도 고려대장경을 보관하기 위해 만든 대장각에 세운 대장각기비, 연꽃무늬와 물결무늬가 인상적인 다층석탑을 비롯한 석조 건축물도 있으니 전탑과 비교해보는 것도 흥미롭겠지요. 극락보전에도 들어가보세요. 나무바닥의 삐걱삐걱 소리에서 세월의 울림이 느껴진답니다. 이곳에서는 통일신라시대의 유물을 비롯해, 화려함을 뽐내는 삼존상과 섬세한 인물 묘사가 돋보이는 삼장보살도를 통해 불교문화의 정수를 만날 수 있습니다.

한편 불교가 우리나라의 토속신앙과 융화되어 한국적인 불교문화가 드러나는 삼성각도 가볼 만해

다층전탑

대장각   대장각기비

요. 호랑이와 산신의 모습이 불교의 탱화와 나란히 있는 모습은 다른 사찰에서 보기 어렵기 때문에 더욱 흥미롭거든요. 명부전에서는 사후세계를 중요시하는 불교의 교리에 대해 생각해볼 수 있답니다. 신륵사를 돌아보며 한 가지 재미있는 사실을 발견했어요. 사찰 곳곳에 여주 쌀을 놓아두고 공양미로 이용할 수 있게 장려한다는 것이에요. 여주 사람들의 쌀에 대한 자부심과 애정이 느껴지는 부분이죠?

삼장보살도

지금까지 교통수단의 변천과 함께 여주의 변화에 대해 살펴보았는데, 현재 여주의 교통 상황은 어떤지 궁금하지 않으세요? 이제는 영동고속도로, 제2영동고속도로, 중부내륙고속도로 등이 여주를 지나고 있어 어느 지역에서나 쉽게 접근할 수 있게 되었답니다. 게다가 최근에는 수도권 전철 강릉선이

극락보전

개통되어 판교역에서부터 여주역까지 약 46분 만에 갈 수 있습니다. 전철을 타고 뚜벅이 여행을 할 때는 여주역에서 출발하는 '세종대왕 관광순환버스'를 타면 주요 관광지(신륵사, 세종대왕릉, 황학산수목원, 여주보, 이포보, 고달사지터 등)로 편안하게 이동할 수 있어요. 주말에는 전철에 자전거를 싣는 것도 허용되니, 자전거를 타고 여주 구석구석을 돌아볼 수도 있지요. 남한강을 중심으로 평탄한 길이 이어지는 여주는 도보 여행을 하기에도 좋고 자전거 여행을 하기에도 안성맞춤인 곳이에요. 한 코스마다 10여 킬로미터로 구성된, 총 4코스 61킬로미터의 '여강길'을 따라 명성황후 생가, 세종대왕릉, 신륵사

삼성각

삼성각 내부

공양미로 이용되는 여주 쌀

등을 돌아볼 수도 있답니다. 금은모래강변공원에서는 무료로 캠핑도 할 수 있으니, 남한강의 수려한 경치 속에 터를 잡아두고 며칠에 걸쳐 천천히 그리고 깊이 있게 여주를 만나는 것도 좋겠지요.

남한강을 녹색으로 물들인 이포보, 여주보, 강천보

'녹조라떼'라는 말을 들어본 적이 있나요? 매년 여름 폭염이 기승을 부릴 때면 어김없이 뉴스에서 초록색 물감을 풀어놓은 듯 녹조가 심하게 퍼진 한강의 모습이 보도되곤 하죠. 이포보 생태학습관에는 오리와 고니를 비롯해 각종 조류, 어류, 포유류 등 다양한 동물을 만날 수 있다고 쓰여 있지만, 만나는 거라고는 오염된 물, 그 위에 떠 있는 부유물, 흐름이 멈춘 강의 모습밖에는 없었어요. 이에 2018년 10월부터 시범적으로 한강의 보 중 이포보를 개방하고 이로 인한 영향을 평가하고 있답니다. 수위가 낮아지자 콘크리트로 메운 강바닥과 녹조가 여실히 드러나 있었죠.

우리나라 사람들의 삶에서 빼놓을 수 없는 한강이 왜 생명력을 잃게 되었을까요? 하천의 생태에 대한 깊은 고찰과 국민 여론 수렴 과정 없이 진행된 행정의 결과지요. 사실 '보(洑)'는 농사가 주된 산업이었던 과거 우리나라에서는 꼭 필요한 수리시설이었어요. 강수량의 대부분이 여름에 집중되는 기후이니, 비가 적게 내리는 계절에는 하천에 물이 줄어들 수밖에 없었죠. 그래서 하천 유로의 일부에 얕은 둑을 쌓아 농사에 필요한 최소한의 물이 고이도록 만든 시설이 바로 '보'랍니다. 조선시대의 기록에서도 그 유래를 찾아볼 수

이포보

있어요. 하지만 우리나라의 전통 보는 나무와 흙 등 자연에서 온 재료로 만들었기 때문에 물의 순환을 가로막지 않았습니다. 또 완전히 고정하는 방식이 아닌 까닭에 매년 홍수 때면 파손되었고, 따라서 하천의 자연스러운 흐름을 크게 방해하지 않았지요.

보가 다시 주목을 받게 된 것은 2008년 정부에서 '4대강 사업'을 추진하면서부터였어요. 수질 개선, 가뭄과 홍수 예방을 위해 수십조 원을 들여 4대강(한강, 낙동강, 금강, 영산강)과 섬진강들의 지류에 보, 저수지, 댐을 설치하는 것이 4대강 사업의 주요 골자였습니다. 우리나라에서는 이미 4대강에 대규모의 치수 사업을 한 적이 있습니다. 1970년대 제1차 국토종합개발계획의 일환으로 '4대강유역종합개발'이 실시되었던 거죠. 이때 하천 곳곳에 다목적댐과 관개시설이 건설되었어요. 그 결과 농업·공업·생활에 필요한 물을 원활하게 공급받을 수 있게 되었지만, 수질이 악화되고 생태계가 파괴되는 등 장기간에 걸쳐 해결해나가야 할 많은 문제들이 생겨났답니다. 하천의 흐름을 인

흐름이 멈춘 강물

녹조가 드러난 바닥

위적으로 막는 것이 얼마나 큰 환경적 재앙을 초래하는지 이미 겪어봤기에, 많은 국민들과 환경단체는 2008년 다시 불거진 4대강 사업에 대해 반대의 목소리를 냈습니다. 그럼에도 불구하고 4대강 사업은 결국 추진되었고, 단군 이래 최대의 토목공사라고 불릴 만큼 많은 모래를 파내고 강바닥을 콘크리트로 뒤덮어버렸습니다.

그러나 수질이 개선되기는커녕 오히려 악화되었어요. 보가 만들어지면서 물이 체류하는 시간이 늘어났기 때문이죠. 뿐만 아니라 멸종위기종인 동물들이 줄어드는 등 생태계에 돌이키기 어려운 변화가 나타났어요. 지금 우리 사회는 보를 어떻게 관리해야 할지 지속적으로 논의하면서 해답을 찾고 있답니다. 그렇다고 무작정 보를 개방하기도 곤란하겠지요. 10년이면 강산도 변한다고, 4대강 사업이 시작된 후 10년 동안 하천을 이용하는 사람들의 행태도 달라졌으니까요. 보 건설로 수위가 높아지자 정부에서는 수막농업(비닐하우스를 이중으로 설치하고 그 틈에 물을 흘려보내서 겨울철에 보온성을 유지하는 방식)을 장려했고, 남한강 주변에서 이런 농업 방식이 성행하게 되었어요. 갑자기 보를 개방해 수위를 낮춘다면 겨울을 앞둔 농부들은 막막해질 거예요. 또 대소비지인 수도권에 위치한데다가 안정적으로 취수를 할 수 있다는 장점 때문에 입지한 맥주 공장, 음료수 공장은 높아진 수위에 맞춰 취수구를 만들어놓았고요. 인근에는 우리나라의 주요 수출품인 반도체를 생산하는 공장도 있습니다.

하지만 지속가능한 발전을 이야기하는 우리 사회가 하천을 대하는 모습은 어떠한지, 더 늦기 전에 돌아볼 필요가 있지 않을까요? 이대로라면 우리 후손들은 아름다운 남한강의 모습을 책 속에서만 볼 수 있게 될지도 모르니까요.

여주에서 꼭 먹어야 하는 별미, 쌀밥 정식

무려 1900년 전의 것으로 추정되는 탄화미가 여주에서 발견된 사실을 알고 있나요? 남한강 중하류에 위치한 넓은 평야 지형 덕분에 일찍이 벼농사가 발달할 수 있었던 거죠. 우리나라에서는 여름철이면 습윤한 기단의 영향으로 강수량이 많아지는데 여기에 장마와 태풍까지 겹치면 집중호우가 내립니다. 그래서 매년 하천이 범람하게 되고, 하천에서 가까운 곳에는 상대적으로 입자가 큰 물질들이 쌓이죠. 이런 일이 매년 반복되면 주변보다 약간 고도가 높은 자연제방이 만들어져요. 반면 그 자연제방 뒤쪽으로는 상대적으로 입자가 작은 물질들이 쌓인답니다. 퇴적물의 입자가 작으면 물이 빠지기 곤란하기 때문에 습지가 형성되곤 하는데, 이를 '배후습지'라고 불러요. 배후습지의 퇴적물에는 하천이 상류에서부터 끌고 온 다양한 영양물질이 많이 포함되어 있어 땅을 비옥하게 만듭니다. 이렇듯 물이 잘 빠지지 않게 하는 배후습지 퇴적물의 특성과 비옥한 토양은 벼농사에 유리한 환경을 제공하죠. 또 남

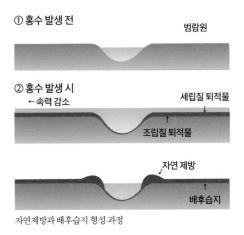

① 홍수 발생 전

범람원

② 홍수 발생 시
← 속력 감소

세립질 퇴적물

조립질 퇴적물

자연 제방

배후습지

자연제방과 배후습지 형성 과정

한강의 풍부한 유량을 농업용수로 이용할 수 있다는 장점과 더불어, 산지로 둘러싸여 낮과 밤의 일교차가 큰 환경 덕분에 좋은 품질의 쌀이 생산될 수 있었던 거예요.

여주·이천 지역의 쌀은 조선 왕실에서 직접 벼의 재배를 관리하고 임금님께 진상했을 만큼 밥맛이 좋다고 알려져 있어요. 서울과 가깝다는 지리적인 이점도 한몫했겠죠. 게다가 경작 방식도 큰 영향을 미쳤답니다. 겨울이 따뜻한 남부 지역은 벼를 추수한 뒤 그 자리에 이어서 보리 등의 작물을 재배했어요. '이모작'이라고 부르는 이런 경작 방식은 토양의 지력을 약하게 만들거든요. 반면 대체로 겨울 기온이 영하로 내려가 땅이 얼어버리는 중부 지역에서는 1년 동안 오로지 쌀만 재배했기 때문에 지력이 유지되어 좋은 쌀이 생산될 수 있었던 거랍니다.

그러나 일제강점기를 거치면서 많은 사람들이 소작농으로 전락하고 여주 지역의 농업도 큰 어려움을 겪게 되었어요. 이후 농지 개혁을 통해 토지 배분이 이루어지기도 했지만, 최근에는 식생활이 변화하면서 쌀 소비량이 감소하는 바람에 농업의 입지가 더욱 줄어들었죠. 게다가 수입 농산물 개방으로 인해 값싼 쌀이 수입되면서, 비싼 땅값과 생산 비용을 감당해야 하는 우리나라의 영세한 농업은 새로운 어려움에 직면했어요. 이를 극복하기 위해 여주에서는 쌀 고구마 축제(지금은 폐지되었어요), 오곡나루 축제 등 여주의 우수한 농산물을 알리기

쌀밥 정식

위한 축제를 개최하고 있답니다. 또 쌀과자, 쌀국수, 쌀막걸리, 쌀시리얼 등 쌀 가공품 개발을 비롯해 쌀칼국수, 쌀빵, 쌀피자처럼 밀을 대체하는 쌀 요리를 개발하는 등 다방면의 노력을 기울이고 있죠.

여주에서 꼭 먹어야 하는 음식은 다름 아닌 '쌀밥 정식'입니다. 다른 지역은 반찬이나 요리가 주가 되지만, 여주에서는 기름진 쌀을 가마솥과 장작불을 이용해 갓 지어낸 밥이 주가 되죠. 밥 자체의 향과 맛을 오롯이 느끼며 먹으면 별미가 따로 없답니다.

여주에 유명한 농산물이 쌀만 있는 건 아니랍니다. '여주 고구마', '여주 복숭아', '여주 땅콩' 등 밭작물들도 특산물로 이름을 올리고 있지요. 특히 고구마는 국내 생산량의 20%가 여주에서 나올 정도예요. 사실 여주에서 고구마는 땅콩의 대체 작물로 등장했답니다. 남한강 주변의 평야 중에서도 앞서 설명한 하천의 자연제방과 같이 입자가 큰 모래질의 토양이 퇴적된 지역은 물이 잘 빠져서 벼와 같은 작물을 재배하기는 어려웠어요. 땅콩은 이런 모래질 토양에서도 잘 자라는 특성 때문에 많은 농가에서 재배할 수 있었지요. 하지만 점차 값싼 수입산 땅콩이 시장을 점유하게 되면서, 가격 경쟁력을 잃은 땅콩 대신 고구마를 키우기 시작한 거랍니다. 그렇다면 왜 여주 고구마가 유명할까

요? 오랜 시간 반복된 남한강의 범람으로 형성된 자연제방의 모래질 토양과 고구마는 최고의 궁합이랍니다. 한마디로 흙이 좋기 때문인 거죠. 게다가 인구 밀집지역인 수도권을 배후시장으로 하고 있다는 인문적인 요건도 한몫했고요.

도시와 농촌이 어우러진 우리나라 막내 도시

여주에는 다양한 농업이 이루어지고 있었으므로 '시'로 승격될 때 반대하는 사람들도 많았어요. '도시'가 되어버리면 농어촌 지역에 주어지는 많은 혜택을 받을 수 없기 때문이죠. 우리나라의 도시화율은 90% 이상으로, 세계적으로도 높은 수준이에요. 그러나 막상 '시' 지역에 가보면 도시의 경관을 찾아보기 어려워 혼란스럽게 느껴지기도 해요. 실상은 농업에 종사하는 사람이 많고 경관도 농어촌의 모습인 지역들마저 행정구역상 '시'로 묶여버렸기 때문이지요. 급속한 도시화를 겪으면서 우리나라에서는 군의 중심지에 인구가 5만 명 이상 밀집되면 분리해 시로 승격시켰어요. 그러다 보니 군 지역 생활권의 중심지가 갑자기 다른 행정구역으로 분리되어버려 많은 불편을 야기한 것은 물론, 개발의 격차로 인한 갈등을 초래하게 되었죠. 이를 해결하고자 1995년부터 시와 군의 생활권이 같거나 동질성이 높은 지역들을 묶어 도농통합시로 지정하기도 했답니다. 결과적으로 우리나라의 도시화율이 세계적으로 손꼽힐 만큼 높아졌다고 해도, 이런 도시들 중 상당수는 경관으로 보자면 도시와 거리가 먼 모습이에요.

여주에서도 세수 확대와 지역 이미지 개선을 위해 오래전부터 시 승격을 추진했어요. 지방자치법에서는 인구가 5만 명 이상이면서 도시적인 경관이 나타나거나, 인구가 15만 명 이상이면서 도시와 농촌이 공존하고 있는 지역 등을 시 설치 기준으로 정하고 있거든요. 시 승격 전 여주군과 여주읍의 인구를 합하면 약 11만 명 정도였고, 2·3차 산업 종사자 수도 많았고, 또 중심지의 역할을 하는 곳이 있었으니 법적으로만 본다면 시 승격의 조건을 모두 갖춘 셈이었죠. 그러나 모든 주민들이 찬성한 것은 아니었답니다. 열악한 농업을 보호하기 위해 농어촌 지역에 주어지던 세금 감면과 학자금을 비롯한 각종 지원금을 받을 수 없기 때문이에요. 또 교육열이 높은 우리나라에서 상대적으로 교육 여건이 미흡한 농어촌 지역에 기회를 주기 위해 만들어진 '농어촌특별전형'의 혜택도 받을 수 없게 되어버리니까요. 대학에 간 학생들의 상당수가 이 전형으로 진학하던 상황에서 학생들과 학부모들은 반대할 수밖에 없었죠. 주민들의 항의 집회가 이어졌고, 정보화시대인 만큼 UCC와 SNS를 통해 적극적으로 의사를 표명하기도 했어요. 결국 2013년에 여주군은 시로 승격되었고, 2019년 6월 현재까지 우리나라에서 가장 최근에 도시가 된 지역이라는 상징성을 가지게 되었죠. 처음에는 갈등도 많았겠지만, 지방자치단체의 노력과 주민들의 참여로 이제는 안정을 찾아가고 있는 모습입니다.

도자기, 한글, 곡식을 주제로 한 다채로운 축제

여주시의 다양한 축제들은 주민들의 화합과 여주시 발전의 토대가 되었습니다. 여주는 사시사철 축제가 열리는 곳이거든요. 매년 봄이면 남한강변에서 흩날리는 벚꽃을 구경할 수 있는 벚꽃축제가 시작돼요. 5월 초·중순에는 도자기축제가 열리고, 5월 말에는 여주 특산물 중의 하나인 참외를 알리기 위한 축제가 벌어져요. 10월이면 세종대왕을 기리는 세종대왕문화제와, 여주의 질 좋은 농산물을 알리는 오곡나루 축제가 개최되지요. 11월에는 명성황후 탄신일에 맞춰 명성황후숭모제도 열린답니다. 각각의 축제마다 그 본질을 드러낼 수 있는 볼거리와 즐길 거리가 알차게 구성되어 있어요.

그중에서도 도자기축제는 무려 30년간 개최되어 성공적인 지역 축제 사례로 자리매김했습니다. 여주의 도자기는 고려시대부터 생산된 것으로 추정되고 있고,《세종실록지리지》에서도 여주의 도자기에 대한 언급을 찾아볼 수 있을 만큼 오랜 전통을 자랑하지요. 배후습지의 미립질 퇴적층과 싸리산을 중심으로 고령토 및 도자기의 원료를 채취할 수 있었죠. 또 명성황후를 비롯해 무려 아홉 명의 왕비가 나온 지역이라는 점도 관련이 깊어요. 왕비들의 어린 시절 모습은 명성황후 생가, 여주시 향토사료관, 여성생활사 박물관에서 조금이나마 머릿속으로 그려볼 수 있습니다.

명성황후는 여흥 민씨(驪興 閔氏)인데, 이 '여흥'이 바로 여주의 옛 이름이랍니다. 서울과 가까운 곳에 위치해 교류하기 좋고 정보를 얻기 용이한 여주의 장점 덕분에 이곳을 기반으로 하는 사대부 가문이 많았어요. 이런 지리적 장점은 여주에서 왕실에 납품하는 청자, 백자 등의 고급 도자기를 생산하게 된 배경이 되기도 했죠. 지금은 고급 도자기보다는 제기, 식기, 찻잔, 화분 등의 생활도자기를 생산하는 곳들이 많아졌답니다. 또 도예 체험학습장도 많아져서 나만의 도자기 작품을 직접 만들어볼 수도 있어요. 특히 도자기축제 기간에는 전통 가마 체험과 도자기 만들기를 비롯해 직접 경험해볼 수 있는 부스가 많으니 꼭 참여해보세요.

여주 도자기축제

한때 '도자기 깨기' 체험은 논란을 불

러일으키기도 했어요. 흥미로운 요소로 사람들의 이목을 집중시키는 데는 성공했지만, 자원과 비용을 낭비한다는 비판을 면할 수 없었거든요. 하지만 생산 과정에서 균열이나 흠결 때문에 상품성을 잃게 된 도자기를 이용하고, 상품으로 도자기 교환권을 제공하면서 문제가 조금씩 해결되어갔어요. 이제는 도자기축제의 꽃이자 여주의 명물로 자리 잡게 되었답니다. 평창올림픽이 개최된 2018년에는 전국을 뜨겁게 달구었던 컬링의 인기를 반영해 도자기 컬링을 진행하는 등, 매년 새롭고 다채로운 행사들을 구성하고 있어 꾸준히 찾는 사람이 많습니다.

한글날을 전후해 개최되는 '세종대왕문화제'에는 세종대왕이 가장 사랑했던 '책'과 '인문'을 주제로 하기 때문에 직접 참여할 수 있는 행사가 많아요. 세종대왕과 여주가 무슨 관계가 있느냐고요? 세종대왕의 묘가 여주에 있거든요. 한글을 창제하고 과학기술 발전에 이바지한 세종대왕은 여주 사람들에게 굉장히 큰 자부심을 느끼게 하죠. 축제에서 가장 먼저 눈길이 가는 것은 다양한 한글 디자인과 인문학 이야기마당, 그리고 한글을 사랑하는 외국인들과 함께하는 '세종골든벨'이에요. 그 밖에도 한지, 단청, 호패, 풍경, 장승 만들기 등 다양한 우리 전통문화를 체험할 수 있는 부스가 열립니다. 세종대왕 시대의 과학기술과 전통 도검 제작부터 전통 놀이 체험은 물론, 현대의 과학기술을 선보이는 3D프린터, 드론, 로봇, VR을 체험할 수 있는 부스도 있어서 하루를 온전히 쏟아도 다 구경하기 어려울 정도랍니다.

세종대왕문화제

오곡나루 축제에서도 여러 가지 체험을 할 수 있어요. 대형 가마솥으로 갓 지은 여주 쌀밥과 오곡비빔밥 먹기 체험을 비롯해 여주 군고구마 시식까지 있어 입이 즐겁죠. 또 과거의 모습을 재현한 나루터에 가보는 것도 추천해요. TV 사극에서나 보던 조선시대 주막에서 막걸리를 마시는 체험도 할 수 있거든요. 그 밖에도 대장간과 전통 우물 체험을 시작으로 나루굿 놀이와 씨름까지 토속적인 문화를 엿볼 수 있는 행사들이 가득하니 눈과 귀도 즐겁답니다.

물론 농부들이 직접 수확한 햇농산물을 저렴한 가격에 살 수 있는 장터도 열려요. 고구마 캐기 체험 같은 농촌 체험의 장도 마련되어 있고, 여주사람들이 직접 나와 구성하는 축제인 만큼 지역의 특성이 고스란히 드러나고 활기가 넘치죠. 축제가 열리는 신륵사 유원지 곳곳에서 조선시대 관복을 입은 임금과 중전 및 신하들의 행렬을 만나볼 수 있는 것 또한 흥미롭답니다.

● 세종대왕릉&효종대왕릉 ●

여주에는 유네스코에서 지정한 세계문화유산이 있는데요, 바로 조선의 4대 왕이자 우리에게 한글 창제로 유명한 세종대왕의 능과, 조선의 17대 왕이자 대동법을 실시한 효종대왕의 능이에요. 풍수지리를 비롯한 당시의 세계관, 종교관, 자연관 등 독특한 장묘 문화와 예술적인 독창성까지 갖춘 점, 현재까지도 제례의 전통이 이어지고 있는 점 등을 높이 평가받은 덕분이지요.

그런데 왜 두 왕릉은 서울이 아닌 여주에 있을까요? 사실 처음 세종대왕릉이 자리한 곳은 당시의 광주 헌릉(현재의 서울시 서초구 내곡동) 일대였는데, 풍수지리학상 명당에 해당한다고 하여 예종 때(1469년) 여주로 이장했습니다. 지금의 능침 자리가 하늘의 신선이 하강할 만큼 좋은 지세를 갖추고 있다고 판단했던 것이죠. 이를 두고 그 덕분에 조선의 국운이 100년은 연장되었다고 하는 사람들이 있는 반면, 일반인들의 무덤을 강제로 옮겨야 했던 것에 문제를 제기하는 사람들도 있어요. 어찌 되었든 여주가 지금의 이름을 가지게 된 것은 이때부터였답니다. 원래는 여흥군이었는데, 왕의 무덤이 있는 곳이기에 주변의 다른 현과 합쳐 여주로 승격된 것이죠.

두 능침은 모두 한글로는 '영릉'이라고 불리지만, 세종대왕릉은 영릉(英陵)이고 효종대왕릉은 영릉(寧陵)이라는 차이점이 있어요. 또 둘 다 왕과 왕비를 합장한 무덤이라는 공통점이 있지만, 그 형식이 매우 다르답니다. 세종대왕과 소현왕후의 능은 하나의 봉분에 두 개의 방을 만들어 합장한 조선 왕릉 최초의 합장릉이에요. 반면 효종대왕과 인선왕후의 능은 표주박처럼 위아래로 두 개의 봉분이 배치된 구조인데, 이런 방식 또한 조선 왕릉 중에서는 처음 만들어진 형태랍니다. 보통 왕릉과 왕비릉이 나란히 자리하는 것과 달리, 풍수지리에 따라 위아래로 배치했다고 해요. 조선시대 수도의 위치를 정하는 것에서부터 사람들의 생활에까지 깊숙이 들어와 있던 전통 사상인 풍수지리를 엿볼 수 있는 대목이지요.

단지 능만 보고 돌아가기에는 볼거리가 굉장히 많은 곳이니 시간을 넉넉히 잡고 가세요. 역사문화관도 꼭 들러보시고요. 한글을 창제한 세종대왕의 업적을 상기시켜주는 훈민정음 해례본, 과학기술의 발전에도 공헌한 세종대왕의 업적을 기리는 디지털 복원 앙부일구, 조선시대 의복을 비롯해 당시의 생활상을 보여주는 전시물들이 가득하답니다. 세종대왕릉과 효종대왕릉을 모두 관람하고 싶다면 세종대왕역사문화관을 관람한 뒤 '영릉길'(효종대왕릉까지 가는 길)과 '왕의 숲길'(세종대왕릉과 효종대왕릉을 연결하는 길)을 거쳐 가는 길을 추천해요. 이름이 왕의 숲길인 이유는《조선왕조실록》에 숙종, 영조, 정조 임금이 세종대왕릉을 참배하기 위해 행차한 길이라는 기록이 있기 때문이에요. 비포장도로지만 흙길이고 경사가 그리 심하지 않아 운동화를 신고 걷기에도 괜찮고 사계절 아름다운 경치를 볼 수 있어 좋답니다.

자연과 함께 어우러져 미래를 지향하면서도 역사를 잊지 않고 살아가는 도시 여주! 여주는 우리가 잊고 살았던 과거와 현재를 이어주는 다리와도 같은 도시입니다. '여강'이라고 불릴 만큼 여주 사람들의 사랑을 받던 남한강, 여주의 중심을 흐르는 이 강과 함께 살아왔던 삶의 흔적이 고스란히 남아 있기 때문이죠. 강을 따라 걷는 것도 좋고, 바람을 느끼며 자전거를 타는 것도 좋아요. 이처럼 여주는 알면 알수록 매력적인 도시랍니다.

3부

강원도

CITY

원주

오크밸리 스키장
(뮤지엄 산)

원주 기업도시

섬강

간현관광지

미로예술중앙시장

치악산

흥법사지

강원감영

반곡역

원주 혁신도시

박경리
문학공원

법천사지

거돈사지

백운산

혁신 도시이자 건강 도시, 원주

원주시 영어 로고를 보면 'Healthy Wonju'라는 단어가 큼지막하게 씌어 있어요. 최근 몇 년간 원주는 건강 도시를 표방해왔고 이와 관련된 산업 클러 스터와 혁신 도시, 기업 도시 등을 유치해왔는데 이런 최근의 이미지를 로고 에 잘 담아낸 셈이죠. 원주시를 상징하는 한글 로고에는 산과 강이 그려져 있 답니다. 송강 정철(1536~1594)이 강원도 관찰사로 부임한 후 쓴 《관동별곡》에 "섬강이 어듸메뇨 치악(치악산)이 여기로다"라는 구절이 있거든요. 예부터 치 악산과 더불어 섬강은 원주의 지리적 상징으로 유명했는데 이를 로고에 잘 표현한 거예요. 사실 원주는 볼거리가 모여 있는 유명 관광지는 아니에요. 그 리고 원주 하면 떠오르는 먹거리도 별로 없고요. 오히려 옆에 있는 횡성한우 가 더 유명하죠. 하지만 원주는 지방 중소도시임에도 불구하고 꾸준히 인구가 증가하고 있는 곳이에요. 뭔가 사람들을 끌어들이는 긍정적인 요소가 있다는

원주천과 치악산

섬강

거죠. 과연 원주로 사람들을 끌어들이는 요소는 무엇일까요? 지금부터 알아
보기로 해요.

강원도의 중심

강원도의 도청은 춘천에 있어요. 그리고 강원도 지도를 보면 원주는 남서
쪽 끝자락에 붙어 있죠. 이런 원주를 강원도의 중심이라고 부를 수 있을까요?
네, 그렇습니다. 원주의 역사와 현재의 경제, 인구 현황을 보면 원주는 충분히
강원도의 중심이라고 할 만하답니다.

강릉의 '강', 원주의 '원'을 따서 강원도가 된 건 알고 있나요? 조선 초기인
1395년 지방행정구역을 정비할 때 강원도가 생겼는데, 이때 원주에 감영이
설치되면서 원주는 강원도의 중심 도시가 되었습니다. 하지만 1896년 8도
체제가 13도 체제로 변경되면서 도청이 춘천에 들어서게 되었죠. 같은 강원
도에 있지만 강릉, 원주, 춘천은 서로가 최고라는 자부심들이 아주 강해요. 강
릉은 영동지방 최고의 도시, 원주는 영서지방 최고의 도시, 춘천은 도청 소재

지라는 긍지가 있답니다. 이 세 도시는 오랫동안 인구 규모도 비슷비슷했는데 최근 혁신 도시를 표방하고, 많은 기업들이 들어선 원주가 2017년 현재 약 34만 명으로 강원도(약 156만 명)에서 인구가 가장 많은 도시가 되었어요.

사실 강원도 도시들의 인구가 획기적으로 늘어난 것은 1995년 도농복합시가 되면서였습니다. 원주시도 그때 원주시와 원주군이 합쳐서 현재의 원주시가 되었어요. 1994년까지는 원주, 춘천, 강릉의 인구 수 차이가 별로 나지 않았고, 도청 소재지인 춘천의 인구가 미세하게나마 가장 많았습니다. 하지만 1995년 도농통합시가 되면서 원주의 인구가 춘천보다 살짝 많아졌어요. 이후 인구 증가 속도에서 다른 두 도시와 원주의 격차가 벌어지는데, 이때는 주변의 농촌지역이나 광업지역에서 산업시설과 교육시설이 잘되어 있는 원주로의 이동이 많았기 때문이죠. 강원도 남동쪽의 태백, 정선, 영월 등지에서 원주로 이동이 많았던 셈이에요. 그 지역에서 수도권으로 가려면 무조건 원주를 거쳐야 하거든요. 강원도의 인구는 최근 20년 동안 거의 정체되어 있는데, 몇몇 도시의 인구가 증가하는 것은 강원도 내 군(郡) 지역의 농촌과 산지촌에서 큰 도시인 원주와 춘천으로 이주를 많이 한 까닭이랍니다.

아무튼 2007년도에 원주는 강원도에서 처음으로 인구 30만 명이 넘어선 도시가 되었어요. 그리고 2011년에 32만 명을 넘기게 되는데, 여기에 큰 의미가 있답니다. 우리나라는 16만 명당 국회의원을 한 명씩 선출하게 되어 있기 때문이죠. 그래서 2012년 19대 국회의원 선거부터 원주에서는 갑·을 선거구에서 각각 한 명씩 두 명의 국회의원을 뽑고 있습니다. 반대로 인구가 줄어드는 강원도 군 지역에서는 여러 군이 합쳐져 면적이 어마어마하게 넓은 일명 공룡선거구들이 생겨나게 되었고요.

● 인구가 줄어드는 강원도 농촌지역에 출연한 공룡선거구 ●

인구가 적은 여러 행정구역이 합쳐져서 국회의원 한 명을 뽑는 선거구를 공룡선거구라 불러요. 이럴 경우 대표성을 가지는 국회의원은 한 명이지만 각 지역의 특색이 달라서 내부 갈등이 일어나기도 하죠. 철원-화천-양구-인제-홍천을 합친 면적은 서울시의 열 배지만 전체 인구가 약 20만 명으로 국회의원 한 명을 선출합니다. 이들 지역은 군부대가 많고 접경지대라는 공통점이 있지만 철원과 나머지 군들은 완전히 생활권이 다르죠. 이보다 조금 작은 면적을 가진 횡성-영월-평창-정선-태백도 전체 인구약 21만 명으로 역시 국회의원 한 명을 뽑아요. 영월과 정선, 태백이 예전의 광업에 기반을 두었다면 횡성과 평창은 농·축산업에 기반을 두고 있기 때문에 이해관계가 충돌하기도 하죠. 더불어 원주시에서 선출되는 국회의원이 두 명인데, 강원도 열 개 시군을 합쳐서 선출하는 국회의원이 두 명인 것도 뭔가 균형이 맞아 보이지는 않습니다.

조선시대 관찰사가 살던 곳을 '감영'이라고 불렀어요. 조선이 팔도였으니까 감영도 여덟 곳이 있었는데 원주에 있었던 강원감영도 그중 하나죠. 현재 원주 구도심 중심가에는 감영이 부분적으로 복원되어 있고, 각종 문화행사가 열리곤 한답니다. 원주의 구도심 중심지는 감영지터에 접해 있는 원일로, 중앙시장이 있는 중앙로, 원주천변에 있는 평원로 등 남북으로 나란히 놓여 있는 세 도로 사이예요. 그런데 많은 원주 시민들은 이들 도로를 A도로, B도로, C도로, 라고 부른답니다. 시내뿐만 아니라 주변에 군부대가 많아서 원주는 군사도시로도 알려져 있는데, 군인들이 무전에서 사용하던 알파, 브라보, 찰리에서 이 도로의 이름들이 생겼다고 해요. 최근 도심에 있던 군부대들은 다른 곳으로 많이 이전하고 있는 추세입니다. 그리고 군부대가 이전한 자리의 토지 이용을 두고 원주 시민들 사이에서 다양한 의견들이 제시되고 있죠.

원주는 인구가 늘어나면서 구도심을 그대로 둔 채 그 주변부에 각각 신

시가지를 조성하고 아파트 단지들을 지었답니다. 그리고 구도심에 있던 관공서도 대부분 신시가지에 흩어져 조성되었어요. 그러다 보니 옛 구도심에서 그나마 명맥을 유지하고 있는 곳은 전통시장뿐이에요. 하지만 다른 곳들처럼 신시가지

강원감영

에 생긴 대형 유통업체와 경쟁을 해야 하는 상황이라 상인들이 많은 어려움을 겪고 있어요. 시에서는 미로예술시장을 중앙시장에 설치해 쇼핑과 문화를 함께 즐길 수 있는 복합문화공간으로 만들려는 노력을 지속적으로 하고 있습니다. 미로예술시장은 이름에서 연상되듯 미로 같은 골목이 특징인데, 옛 시장의 낡은 벽면을 원색의 그림으로 장식하면서 현대적 느낌이 물씬 나게 꾸몄죠. 그리고 벽을 전시 공간으로 활용하고 체험이 가능한 공방이나 공연 공간도 시장 곳곳에 배치해 불편한 골목을 미로 찾기 하듯 재미있게 승화시켰답니다. 원주의 구도심을 느껴보려면 원주역에 내려서 A도로(원일로)를 따라 중앙시장을 지나 감영지 터까지 걸어보는 것이 제일 좋습니다.

미로예술 원주중앙시장

원주 분지와 우뚝 솟은 치악산

원주는 사방이 산으로 둘러싸여 있는 분지로도 유명해요. 동쪽에 치악산, 남쪽에 백운산, 서쪽과 북쪽에는 조금 낮은 산들이 자리 잡고 있죠. 국립공원으로 지정되어 있는 치악산은 악(岳) 자가 붙은 산답게 등산하기에 그렇게 만만한 산은 아니랍니다. 가장 높은 비로봉(1,288미터)을 비롯해 향로봉, 남대봉이 남북으로 길게 뻗어 있거든요. 특히 단풍철이 되면 전국에서 온 등산객들이 비로봉 코스를 많이 등반해요. 하지만 원주 시민들에게 사랑받는 봉우리는 곧은재를 통해 올라가는 향로봉입니다. 코스도 완만하고 한 시간만 올라가면 원주 시내가 한눈에 보이는 정상에 오를 수 있기 때문이죠. 향로봉에 오르면 '아! 원주는 분지구나!' 하는 것이 확 느껴진답니다. 최근에는 치악산 둘레길 120킬로미터 계획을 야심차게 준비하고 있어요. 2018년 말, 1단계 약 70킬로미터 구간이 개통되었답니다.

치악산 향로봉 바로 아래 원주 혁신 도시가 자리 잡고 있어요. 원주에서 제천으로 가는 중앙선은 치악산 서쪽 사면을 따라가다가 치악재(450미터) 부근에서 급경사를 피하기 위해 산을 빙빙 돌아가는 식으로 철길을 만든 루프식 터널을 통과합니다. 혁신 도시에 있는 반곡역에 가면 1941년 루프식 터널인 치악터널을 뚫을 때의 기록들이 잘 전시되어 있으니 한번 들러보세요. 치악터널과 함께 반곡역도 당시에 새로 지어진 거랍니다. 근대기에 수입된 서양 목조 건축양식으로 지어졌는데 한국전쟁 당시 격전지임이 고려되어 등록문화재 제165호로 지정되어 있습니다. 한국전쟁 때 치

치악산 향로봉

악터널과 연결된 교각들이 전략
상의 이유로 폭파되었지만 반곡
역은 살아남아 여전히 아름다운
모습을 간직하고 있지요.

원주 분지

2007년 여객 취급이 중지되었
으나 역 인근에 혁신 도시가 조성
되면서 2014년부터 출퇴근을 위
해 하루 두 차례 무궁화호가 정차
한답니다. 하지만 2019년부터는
현재 서원주-만종-원주-신림-제천으로 이어지는 중앙선의 직선화 및 복선
화 공사가 끝나서 서원주-남원주-신림-제천으로 연결이 되죠. 그러면 원주
역과 반곡역은 그 기능을 다하고 폐역이 됩니다. 반곡역까지 왔다면 근처에
있는 박경리 문학공원에도 꼭 들러보세요. 치악산이 잘 보이는 곳에서 소설
《토지》가 완성되었거든요.

반곡역

루프식 터널 출입구

● 원래의 대지(原州)에 자리한 박경리 문학공원 ●

박경리 문학공원

혁신 도시가 자리한 반곡동에 붙어 있는 단구동, 이곳에서 소설가 박경리는 대하소설 《토지》를 집필했어요. 작가는 통영 출신이지만 원래의 대지, 본질적인 땅이라는 의미를 가진 원주라는 이름에 매료되어 이곳에서 작품 활동을 이어가기로 결심했다고 해요. 《토지》는 1969년 집필을 시작해서 1994년까지 무려 26년에 걸쳐 각종 신문 및 문학지에 연재를 했는데 총 5부로 이루어져 있어요. 이중 4부와 5부를 원주 단구동으로 이사 와 현재 문학공원에 남아 있는 집에서 썼답니다. 저자의 옛집, 집필했던 방, 텃밭 정원 등이 그대로 남아 있고, 옆에 위치한 5층의 박경리 문학의 집에는 작가의 사진, 자필 원고, 관련 논문 등 각종 관련 자료들이 전시되어 있어요.

《토지》라는 작품이 우리나라의 근현대사를 아우르는 대작이다 보니 소설이나 작가와 관련된 기념관들이 전국적으로 퍼져 있는데, 한번 살펴볼까요? 우선 작가가 태어난 곳이자 묘가 있는 통영에는 '박경리 기념관'이 있어요. 그리고 소설의 주 무대인 경남 하동군 악양면 평사리에는 '박경리 문학관'이 있고요. 박경리 문학공원의 원래 이름은 토지문학공원이었는데 원주에 '토지문화관'이라는 곳이 따로 있어서 혼동을 줄이기 위해 현재처럼 '박경리 문학공원'으로 바꾸었답니다. 박경리와 《토지》라는 아이템을 두고 연관된 지역들이 차별화를 위해 고민한 흔적들이 느껴지나요?

　　겨울철이 되면 차가운 북서계절풍이 습기를 머금고 불어와 치악산 꼭대기에 많은 눈을 뿌립니다. 그래서 멋진 설경으로 유명한 영서지역에 스키장들이 많아요. 원주 시내에서 북서쪽에 자리 잡은 오크밸리 스키장은 강원도에서 가장 서쪽에 있는(서울에서 가장 가까운) 스키장입니다. 오크밸리 안에는

뮤지엄 산

'뮤지엄 산'이라는 박물관이 있어요. 산속에 있는 박물관? 약간 생뚱맞기는 해도 콘크리트 건축으로 유명한 세계적인 건축가 '안도 다다오'가 지은 박물관 건물 자체가 가장 큰 볼거리랍니다. 주변 경관과 잘 어우러져 '전원형 뮤지엄'으로 평가받기도 합니다.

이렇게 멋진 치악산도 봄철에는 종종 원주 시민들에게 어려움을 주기도 해요. 원주 시내 동쪽에 자리 잡은 치악산은 봄철 불청객인 황사나 미세먼지가 발생하면 편서풍의 병풍 역할을 해서 공기가 빠져나가지 못하게 하는 악역을 하거든요. 그래서 원주 시내는 미세먼지 수치가 아주 높게 올라가게 됩니다. 황사 때는 눈으로 보기에도 치악산 서쪽과 동쪽의 공기 상태가 확연히 차이가 나요. 기후관측소의 미세먼지 수치를 살펴보아도 치악산을 기준으로 동쪽과 서쪽이 많이 다르답니다.

빼어난 경치를 자랑하는 섬강

원주 분지 북쪽의 좁은 틈새로 빠져나간 원주천은 횡성에서 오는 섬강과 만나서 문막읍을 지나고 다시 남한강과 만나요. 이 섬강과 남한강이 만나는 합수부 지점이 강원도, 경기도, 충청도의 경계가 되는 곳이랍니다. 섬강은 원주 시민들의 식수원이기도 하고, 원주뿐만 아니라 주변에 있는 분지에 자리 잡은 논에 물을 대는 농업용수로도 이용되기 때문에 강원도 남부 영서지방

홍원창 터

의 젖줄이라고 해도 과언이 아니죠.

　지금은 고속도로와 철도가 교통수단으로 중요하지만 조선시대까지는 강이 그랬어요. 많은 짐을 효과적으로 옮기는 수단이 배였는데, 과거에는 세금을 대부분 쌀로 받았죠. 그러니 이를 운반하기 위한 교통수단과 옮기기 전까지 보관하는 창고가 아주 중요했겠죠? 그래서 예전에 남한강과 섬강이 만나는 곳에 홍원창이 있었던 거예요. 고려와 조선시대에 조운할 곡식을 보관하기 위해 나라에서 운영하던 창고를 '조창(漕倉)'이라고 했는데, 홍원창은 그중 하나였죠. 주로 평창과 영월 등지에서 거둔 세곡을 보관했다고 합니다. 아쉽게도 지금은 그 터만 남아 있답니다.

　홍원창 터 앞에는 현재 남한강 자전거길이 지나가고 있어요. 한강 하구로부터 144킬로미터 되는 지점인데, 자전거길을 따라가면 하류인 팔당댐까지는 85킬로미터, 상류인 충주댐까지는 57킬로미터랍니다. 과거에 배를 타고 서울에 갔다면 요즘은 자전거로 서울에 갈 수 있는 거예요. 원주 구도심에서

남한강 자전거길

원주굽이길 안내도

이곳까지도 원주천, 섬강을 따라 자전거도로가 이어져 있어 주말이면 많은 사람들이 라이딩을 즐기기도 하죠. 특히 문막 벌판에 벼가 노랗게 익어가는 초가을 라이딩이 아주 낭만적이랍니다.

섬강은 계곡과 벌판을 번갈아가면서 통과하기 때문에 주변에 절경이 많습니다. 그래서 자전거길 뿐만 아니라 걷기 코스도 많이 조성되어 있죠. 원주는 걷기운동의 메카라고 자부하고 있는데, 1995년에 시작된 원주국제걷기대회는 매년 개최되면서 그 명성을 유지하고 있어요. 또한 원주시에서는 원주굽이길 16개 코스를 개발해 시민과 방문객들이 편안하고 즐겁게 걸을 수 있도록 도움을 주고 있답니다. 그중 많은 코스가 원주천, 섬강, 남한강변을 따라 이어지죠. 의료기기 핵심도시를 표방하고 있는 원주시 입장에서는 건강과 관련된 여행 프로그램을 개발하는 것이 1석 2조의 효과를 누릴 수 있다고 여기는 듯해요.

섬강에서 경치가 가장 좋은 곳은 간현관광지예요. 기업 도시와 문막읍의

간현관광지 출렁다리

중간쯤에 위치하고 있는 간현관광지는 섬강이 곡류하면서 주변 소금산의 40~50미터 높이의 절벽을 휘돌아 나가는 곳이죠. 1985년부터 국민 관광지로 지정되어 지금까지 관리가 되고 있답니다. 중앙선이 복선화되기 전에는 이 간현관광지를 터널을 통해 지나갔어요. 복선화가 이루어진 후 구철로는 폐역이 된 간현역에서 출발하는 레일바이크 코스로 운영되고 있습니다.

2017년 가을, 간현관광지 절벽 위에 출렁다리가 설치되었습니다. 일반인에게 출렁다리가 공개되자마자 말 그대로 전국에서 구름과 같은 관광객들이 찾아왔어요. 그러면서 간현역 주변의 상권이 상당히 활성화되었죠. 하지만 주말이 되면 주차할 곳이

레일바이크

부족해지고 교통체증이 발생하는 등 주민 생활이 불편해지는 폐해도 생겼어요. 일종의 오버투어리즘(overtourism)이 발생한 거죠. 오버투어리즘은 너무 많은 관광객이 몰려들어 관광지 주민들의 삶을 침범하는 현상을 뜻해요.

국보와 보물을 볼 수 있는 남한강변 폐사지들

법천사지 문화재 반환운동

흥법사지

남한강이 지나가는 여주(고달사지), 충주(청룡사지)와 비슷하게 원주의 남한강변에도 옛 절터들이 많이 남아 있답니다. 이들 절들은 대부분 통일신라 말기에 건립되어 불교를 숭상하던 고려시대에 번창했다가 숭유억불정책을 편 조선 전기에 폐사가 된 경우가 많아요. 거돈사지, 법천사지, 흥법사지가 대표적인데, 절터에는 번창기의 영화를 보여주는 국보와 보물들이 많이 남아 있습니다. 하지만 거돈사지에 있었던 원공국사탑(보물 제190호)과 흥법사지에 있었던 진공대사탑 및 석관(보물 제365호)은 현재 국립중앙박물관에 있어요. 원주시는 국립중앙박물관에 있는 유물들을 원래 자리에 두자는 취지의 반환운동을 펼치고 있죠. 특히 법천사지에 있었던 지광국사현묘탑(국보 제101호)은 법천사지에서 일본 오사카로 갔다가 다시 경복궁을 거쳐 현재 대전의 국립문화재연구소에 있거든요. 원주문화원에서는 한 달에 한 번씩 흥원창-법천사지-거돈사지를 함께 둘러보는 남한강역사문화길 투어를 진행하고 있는데, 문화해설사의 설명을 통해 우리 문화와 역사를 공부할 수 있는 좋은 기회가 되고 있습니다.

비슷하면서도 차이가 나는 혁신 도시와 기업 도시

강원도에서는 1998년부터 원주 지역을 중심으로 의료기기 산업을 전략 산업으로 육성하기 시작했어요. 원주시가 정부의 지역산업 균형발전정책과 연계하여 '의료기기테크노밸리' 조성을 추진해온 것이죠. 섬강을 끼고 넓은 평야가 펼쳐져 있어 예전에는 쌀농사로 유명했던 문막읍 주변에 1990년 이후 6개의 공업단지가 조성되었는데, 2005년에는 동화첨단의료산업단지가 완공되었어요. 이런 과정의 일환으로 원주는 2005년에는 기업 도시, 2006년에는 혁신 도시 건설지로 선정되었답니다. 원주는 전국에서 유일하게 기업 도시와 혁신 도시가 동시에 존재하는 곳이에요. 또한 문막상업고등학교로 개교한 이후 시대 상황에 따라 여러 번 교명을 바꾸어온 고등학교가 2010년에는 원주의료고등학교로 교명을 바꾸었답니다. 국내 유일의 의료기기 마이스터고등학교로 주변 의료기기 업체들과 긴밀한 관계를 맺고 있죠. 이 밖에도 의료나 건강 관련 회사들이 더 들어올 예정인데, 기업 도시에는 민간 기업들이 주로 들어오고 혁신 도시에는 수도권에 있던 관공서들이 이전해온답니다.

치악산 끝자락을 개발하여 조성한 혁신 도시는 원주의 새로운 상징이랍니다. 혁신 도시는 행정중심복합도시 사업과 연계하여 2003년부터 정부가 추진한 지방균형발전사업입니다. 가장 핵심적인 사항은 수도권에 위치한 345개의 공공기관 중 180개를 지방으로 옮기는 거였어요. 2006년 전국에서 10개의 혁신 도시가 선정되었는데, 강원도에서는 원주가 뽑혔죠. 그리고 곧 치악산 서사면 반곡동 일대를 개발했어요.

혁신도시 관공서

광업, 건강생명, 관광 등의 기능군으로 선정되어 이와 관련된 12개의 기관이 원주로 이전했죠(한국광물자원공사, 대한석탄공사, 한국관광공사, 국립공원관리공단, 국민 건강보험공단, 도로교통공단, 한국광해관리공단, 한국보훈복지의료공단, 국립과학수사연구원, 건강보험심사평가원, 한국지방행정연구원, 대한적십자사). 기관들 이름만 봐도 원주시 에서 강조하는 건강한 원주(Healthy Wonju) 이미지와 딱 맞아떨어지죠?

새로 조성된 혁신 도시는 크게 업무구역, 주거구역, 공원구역으로 나눠져 있어요. 주거구역은 원주시의 다른 지역에서 이사 온 사람들이 많지만, 확실 히 이전하는 공공기관 종사자와 그 가족들도 꽤 많이 이사를 왔답니다. 하지 만 원주가 수도권과 워낙 가까워 출퇴근하는 사람들도 많습니다. 그래도 지 역 경제에 크게 기여하고, 원주의 인구가 증가하는 데 일조한 것만은 분명해 요. 기존의 직원들은 자녀들의 교육문제나 주택문제 등으로 서울과의 상관 성이 높겠지만, 신입직원들은 원주에 정착할 것으로 예상됩니다. 신도시 자 체도 기존의 원주시 시가지에서 크게 벗어나지 않는 곳에 위치하여 교통도 좋고, 더군다나 바로 옆에 치악산이 있어 아주 쾌적한 환경을 제공하고 있지 요. 하지만 여전히 저녁 시간이나 주말에는 상가지역에 사람들의 발길이 뜸 한 느낌은 있답니다. 이런 시간대에도 왁자지껄한 분위기가 나면 혁신 도시 사업이 수도권 인구의 분산이 라는 소기의 목적을 달성했다 고 말할 수 있을 것 같아요.

혁신 도시를 정부가 주도한 다면 기업 도시는 민간 기업이 주도적으로 개발하는 도시죠. 2005년 8월, 정부는 기업 도시

치악산과 혁신 도시

혁신 도시 아파트

시범도시로 원주시, 태안군, 무주군, 충주시, 무안군, 영암·해남 등 여섯 곳을 선정했어요. 이중 원주와 충주는 지식기반형 도시로 개발 목표를 정했죠. 특히 원주 기업 도시는 의료기기산업 클러스터 조성을 목표로 하고 있답니다.

기업 도시는 주거, 상업, 산업이 결합된 자족도시를 지향합니다. 혁신 도시는 관공서가 이전해오면서 아파트 단지의 건설 및 입주가 동시에 이루어져 어느 정도 신도시의 모습을 갖추었거든요. 반면 기업 도시는 아무래도 민간 기업을 유치하기가 어려워서인지 산업단지의 공장들은 그렇게 많이 들어서지 않았답니다. 그래서 당분간은 원주의 베드타운 역할을 할 것으로 예상이 되고 있어요. 기업 도시 입주자들은 타 지역에서 이주해온 사람들보다는 대부분이 원주에 살던 사람들이거든요.

원주의 혁신 도시는 길 하나를 두고 기존 시가지와 붙어 있는데, 기업 도시는 지정면에 완전히 독립적으로 조성되어 원주 시내에서 접근성이 떨어진다는 단점도 있어요. 하지만 제2영동고속도로 서원주IC, 강릉선 KTX 만종역이 기업 도시와 붙어 있어 수도권으로 가기 편하다는 장점도 있죠. 민간 기업들이 옮겨오고 인구가 늘고 이렇게 자족도시가 되면 그 나름대로 이점이 있을 거예요. 또 수도권과의 교통이 더욱 편리해진다면 수도권에 편입되는 이점도 있겠죠. 그래서 기업 도시는 차후 원주의 핫플레이스가 될 가능성이 높다고 할 수 있답니다.

강원도 원주? 수도권 원주?

원주시는 경기도의 여주시와 양평군, 충청북도의 충주시와 제천시, 그리고 강원도의 횡성군과 영월군 등과 행정 경계를 맞대고 있어요. 다른 시·군은 각각의 시내버스가 행정 경계선까지 운행되고 있는데, 횡성군의 경우는 원주 시내버스가 횡성읍뿐만 아니라 면 단위까지 운행되어 원주시와 거의 하나의 생활권을 이루고 있답니다. 횡성군의 인구가 4만 5천여 명이니까 원주는 인구 40만 명의 도시권으로 볼 수 있는 셈이죠. 군부대의 활주로를 이용하여 원주-제주 간의 민간 항공기가 운항하는 원주공항은 사실 횡성군에 위치하고 있습니다. 또한 서울과 강릉을 오가는 KTX 강릉선의 경우 만종역(원주 소재)과 횡성역에 모두 정차하는 열차는 드물고, 두 역 중 한 역에만 정차해 서울과 강릉 간의 시간을 줄이고 있답니다.

횡성 하면 '횡성한우'가 따라나올 만큼, 횡성한우는 지역명을 넣어서 브랜드화에 성공한 대표적인 상품이에요. 상품의 품질과 특성이 해당 상품의 원산지 때문에 생겼을 경우 그 원산지의 이름을 상표권으로 인정해주는 제도를 '지리적 표시제'라고 합니다. 우리나라에서는 2002년 보성녹차가 제1호로 지정되었답니다. 횡성한우는 2006년에 지정되었는데 축산물 분야에서는 최초의 지정이었죠. 이렇다 보니 원주 시내에도 횡성한우를 파는 정육점이나 식당들이 많습니다. 원주도 '치악산한우'라는 특유의 소고기 브랜드가 있지만, 횡성한우가 너무 유명해 브랜드를 알리는 데 어려움을 겪고 있죠.

원주와 횡성은 완전히 하나의 생활권을 이루고 있고, 그 외에 평창, 영월, 정선, 태백 등도 거의 원주 생활권이라 해도 과언이 아니에요. 이들 지역에서 고등학교나 대학교 진학, 종합병원이나 산부인과 등 특정한 병원 이용 등은 거의 원주를 이용하고 있답니다. 그만큼 영서지역에서의 원주의 영향력이 막강하다고 할 수 있죠.

하지만 최근에 원주와 수도권 간의 교통편이 좋아지면서 역설적이게도 원주의 영향력이 점점 약화되고 있답니다. 시간을 좀 더 들여서 서울로 다녀 오자는 심리가 생기게 된 거예요. 사실 절대거리도 원주는 서울에서 그렇게 멀지가 않아요. 서울에서 대전광역시가 멀까요, 원주가 멀까요? 네이버지도 길 찾기에 서울광역시청에서 대전광역시청과 원주시청을 각각 입력해보니 고속도로를 이용할 경우 전자는 165킬로미터, 후자는 108킬로미터가 나오 더군요. 오래전부터 강원도는 오지라는 개념이 우리의 머릿속에 자리 잡고 있어 지리적으로 서울과 가까운 몇몇 도시도 심리적으로는 아주 먼 곳으로 느껴진답니다. 강원도의 남서쪽 끝자락에 위치한 원주는 오지가 아니라 한 반도 중앙을 지나는 경선인 동경 127도 30분에 아주 가까이(동경 127도 55분, 북위 37도 20분) 있어요. 뿐만 아니라 강원도, 경기도, 충청도가 만나는 곳에 위치 하여 사방으로 교통이 발달한 도시지요.

아무래도 지방도시에게 있어서는 서울로 가는 길이 아주 중요하죠. 그렇 다 보니 원주의 발전축이나 심지어 관광지들도 북서쪽에 집중되어 있습니 다. 한반도 동서를 잇는 영동고속도로와 남북을 잇는 중부고속도로가 원주 북서쪽에서 만나거든요. 최근에는 제2영동고속도로가 개통했는데, 수도권 에서 출발해 원주의 기존 영동고속도로와 북서쪽에서 합쳐진답니다. 이렇게 고속도로가 만나는 곳 주변에 앞에서 살펴본 기업 도시가 생겨나는 거예요.

어쨌든 고속도로는 평일에는 별 어려움이 없지만 주말이면 수도권과 동해안 을 오가는 차들 때문에 정체가 극심합니다. 다행인 건 최근 평창 동계올림픽을 맞아 청량리-만종(원주 북부)-강릉을 잇는 강릉선이 개통되면서 기차를 타면 원주에서 서울까지 40분대에 갈수 있게 된 거예요. 그리고 2019년에는 중앙

만종역   원주역

선 원주-제천 구간이 복선화되어 교통이 한층 더 편리해질 거랍니다.

현재 수도권 전철이 여주까지 운행되고 있어요. 그래서 선거 때만 되면 나오는 공약 중 하나가 여주-원주 간 수도권 전철 연장이에요. 현재 청량리역-만종역이 기차로 45분, 강남-원주가 고속버스로 1시간 20분 걸리니까 원주는 거의 수도권이라고 할 수 있어요. 이렇게 서울 가는 길이 편해지면서 일부에서는 원주에서 일을 보지 않고 서울을 이용하는 경우가 생기고 있는데, 특히 백화점이나 대형병원 이용 시에 이런 현상들이 뚜렷하게 나타납니다.

지방자치시대를 살아가는 지방의 중소도시들은 고민이 많답니다. 수도권과의 관계는 불가근불가원(不可近不可遠)이라고나 할까, 너무 가까워져도 너무 멀어져도 안 돼요. 그러면서도 특색을 가지고 경제적으로나 문화적으로나 자존감을 가지고 쾌적한 삶을 영위할 수 있는 곳이 되어야 하죠. 원주는 최근 몇 년간 균형감을 갖고 나름대로 잘 적응해온 것 같아요. 앞으로도 지리적 위치의 장점을 잘 살려서 계속 발전할 수 있을 거라 기대해봅니다. 🌱

CITY

철원

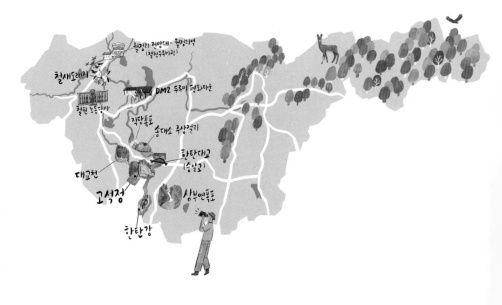

철정리 전망대 · 월정리역
(철원두루미관)

철새도래지

철원 노동당사

DMZ 두루미 평화타운

직탕폭포

송대소 국상정리

한탄대교
(승일교)

대교천

고석정

상부연폭포

한탄강

남북을 잇는 땅, 철원

혹시 서태지와 아이들의 노래 〈발해를 꿈꾸며〉의 뮤직비디오나 영화 〈강철비〉에서 일촉즉발 전쟁 위기 가운데 남북 수뇌부가 만나던 장소를 기억하세요? 바로 철원 노동당사랍니다. 철원이 38선 이북이었을 때 만들어진 건물이라 우리 주변에서 찾아보기 힘든 독특한 양식으로 지어졌죠. 전쟁을 겪으며 노동당사는 건물 일부가 파괴되고 수많은 총탄 흔적이 남게 되었습니다. 이렇듯 철원 하면 지금도 전쟁, 분단, 휴전선, 비무장지대, 민간인 통제구역 등이 연상되는 경우가 많을 거예요. 철원은 해방 이후 한반도가 38선에 의해 남북으로 나뉠 때 38선 이북이었다가 전쟁이 끝나자 3분의 2가 대한민국 땅이 되었습니다. 38선이 휴전선으로 달라지기만 했을 뿐 한반도와 철원은 분단을 면치 못했죠.

휴전선을 코앞에 둔 철원은 민간인 통제구역이 참 많습니다. 그 때문에 철

노동당사와 분단의 시간을 기록하는 시계

원 지역 주민들의 불편함은 이루 말할 수 없죠. 또 개발이 여의치 않으니 주민들이 떠나서 철원군은 강원도에서도 소멸 위기가 가장 높은 기초자치단체 중 하나로 언급되고 있어요. 이에 철원군은 지역의 이런 특수성을 활용하여 안보관광, 생태관광 등을 추진하고 있으며, 특히 다섯 곳의 지질공원과 역사적 의미를 지닌 지역을 연계한 탐방로를 운영하는 등 지역 활성화를 꾀하고 있습니다. 이제 철원은 자연과 사람이 하나 되는 곳, 전쟁보다는 평화가 싹트는 새로운 곳으로 변모 중이랍니다. 그럼, 지금부터 변화하는 철원으로 떠나볼까요?

소이산에서 바라보는 용암대지

소이산 정상에서 북한을 바라보면 저 멀리 산봉우리들과 산봉우리 주변의 평탄한 곳이 보이는데, 평균 해발고도가 330미터에 이르는 평강고원입니다. 평강에서 철원으로 이어지는 평탄한 이 지역은 평강 부근의 680미터 고지와 오리

산(453미터)에서 분출한 용암이 만든 용암대지랍니다. 화산지형 하면 백두산이나 한라산처럼 높은 산을 생각하겠지만 이곳처럼 평탄한 곳도 있어요.

대부분 산지로 이루어진 강원도에서 이렇게 넓은 평야는 드물죠. 일제강점기에는 철원의 쌀 생산량이 강원도 전체의 5분의 1에 이를 정도였다고 해요. 휴전이 되고 철원읍이 민간인 통제구역에 위치하다 보니 철원군청은 갈말읍으로 옮겨오게 되었습니다. 사람들은 원래 철원 중심지였던 철원읍과 구분하기 위해 군청이 옮겨간 갈말읍을 신철원이라 부르기 시작했어요. 북한 또한 휴전 후 철원의 3분의 2를 잃게 된 상황에서 인근의 강원도 이천군 일부를 철원군에 합하고 이천면, 안협면을 철원읍으로 개편하여 철원군청 소재지로 만들었어요. 이렇게 되니 철원은 원래 철원읍, 남한의 신철원, 북한의 철원이 함께 존재하는 기묘한 상황이 만들어지게 되었답니다.

평강역 남서쪽 2.5킬로미터에 위치하는 오리산은 월정리역 근처 철원두루미관에서 망원경으로 볼 수 있습니다. 오리산 정상부에는 높이 약 20미터, 지름 200미터에 이르는 분화구가 있답니다. 분화구에는 사흘 한나절을 갈아야 할 정도로 넓은 농경지가 있었다고 해요. 유동성이 큰 현무암질 용암은 분화구와 지각의 좁고 긴 틈인 열하를 따라 흘러나와 울퉁불퉁한 땅을 메우고 평탄하게 만들었어요. 이렇게 만들어진 지형을 '용암대지'라고 합니다. 680 고지와 오리산에서 엄청난 양의 용암이 짧은 간격으로 5~11차례 분출하여 높고 평탄한 지형을 만들었어요. 용암은 추가령구조곡을 따라 발달한 옛 한탄강 유로를 지나서 100킬로미터 이상 떨어진 파주까지 흘렀습니다.

철원에서 평강, 김화에 이르는 지역은 한국전쟁 당시 철의 삼각지대라고 해서 전략적으로 중요한 곳이었다고 해요. 평탄한 지역이다 보니, 조금이라도 높은 산에서는 치열한 전투가 벌어졌고 그 과정에서 나무가 불타고 산이 허물어져 원래의 모습을 잃게 되었죠. 삽슬봉은 산이 허물어져 내린 것이 마치 아이스크림이 녹아내리는 것 같다고 해서 아이스크림 고지라고 불리기도 해요.

치열한 고지전이 벌어졌던 산봉우리들은 대부분 주변의 용암대지와는 형성 과정이 다르답니다. 산봉우리들은 용암 분출 이전에 이미 존재했던 지형

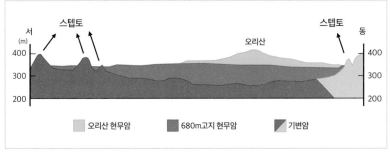

철원 용암대지를 이루는 현무암 분포(출처 : 강원평화지역 국가지질공원)

소이산 평화마루공원의 평화를 기원하는 조형물들

으로, 주변보다 높아 용암으로 뒤덮이지 않은 곳이죠. 평탄한 용암대지는 현무암, 산지는 화강암이나 편마암 등으로 구성되어 있어요. 마치 시냇물을 건너는 징검다리와 비슷한 이런 지형을 '스텝토'라고 불러요.

철원지역이 워낙 평탄하다 보니 소이산처럼 그리 높지 않은 산도 전략적으로 매우 중요하죠. 소이산은 예전에도 봉수대가 있었고 한국전쟁 당시 치열한 격전지로 분단 이후에도 군부대가 주둔했던 곳이에요. 민통선이 조정되면서 철원 노동당사와 소이산이 개방되었고, 지금은 평화마루공원으로 탈바꿈한 소이산 주변에는 생태 숲 탐방로도 조성되어 주말이면 꽤 많은 탐방객이 찾아오고 있어요. 다만 철원의 대부분 지역이 군사통제보호구역으로 묶여 있고 지뢰가 곳곳에 매설되어 있어 지정된 탐방로를 벗어나면 위험하답니다. 철책과 지뢰 표시는 여전히 철원이 분단의 땅이라는 것을 느끼게 합니다.

군사통제보호구역 표지판

분단의 허리를 잇는 큰 여울, 한탄강

한탄강은 휴전선 이북에서 발원해 여러 물줄기가 합쳐지면서 강원도 철원과 경기도 포천시, 연천군 전곡읍을 지나 임진강에 합류하는 강입니다. 클한(漢), 여울 탄(灘)의 한탄강(漢灘江)은 '크게 굽이쳐 흐르는 여울이 큰 하천'을 뜻해요. 김정호는 《대동지지》에서 한탄강을 물의 흐름이 빠른 급류가 많아 여울이 크다고 해서 대탄강(大灘江)이라고 했어요. 골짜기가 깊고 여울이 잘 발달한 한탄강은 래프팅의 명소랍니다.

한탄강을 한탄강(恨歎江)이라 부르기도 하는데, 이는 태봉의 왕 궁예가 왕건에게 왕좌를 뺏기고 도망치다 한탄강에 이르러 자신의 처량한 신세를 한탄(恨歎)했다고 해서 그 이름이 지어졌다는 설 때문이죠. 또 일제강점기 애국지사들과 한국전쟁 당시 반공투사들이 피신하면서 한탄강을 보고 자신의 처지를 한탄했다 해서 한탄강이 되었다는 설도 있는데 이들 모두 잘못된 설에 불과하답니다.

이중환의 《택리지》에는 철원을 "들 가운데 물이 깊고 검은 돌이 마치 벌레 먹은 것과 같으니 참으로 이상하다"라고 기록되어 있어요. 깊은 계곡은 용암의 분출이 멈춘 후 새로운 한탄강이 용암대지를 수직으로 깊게 파면서 흘렀기 때문이죠. 검은 돌은 현무암의 색, 벌레 먹은 것 같다는 것은 기공 때문입니다. 평탄한 철원평야 지역에서 한탄강은 20~30미터에 이르는 깊은 계곡을 이루고 있어서 웬만한 홍수에도 범람하지 않아요. 계곡이 깊다 보니 한탄강 물을 농업용수로 사용하려면 양수기로 물을 퍼 올려야 합니다. 한탄강 계곡에는 곳곳에 현무암 절벽이 많이 보이는데 이는 용암이 냉각되면서 형성된 주상절리 때문이에요. 암석에 만들어진 크고 작은 규칙적인 틈을 절리(節理)라고 해요. 주상절리는 기둥 모양의 절리랍니다.

송대소 주상절리와 얼어붙은 한탄강

　고석정에서 상류로 이동하다 보면 만나는 송대소 주상절리는 특히 규모가 크고 멋져서 많은 사람들이 찾는 곳이랍니다. 멀리서 바라보던 주상절리를 겨울이 오면 좀 더 가까이서 볼 수 있어요. 철원의 맹추위 덕분에 얼어붙은 한탄강 위를 걸어 바로 앞까지 가서 볼 수 있으니까요.

　대교천이 한탄강에 합류하는 지점에는 좁은 계곡, 즉 협곡이 발달되어 있습니다. 대교천 협곡의 현무암 수직절벽은 높이가 20~30미터 정도예요. 대교천은 강바닥은 물론 하천 양쪽 벽까지 현무암으로 이루어져 있습니다. 대교천 협곡의 양쪽 벽을 이루는 용암층은 두께가 매우 두꺼워서 현무암으로 만들어진 다양한 모양의 절리도 찾아볼 수 있답니다.

　주상절리는 철원의 직탕폭포, 전곡의 재인폭포, 포천의 비둘기낭 폭포처럼 멋진 모습을 만들어요. 비가 많이 올 때는 주상절리 절벽을 따라 여기저기 멋진 폭포가 만들어지는 것도 절경이죠.

　한탄강 본류에 위치한 직탕폭포는 하천 면을 따라 거의 一자 형태로 폭포

대교천 협곡

가 넓게 펼쳐져 있어 높이는 3미터인데 폭은 80미터나 됩니다. 직탕폭포는 한국판 나이아가라폭포라는 별칭이 있는데, 높이가 좀 낮기는 해도 모양은 비슷하답니다. 특히 두 폭포 모두 상류 쪽으로 깎여 나가는, 두부(頭部) 침식이 이루어지고 있어 시간이 오래 지나면 폭포의 위치가 지금보다 상류로 이동하게 될 거예요. 짙은 색의 현무암을 배경으로 80미터 너비의 하천 전체에서 하얀 물보라가 이는 모습이 아주 멋지답니다.

직탕폭포 아래와 계곡 양쪽으로 용암 분출 과정에서 공기나 각종 가스가 빠져나가면서 만들어진 다양한 크기의 구멍이 발달한 현무암을 볼 수 있어요. 현무암이라 해도 모두 구멍이 있는 것은 아니에요. 구멍이 눈에 보이지 않을 정도로 작은 매끌매끌한 현무암도 있고, 크고 작은 구멍이 숭숭 뚫린 현무암도 있죠.《택리지》에 쓰여 있는 벌레 먹은 것 같은 돌을 말해요. 공기가 일렬로 혹은 둥근 파이프 모양으로 빠져나간 흔적도 있으니 찬찬히 주변을 찾아보세요.

현무암에서 공기가 빠져나간 흔적

현무암으로 만든 맷돌, 컬링 맷돌

철원에서는 현무암을 이용해 맷돌을 만들어 판매하는 곳도 있답니다. 철원의 현무암은 제주도의 현무암보다 천천히 식고 기공도 작은데다 단단해서 맷돌로 만들어 사용하기 좋다고 해요.

직탕폭포

한탄강에는 현무암으로만 이루어진 계곡, 현무암과 화강암으로 이루어진 계곡, 화강암으로만 이루어진 계곡이 다 있어요. 화강암으로 형성된 계곡에는 보통 마당바위라 부르는 넓고 평평한 판 모양의 절리도 볼 수 있지요. 순담계곡은 한탄강의 침식으로 현무암이 모두 제거되고 용암 분출 이전의 화강암 지형이 드러난 곳이에요.

고석정 계곡에는 고석이라는 15미터 높이의 화강암 바위가 있어요. 약 1억 년 전 중생대 백악기에 만들어진 화강암은 고석과 그 주변의 기반암을 이루게 됐죠. 신생대 제4기에 분출한 현무암질 용암류에 의해 고석은 완전히 덮였다가 한탄강의 세찬 물살에 현무암이 깎여 나가면서 다시 지표에 드러나게 되었습니다.

고석정에는 '1억 년 전으로의 여행'이라고 새겨진 바위가 있답니다. 1억 년 전

고석정 계곡   순담계곡

고석정 계곡으로 내려가는 길에 있는 설명문   현무암과 화강암으로 만든 계단

으로 여행하려면 고석이 자리 잡고 있는 계곡으로 내려가야 해요. 시간여행 출발점은 '계단의 암석은 왜 다를까요?'라는 안내판과 함께 계단의 암석이 달라지는 곳이에요. 안내판을 보면 학교에서 배웠던 지질시대, 부정합, 지층, 화강암, 현무암 등을 그림과 함께 이해하기 쉽게 설명해두었으니 자세히 살펴보세요. 화강암에서 현무암으로 계단의 암석이 바뀌는 곳도 놓치지 마시고요. 순식간에 공룡이 거닐던 1억 년 전 중생대로 시간여행을 하게 된답니다.

고석정 근처 계곡에는 남북의 의도치 않은 합작품인 승일교가 있어요. 한탄대교 쪽에서 승일교를 바라보면 승일교의 좌우 교각의 모습이 조금 달라요. 왼쪽 아치에 비해 오른쪽 아치는 약간 네모진 모양을 하고 있거든요. 승일교의 왼쪽은 북한이, 오른쪽은 전쟁 중에 남한이 만들어 연결했기 때문이에요. 한국판 콰이 강의 다리라고 불리는 승일교는 다리 이름에 관한 몇 가지 설이 있는데, 한국

고석과 고석정 주변 모래 퇴적지형

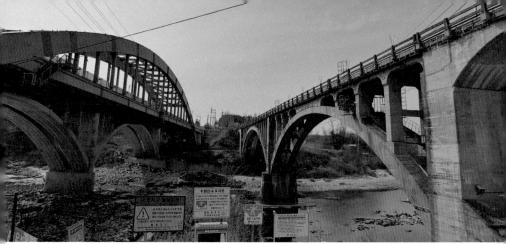

한탄대교(왼쪽)와 승일교(오른쪽)

전쟁 때 한탄강을 건너 북진하던 중 전사한 박승일(朴昇日) 대령의 이름을 땄다는 설이 정설로 알려져 있어요. 승일교는 한탄강 주변의 주상절리를 관찰할 수 있는 한여울 1, 2코스의 출발점이기도 합니다.

● 겸재 정선과 함께하는 철원, 삼부연폭포와 정자연 ●

삼부연폭포와 겸재 정선이 그린 〈삼부연폭포〉

겸재 정선이 철원을 배경으로 그린 진경산수화가 있는데, 하나는 삼부연폭포, 하나는

179

정자연의 모습을 그린 것입니다. 철원의 지질공원 중 하나인 삼부연폭포는 가을철 억새축제로 유명한 명성산 중턱 화강암지대에 위치해 있습니다. 삼부연폭포는 비가 오지 않아도 저수지의 물이 흘러내려오는 것만으로도 유량이 풍부해요. 삼부연폭포는 물줄기가 세 번 꺾이고 폭포의 아래쪽이 가마솥 모양을 닮았다고 해서 가마솥 '부(釜)'를 써 삼부연(三釜淵)폭포라는 이름이 붙었답니다.

다른 하나는 〈정자연도〉예요. 남방한계선 바로 밑에 위치한 정연리는 조선시대 한탄강을 내려다볼 수 있는 현무암 절벽 위에 정자를 세웠습니다. 이곳이 금강산으로 가는 길목이다 보니 많은 사람들이 찾게 되고 정자연 혹은 정연으로 불리기 시작했죠. 겸재 정선도 금강산 가는 길에 이곳에 들렀다가 정연의 멋진 풍경을 산수화로 남긴 것이랍니다. 한탄강을 가로지르는 정연철교 위에서 북쪽으로 한탄강 계곡을 바라보면 현무암이 만든 주상절리와 북한의 평강고원이 손에 잡힐 듯 가까이에 보인답니다.

정연철교에서 바라본 정자연과 겸재 정선이 그린 〈정자연도〉

동아시아를 넘나드는 철새, 두루미

철원군은 강원도에서 가장 넓은 평야를 가지고 있는 지역으로, 특히 철원평야는 국내에서 가장 많은 두루미와 재두루미가 날아오는 곳이에요. 두루미 외에도 쇠기러기의 최대 도래지이며 다양한 수리류가 월동하는 지역이기도 합니다.

두루미라는 이름은 '뚜루루루 뚜루루루' 하는 울음소리에서 유래했다고 해요. 철원평야는 재두루미의 중간 기착지이자 월동지이며, 두루미와 재두루미가 같이 월동하는 유일한 곳이랍니다. 철원군을 상징하는 새도 두루미예요. 그래서인지 철원군에서 생산되는 농축산물도 두루미가 사는 청정 환경과 웰빙을 의미하는 '두루웰'이라는 브랜드를 사용하고 있지요.

한탄강 주변의 철원평야는 먹이를 얻을 수 있는 넓은 농경지, 겨울에도 얼지 않는 여울, 민간인 출입이 통제되어 사람의 간섭에서 안전한 잠자리 등의 조건이 어우러져 두루미에게 최적의 서식환경을 제공합니다. 그래서 철원평야는 세계 최대 두루미 월동지역이에요.

두루미는 경계심이 많아서 원래 머물던 곳이 조금만 달라져도 돌아오지 않는다고 해요. 남북 관계가 개선되는 것은 바람직하지만 이 때문에 민간인 통제구역이 개발되어 경관이 너무 많이 변해버리면 두루미가 철원을 찾아오지 않을지도 몰라 걱정도 됩니다.

철원에서 철새가 많이 찾아오는 곳 중 '샘통'이라는 곳이 있어요. 민통선 안쪽에 위치하는 샘통 지역은 연중 14~15℃의 수온을 유지하고 있어 철새의 주요 월동지가 되었죠. 샘통은 철원에서 용암이 분출할 때 현무암이 시차를 두고 분출하면서 지하수를 저장하는 대수층이 형성되어 연중 일정한 수

샘통   샘통 주변의 고추냉이 재배 모습

온을 유지하고 있답니다. 눈 덮인 추운 겨울철에도 주변과 달리 샘통의 물은 얼지 않고 수증기가 올라올 정도로 따뜻하거든요. 샘통 부근의 지하수를 이용해서 고추냉이를 수경으로 재배하는데 품질이 우수하다고 해요.

철원평야에서 월동하는 철새가 늘어나는 이유는 뭘까요? 바로 철새와 상생의 길을 찾는 지역 주민의 적극적인 보호 활동 덕분입니다. 철원군에서는 두루미 쉼터를 비무장지대와 민통선 지역 내 여러 곳에 조성해서 철새들의 먹이 터와 잠자리를 만들었어요. 철원군 농민들은 생태계 보존을 위한 생물다양성 관리 계약에 참여해 탈곡한 볏짚을 논에 그대로 두고 철새의 먹이로 제공합니다. 그리고 수확이 끝난 논에 물을 채워 무논을 만들어서 우렁이를 키워 두루미의 잠자리와 먹이 터로 활용하는 등의 노력을 해왔던 거예요. 국가가 약간의 지원금을 지급하지만 철원의 농민들 중에는 지원금 없이 자발적으로 무논을 조성하는 경우가 많답니다. 두루미는 삵 같은 천적을 경계하기 좋은 얕은 물속이나 얼음판 위에 모여서 잠을 자기 때문에, 가을부터 철원을 찾아오는 두루미에게는 저수지와 무논이 아주 중요하죠.

지금은 철원 오대쌀이 유명하지만 철원평야에서 벼농사가 본격적으로 이루어진 것은 1930년대부터예요. 일제강점기에 평강에 봉래호를 비롯한 저수지가 만들어진 다음부터죠. 분단 이후 봉래호에서 공급되던 관개용수가 중단되면서 농업용수 부족을 해결하기 위해 철원 지역에는 크고 작은 저수지가 새로 만들어졌어요. 그 저수지에 겨울철이면 수많은 철새들이 찾아오면서 철원은 생태도시로 탈바꿈하고 있답니다. 전쟁으로 사람은 떠나고 그 자리에 철새들이 찾아오게 된 셈이랄까요.

● 철원의 오대쌀은 언제부터 유명해졌을까? ●

1982년 첫선을 보인 오대쌀은 조생종 품종의 하나예요. 당시 벼 품종의 이름을 붙일 때 조생종은 산 이름을 붙이도록 했기 때문에 오대산의 '오대'를 따온 것이랍니다. 철원 오대벼가 처음부터 환영받은 건 아니었어요. 철원 지역의 기후와 토질에 적응하여 품질이 일정 수준에 오르게 되자 재배 지역이 확대되고 판로가 확보되면서 유명세를 타기 시작한 거죠. 철원은 다른 지역보다 위도가 높아 여름철 낮 시간이 20~30분가량 길기 때문에 광합성을 그만큼 더 할 수 있어요. 그리고 밤 동안은 호흡이 억제되어 양분 소비가 적어지면서 벼가 잘 여물어 쌀의 품질이 좋아진 거죠. 철원 지역의 기후 조건이 쌀을 잘 여물게 하여 질 좋은 쌀이 생산될 수 있었고 비무장지대 부근의 맑은 물과 공기, 오염되지 않은 토양 등 철원의 청정 이미지가 건강한 먹거리를 중시하는 소비자의 요구에 들어맞은 결과라고 할 수 있습니다. 철원 오대쌀은 전국에서 추수가 가장 빠르기 때문에 햅쌀 출하 가격이 가장 먼저 결정되므로 철원 오대쌀 수매단가 및 판매가격이 전국 벼 수매가의 기준이 되기도 한답니다.

특히 양지리는 2010년부터 철새마을 커뮤니티 디자인 프로젝트를 진행하여 명실상부한 두루미의 고장이 되었어요. 폐교를 활용한 DMZ 두루미 평화타운을 조성해 겨울철이면 인근 토교저수지와 그 주변에서 철새를 관찰할 수 있습니다. 11월부터 1월 사이에는 군 초소가 있는 DMZ 두루미 평화

토교저수지

두루미 먹이(볏짚존치) 제공 안내 현수막

양지리 입구 옛날 통제소   양지리 입구 도로 표지판

타운에서 여러 가지 프로그램을 운영하고 있어요. 출입이 자유롭지 않은 토교저수지를 포함해 비무장지대에서 탐조 프로그램을 여는 거죠. 토교저수지는 겨울철 철새의 잠자리로 해 뜰 무렵이면 수많은 철새들의 비상을 볼 수 있답니다. 따뜻하게 입고 겨울철 탐조 프로그램에 참여해보세요. DMZ 두루미 평화타운에서는 수많은 별도 관찰할 수 있어요. 워낙 인공적인 조명이 적은 곳이다 보니 별을 보는 데도 최적지랍니다.

한편, DMZ 두루미 평화타운에서는 철새에 대한 다양한 자료뿐 아니라 다치거나 병들어서 이제는 날 수 없는 철새를 치료하는 보호 시설도 운영하고 있어요. 이런 노력으로 1999년 환경부의 조사가 시작된 이후 2018년 1월까지 철원평야를 찾아오는 철새의 개체 수가 계속 증가하고 있답니다.

철새마을로 유명한 양지리는 2012년 이전까지만 해도 민간인 통제구역 내에 위치한 일명 민북마을로 출입이 자유롭지 않았어요. 비무장지대에 가까운 격전지라 황폐해졌던 양지리는 1972년 입주하기 시작해서 1973년부터 본격적으로 개척되기 시작했어요. 개척 과정의 어려움 못지않게 생활의 불편함도 많았다고 합니다. 워낙 군사분계선에 가깝다 보니 양지리 출입 시 군 통제소에서 출입을 엄격히 통제했죠.

개척 초기 가옥(좌측 확장됨)　　　　　입주 순서에 따른 가옥의 호수

　　해가 진후에는 들판에 나가면 안 되고 일하러 나갈 때는 지역 주민이라는
것을 표시하기 위해 흰 옷을 입어야 하는 등 간첩이나 짐승과 구분하기 위한
일종의 행동강령이 있었다고 해요. 또 집집마다 거주자의 귀가 여부를 군인
들이 일일이 확인했다고 합니다. 비상시에는 언제든 전투에 임할 수 있도록
현관 옆에는 무기고도 마련되어 있었고요. 실제로 무기를 보관한 적은 없었
다고 해요. 지금도 양지리 보건소 뒤편에는 입주 당시 지어진 집을 볼 수 있
는데, 북한에 과시하기 위해 가옥 규모가 커 보이도록 두 가구가 사는 집을
마치 한 집인 것처럼 보이게 지었다고 합니다. 출입문 위에 번호가 적혀 있
는데 마을에 입주한 순서랍니다. 지금은 좁고 불편해서 초기에 지어진 집에
거주하는 주민은 점차 줄고 있어요. 두 집이 살던 곳을 한 집이 살 수 있도록
개조하거나 헐고 새집을 짓는 경우도 많아서 원형이 점차 사라지고 있죠.

철도 교통의 요충지

　　경원선 철도는 서울에서 원산을 연결하는 추가령구조곡을 따라 거의 직
선으로 개설되었습니다. 추가령구조곡은 지질구조선이 지나는 부분이라 상

대적으로 침식에 약해서 골짜기가 만들어져요. 주변 산지에 비해 낮고 평평한 골짜기 주변은 철도는 물론 도로 개설에 유리해서 서울-포천-철원을 잇는 43번 국도도 추가령구조곡을 따라 개설되어 있죠.

1914년 경원선 철도가 운행되기 시작한 철원은 1936년 금강산 가는 전기철도의 출발역이 되면서 철도 환승역으로서의 역할을 했어요. 일제강점기 철원은 경원선의 출발점인 용산역, 종착점인 원산역과 함께 경원선 내 3대 주요 기차역이었거든요. 현재 철원역은 민통선 안에 철로 일부와 승강장 일부가 남아 있어요. 경원선 복원이 시작되었을 때 철원 주민들은 철원역까지 복원을 요청했으나 군사분계선이 가깝다는 이유로 백마고지역까지만 복원되었답니다.

남한에서 경원선 마지막 기차역은 월정리역입니다. 원래 월정리역은 비무장지대 안에 있었다고 하는데 한국전쟁 때 불타버렸어요. 녹슨 객차의 잔해를 통해 원래 위치를 추측할 뿐이죠. 지금 남아 있는 월정리역은 철로의 일부와 역사 건물, 객차로 쓰이는 뒷부분을 가져다 지금의 자리에 복원한 거랍니다.

철원 두루미관은 원래는 전망대였으나 통일전망대가 만들어지고 나서는 전시관으로 활용되고

철원역 안내판(위)
승강장 일부와 통일 염원의 침목(아래)

| 월정리역 | 월정리역에 남아 있는 철로와 객차의 일부 |

있어요. 두루미관 북쪽 비무장지대 안에는 태봉국 도성의 흔적이 남아 있습니다. 철원은 901년 궁예가 후고구려를 계승한 태봉을 건국했던 곳이에요. 도성은 경원선에 의해 동서로, 휴전선에 의해 남북으로 나뉘었죠. 2018년 제3차 남북정상회담에서 태봉국 도성을 남북이 함께 조사하기로 결정했답니다. 가을부터 조사를 위해 지뢰 제거가 시작되었어요. 전쟁과 분단으로 버려져 있던 도성에 대한 조사가 본격화되면 남북이 공유하는 역사를 통해 우리 민족은 조금 더 가까워지겠죠.

철원군은 한국전쟁 후 철원을 수복한 10월 21일을 '철원 군민의 날'로 정해 1982년부터 군민제를 개최하고 있습니다. 1991년부터는 철원의 역사성을 담기 위해 '태봉제'라 부르고 있어요. 아직은 태봉에 대한 연구 성과가 적지만 도성 공동 조사 이후 태봉에 대해 좀 더 본격적인 연구가 이루어진다면 서울이나 경주 못지않은 역사적인 도시가 되지 않을까 싶습니다.

금강산선 철도는 처음에는 평강 일대의 유화철을 일본으로 반출하기 위해 철원에서 창도까지만 건설했습니다. 1931년 내금강 구간까지 완공된 후

금강산선 노선도

금강산 관광객을 수송하게 되었죠. 일제강점기 철원의 초등학생은 당일치기로 금강산 수학여행을 다녀왔다고 해요. 금강산선은 평강에 있는 봉래호의 유역변경식 발전으로 생산한 전기로 운행한 우리나라 최초의 관광 전기철도였어요. 당시 대부분의 철도가 국가 소유였으나 금강산선은 금강산전기철도주식회사에 의해 착공·운영되었죠.

금강산선이 지나는 역 중 번화했던 김화역조차 지금은 흔적을 찾아보기 힘들지만 용양보 가는 길의 약간 높은 둑처럼 이어진 지역이 과거 금강산선 철도가 지나던 흔적이에요. 북한에 속했던 김화는 김화군의 중심지로 4분의 1이 남한에 수복되면서 김화군에서 철원군 김화읍이 되었답니다. DMZ 생

DMZ 생태평화공원 방문자센터

사라진 마을 김화 이야기관

태평화공원 방문자센터가 위치한 철원군 김화읍 생창리도 전쟁으로 폐허가 되었던 걸 1970년부터 개척한 곳이에요. 방문자센터 앞에는 개척기념비가, 뒤편에는 전쟁으로 폐허가 되고 사라진 옛 김화군을 소개하는 전시 공간이 있습니다.

'사라진 마을 김화 이야기관'에서는 전쟁으로 폐허가 되고 그 흔적조차 남지 않은 김화를 기억하려는 노력을 찾아볼 수 있답니다. 분단으로 수많은 이산가족이 발생했던 것처럼 휴전선이 둘로 나눈 행정구역이 수없이 존재하는 상황에서 전시관을 돌아보면 그 시절 김화 사람들한테 이야기를 듣는 느낌이 들어요.

태평양 전쟁이 막바지에 이른 1940년대 일제는 금강산선이 관광만을 목적으로 한 불필요한 노선이라 하여 창도부터 내금강 구간을 폐선하고 철로를 걷어 전쟁 물자로 사용해버려요. 그래서 금강산선의 흔적은 거의 남아 있지 않게 되었답니다. 복원된 정연철교와 철로가 지나던 둑길, 버려진 교각이 남아 있을 뿐이죠. 경원선은 백마고지역에서 평강역에 이르는 구간만 복원하면 되지만, 금강산선은 철원역부터 내금강역까지 116킬로미터가 넘는 전체 구간을 모두 복원해야 해요. 게다가 금강산선은 군사분계선을 걸치면서 지나고 있을 뿐만 아니라 험한 산지를 통과하고 일부 구간은 도로가 개설된 상황이라 복원이 쉽지는 않을 듯합니다.

분단의 아픔이 계속되는 땅

긴 역사를 지닌 철원에서 가장 오래된 마을은 어디일까요? 어디까지나 추정이긴 하지만 토성리가 가장 오래된 마을이라고 해요. 토성리에는 화강을 따라 탁자식 지석묘가 여럿 남아 있고 선사시대 유물이 발굴된 토성도 있죠. 전방 지역에 위치한 토성리는 도로는 물론, 하천에도 전차 방호벽이 설치되어 있습니다. 철원을 다니다 보면 방호벽과 통제소, 멀리 산등성이에는 초소도 볼 수 있어요. 군사분계선이 그만큼 가깝다는 얘기죠.

철원은 해방 이후 38선으로 남북이 분단될 때 38선 이북에 속했다가 한국전쟁이 끝난 후에는 휴전선으로 나뉘면서 남한에 속하게 되었습니다. 철원의 분단은 1945년 이후 계속되고 있는 셈이죠. 철원의 30%는 비무장지대에 속해 있으며, 휴전선 155마일 중앙에는 철원 태풍전망대가 위치하고 있어요. 민통선은 조금씩 북상하고는 있지만 지뢰 제거가 이루어지지 않아 출입이 안 되는 지역도 많아서 여전히 분단의 아픔이 오롯이 남아 있는 곳이라 할 수 있죠.

철원의 민통선 안에는 농경지가 많습니다. 이 때문에 철원에서는 민통선 안의 농경지로 출퇴근하는 농민들을 볼 수 있어요. 영농출입증을 챙겨서 출근하는 거죠. 군 통제소에서 민북 지역 출입증을 보여주고 인원 확인 후 차량출입증

화강에 설치된 전차 방호벽(흰색 점선 안)

을 받아 출근한답니다. 그리고 해가 지기 전에 퇴근해야 하고요. 통제소에는 출입 가능 시간이 적혀 있는데, 정해진 시간을 지키지 않으면 일정 기간 영농출입증을 압수당하는 것은 물론, 경우에 따라서는 법적 처벌을 받기도 해요. 낮에도 비상사태가 발생하면 농사를 짓다가도 대피해야 하고 야간에는 야외활동 자체가 금지되는 곳이랍니다.

철원의 원래 중심지였던 철원읍 일대도 민통선 안에 위치하여 출입이 자유롭지는 않아요. 군부대가 있던 자리에 근대문화유적센터를 건립하여 안보관광 코스를 운영하고 있고요. 근대문화유적센터 옆에는 민간인 대피소가 함께 있거든요. 이 지역을 자유롭게 돌아보려면 남북 간 평화 정착이 필수라 할 수 있습니다. 철원군에서는 노동당사와 그 주변에 근대문화거리 테마공원 조성을 추진하고 있습니다. 근대문화라고는 하지만 대부분이 일제강점기 관련 유적이라 일제의 식민지 지배를 미화하는 것으로 보일 수 있다는 비판도 있답니다.

민간인 대피 장소　　　철원근대문화유적센터와 농산물 검사소

아주 오래전에는 철원(鐵圓)과 철원(鐵原)이 번갈아 사용되다가 1300년대 이후론 鐵原으로 굳어졌어요. 철원(鐵原)은 수도, 서울을 의미하는 '쇠벌' 또는 '새벌'로 불렸던 곳이라고 해요. 그래서 태봉의 수도로 정해졌을까요? 쇠벌 혹은 새벌로 불리다가 우리말을 한자로 옮기는 과정에서 쇠 또는 새를 쇠 또는 검다는 의미의 철(鐵), 벌은 들 또는 벌판에 해당하는 원(原)이 되었다고 주장하기도 해요. 철원 주민들은 '쇠둘레'라는 말도 오래전부터 사용했다고 합니다. 철원을 다니다 보면 '쇠둘레'라 적힌 간판도 꽤 볼 수 있죠.

918년 고려를 건국한 왕건은 철원에 잠시 머무르면서 철원(鐵圓)으로 부르다가 개성으로 수도를 옮기고 철원을 동주(東州)로 명명해요. 그래서 철원은 동주 최씨의 본관이기도 합니다. 고려를 끝까지 지키려 했던 최영 장군도 동주 최씨였어요. 어찌 보면 고려의 시작과 끝이 철원이라 할 수도 있죠. 충선왕 때에는 철원(鐵原)으로 부르기도 하다가 고려 공양왕 때 경기도에 속하게 됩니다. 이후 조선시대 세종 때 강원도로 이관되었답니다.

현재 철원은 강원도에 포함돼 있지만 인근의 연천, 포천과 함께 경기 북부 생활권에 속해 있어요. 그래서인지 철원에서는 종종 경기도로의 편입 요구가 있어요. 행정구역 개편이 논의될 때마다 경기도 가평은 강원도, 강원도 철원은 경기도 편입 요구가 종종 나온다고 해요.

모든 것이 하나 되는 곳, 드라마틱 철원

철원은 휴전선에 걸쳐 동서로 위치해 있죠. 대부분 지역이 민통선 내에 자리하고 있어 그 어디보다 분단의 상징성이 큰 곳이에요. 북한의 연이은 미사일 발사로 위기감이 극에 달했었지만, 2018년 제3차 남북정상회담이 개최되고 극적인 변화가 나타나고 있습니다. 철원 인근 비무장지대의 지뢰 제거 작업이 시작되고, 비무장지대 내 감시초소(GP)의 시범 철거와 6·25 전사자 유해 공동 발굴 작업을 위해 비무장지대를 가로지르는 임시도로가 연결되었죠. 또 남북 철도·도로 연결 및 현대화 사업 착공식 현장도 보도를 통해 접했을 거예요.

현재 경원선은 백마고지역까지 복원되어 DMZ 관광열차도 운행 중입니다. 철원 지역 주민들은 경의선과 동해선이 연결된 것처럼 경원선과 금강산선 철도도 복원되어 연결되기를 기대하고 있답니다. 노동당사 앞은 민통선이 북상하면서 예전처럼 사람들이 모이고 있어요. 철원읍으로 가는 길을 막고 있는 군 통제소와 노동당사 앞 분단의 시간을 기록하는 시계가 분단의 현실이 여전하다는 걸 보여주고 있지만, 이제 한 걸음을 떼었으니 희망을 가져볼 만하죠. 노동당사 앞에선 봄부터 가을까지 토요일마다 DMZ 마켓이 열려요. 그 옛날 장터에 사람들이 모여 서로의 안부를 묻고 정보와 물건을 나누듯, 토요일이면 철원에서 생산한 농·특산물을 판매하러 나온 철원 주민들과 장을 보러 온 사람들이 흥정도 하고 사는 얘기도 나누며 함께 어우러지고 있죠. 언젠가 DMZ 마켓으로 북한의 주민들이 경원선, 금강산선 열차를 타고 장 보러 오는 그야말로 '드라마틱한' 날을 고대해봅니다. '드라마틱 철원'은 철원군의 브랜드 슬로건이기도 하니까요.

철원은 통일을 대비한 평화 도시, 무공해 첨단 산업 도시, 역사문화 관광도시, 청정자연 생태도시를 지향하는데 철원의 심벌마크는 이런 점을 잘 표현하고 있어요. 심벌마크의 연두색은 강원도와 철원의 청정한 자연환경을, 빨강은 철새도

철원의 심벌마크
(출처 : 철원시청)

래지로서 각광받고 있는 철원을, 노랑은 청정한 환경에서 풍요롭게 익은 철원 오대쌀을 상징합니다. 파란색 바탕에 흰색 한반도 지도가 있는 건 통일한국의 중심 도시 철원을 상징한 거죠. 경위도 상의 한반도 중심은 강원도 양구이지만, 동서를 가로지르는 휴전선의 중앙에 철원의 태풍전망대가 자리하고 있어 철원의 상징적 중심성은 더 큰 것 같아요.

2018년 제3차 남북정상회담 이후 한반도에는 평화와 통일에 대한 기대감이 커지고 있는데, 아마도 그 기대감이 가장 큰 곳 중 하나가 철원일 거예요. 철원의 심벌마크 아래 적힌 'Dream for unity'에서는 통일에 대한 철원의 바람이 느껴져요. 현재 철원은 분단의 중심지이지만 통일 이후에는 평화의 중심지, 생태도시로 발돋움하려고 휴전선 너머 북한 평강군의 DMZ까지 포함하는 평화공원 설립도 구상 중이랍니다.

철원의 생태적 가치를 보여주는 곳은 누가 뭐래도 비무장지대라고 할 수 있습니다. 특히 비무장지대 내에 만들어진 생태평화공원은 세계적으로도 그 가치를 인정받는 곳이죠. 그곳에 위치한 용양보는 더욱 그런 공간입니다. 비무장지대에 인접한 용양보는 농업용 저수지로 만들어진 곳으로 용양보의 수문은 과거 금강산으로 가던 철교의 교각을 활용했어요. 용양보에 서면 철책선과 DMZ로 드나드는 통문, 남방한계선을 지키는 초소도 가까이 볼 수 있답니다.

용양보 습지에는 1970년대 군인들이 사용했던 낡은 나무다리의 형체만 남아 민물 가마우지의 쉼터가 되고 있어요. 군인들이 사용하던 다리를 이제는 새들이 사용하는 셈이죠. 용양보를 포함한 이곳의 여러 저수지는 생창리와 주변 논에 관개용수를 공급해요. 겨울에는 철새가, 여름에는 사람들이 저수지를 함께 이용하며 삶을 이어가는 거죠.

용양보

금강산선 철교를 수문으로 활용한 모습

생태계의 보고로 알려진 DMZ보다는 여기에 인접한 민간인 통제구역이 생태계는 더 잘 보존되어 있다고 해요. DMZ는 수풀이 우거지면 시야 확보를 위해 풀과 나무를 베거든요. 또 군사 목적 또는 자연적인 이유로 산불도 주기적으로 일어납니다. 산불은 산림을 훼손시키기도 하지만 한편으로는 초본 식물들의 성장을 촉진시켜 더 많은 초식동물이 살아갈 수 있는 서식처를 만들어주기도 합니다.

DMZ 일원에는 멸종위기 야생동식물과 고유의 식물종이 자라고 있지만, 귀화식물들 또한 함께 번성하고 있어요. 이들 외래종은 전쟁 당시 미군 군수품에 의해 우리나라에 전해진 것으로 추정되죠. 이처럼 DMZ 일원은 다른 곳에서 보기 힘든 독특한 자연생태계를 지니고 있어, 전쟁 이후 자연생태계의 변화 과정을 잘 보여주고 있답니다.

DMZ가 주기적인 화재로 인간의 간섭 아래 유지되는 생태계를 보여주는데 비해 민간인 통제구역은 사람의 간섭이 거의 없어 자연에 가까운 생태계가 유지되는 곳이에요. 비무장지대에 가까이 위치한 생창리 생태평화공원의 탐방로 역시 인간의 간섭이 거의 없어 생태계가 자연 상태에 가깝다고 합니다. 탐방로는 남방한계선 인접 지역으로 생태 탐방 시 정해진 통로를 제외한 곳은 지뢰 표시와 더불어 철조망이 설치되어 있어 사람의 출입이 자유롭지 않죠. 하지만 용양보를 비롯한 저수지는 겨울이면 많은 철새가 찾아오는 자연 생태 습지랍니다. DMZ 일원의 습지 생태계는 과거 농경지나 저지대였던 곳이 어떻게 습지로 발전했는지를 잘 보여주고 있어요. 비무장지대 내 논이 많았던 철원에서는 습지 생태계가 다양하게 나타나고 있어서 생태적 가치가 높답니다.

2018년 겨울, 우리는 남북이 비무장지대 내의 GP(감시초소)를 시범 철거하고 이를 검증하기 위해 남북 군 관계자가 군사분계선을 오가는 장면을 뉴스로 접할 수 있었습니다. 이제 동물도 사람도 아무 장벽 없이 오가는 '드라마틱'한 날이 우리 앞에 와 있음을 실감할 수 있었어요. 이미 철원의 자연과 사람이 하나가 된 것처럼 남과 북의 사람들도 하나가 되는 그날이 다가오고 있음을…….

CITY
삼척

추암해변
(시스택)

죽서루

삼척항

용화마을
(해양 레일바이크)

대이리 동굴지대
(환선굴·대금굴)

장호항

신남항
(해신당공원)

하이원추추파크

임원항
(수로부인헌화공원)

신리 너와마을

통리협곡
(미인폭포)

삼척동자도 아는 고장, 삼척

삼척동자, 이웃삼척, 삼척오이, 오비삼척, 삼척검…… 살면서 한 번쯤은 이런 말 들어보셨죠? 이 같은 말들이 강원도 삼척시에서 유래된 듯싶지만 전혀 아니랍니다. 여기서 삼척(三尺)은 옛날 길이를 재는 도량형의 단위로, 1척이 약 22센티미터니까 66센티미터 정도를 일컫는다고 보면 되겠네요. 삼척동자는 삼척시의 마스코트로 쓰이기도 하지만 어린아이를 의미하고, 이웃삼척은 이웃사촌을, 삼척오이는 매우 긴 오이 품종을 가리키는 말입니다. 오비삼척은 내 콧물이 길게 흘러 내렸는데 누굴 비웃느냐는 의미이고, 삼척검은 긴 칼을 뜻하죠. 이렇듯 삼척이란 단어는 우리 주변에서 자주 들을 수 있는 중의적 표현이랍니다.

삼척동자가 삼척의 마스코트로 쓰이는 이유는, 삼척이 그만큼 우리와 가까이 있는 친근한 도시라는 점을 부각하기 위해서가 아닐까 싶습니다. 그럼 우리나라 지도에서 삼척을 찾아볼까요? 삼척은 강원도에서는 가장 동쪽이자 남쪽에 있고, 한반도의 허리 정도에 위치하고 있습니다. 지형으로 보면 태백산맥과 소백산맥이 만나 복잡한 산지를 이루는 곳에 삼척이 위치하는 셈이죠. 험준한 산지가 막고 있어서 예전에는 교통이 불편했지만 지금은 고속도로와 철도가 발달되어 있어 생각보다 쉽게 접근할 수 있답니다.

험준한 지형과 동해 바다가 만들어준 지형 조건 때문에 자연의 보석들을 삼척 곳곳에서 찾아볼 수 있어요. 강릉, 속초와 같은 강원도 바닷가 도시라고 생각할 수도 있지만, 삼척만이 가지고 있는 자연의 매력을 찾아 많은 사람들이 이곳을 여행하고 있죠. 특히 2017년 동해고속도로가 삼척까지 연장되면서 많은 여행자들이 보다 쉽게 삼척의 자연을 만끽하고 있답니다. 그럼, 삼척 동자도 아는 삼척으로 함께 떠나볼까요?

삼척의 젊은 지형을 찾아서

앞에서도 얘기했지만, 삼척은 한반도 등줄기의 중앙에 위치하고 태백산맥과 소백산맥이 만나는 곳에 있어 험준한 산지를 이루는 도시예요. 태백산맥이 높고 험한 산지가 된 것은 지질시대의 시간으로 보면 그리 먼 이야기가 아니랍니다. 우리나라는 정말 오래된 땅인데, 지각변동이 진행되었다가도 시간이 지나면서 평지가 되곤 했어요. 하지만 신생대에 일본열도가 한반도와 멀어지고 동해가 확장됩니다. 이런 작용의 반작용으로 동해안이 밀리면서 낮고 평탄했던 한반도에 동해안을 따라 큰 산맥이 만들어지게 됐죠. 이 산맥이 태백산맥인데, 한반도 지형에 있어서 신생대 제3기는 젊은 지형에 속해요. 젊은 지형들은 험하고 급한 경사가 특징이죠.

산이 높으면 골이 깊은데, 삼척시 중심에 흐르는 오십천은 깊은 골짜기로 유명해요. 미국 그랜드캐니언의 한 부분을 옮겨와 나무를 심으면 오십천의 모습과 비슷할지도 모르겠어요. 깊은 골짜기는 하구에 넓은 평지를 만들지 못하고 바다까지 깊은 골짜기로 굽이굽이 흘러갑니다. 오십천의 마지막 굽이치는 물길과 동해가 만나는 곳에 삼척항이 있습니다. 동해안은 단조로워 항구 발달이 어렵다고 배웠을 거예요. 하지만 삼척은 오십천이 만들어놓은 천혜의 항구 덕분에 일찍부터 동해안의 중심 포구 역할을 해왔답니다. 신라 장군 이사부가 활동했다는 정라진 포구에 가면 이사부 광장이 있고, 여기서 삼척항을 보면 생각보다는 큰 항구를 담은 어촌 마을의 정겨움을 느낄 수 있어요.

산지 사이를 굽이쳐 흐르는 오십천은 풍경도 아름답습니다. 삼척 시내의 오십천변에는 고려시대부터 많은 문인들이 극찬을 아끼지 않은 명소가 있어요. 바로 관동팔경 중에서 제1경으로 꼽히는 죽서루예요. 죽서루는 오십천이 ㄱ자로 굽이쳐 흐르는 지점의 석회암 절벽 위에 있습니다. 석회암 절벽의 윗

죽서루의 측면 모습   죽서루에서 내려다본 오십천과 하안단구

부분 표면은 석회암에 새겨진 절리를 따라 레고처럼 울퉁불퉁한데, 그런 바위의 모양에 맞추어 죽서루의 기둥을 세운 점이 특징이랍니다. 죽서루에 올라 아래를 내려다보면 굽어 흐르는 오십천과 그 옆의 완만한 하안단구, 그리고 저 멀리 높은 산지까지 어우러져 아름다운 풍경을 자아내요. 그 풍경에 반한 많은 문인들이 시를 쓰기도 하고 현판에 글을 남기기도 했죠. 죽서루와 관련된 첫 기록은 고려 명종 때의 문인 김극기가 쓴 시라고 하니, 12세기에 이미 죽서루가 사람들에게 알려졌던 거예요. 또한 송강 정철이《관동별곡》에 나와 있듯 임금을 향한 마음을 담아 그림을 그리고 노래했던 곳이 바로 죽서루랍니다.

오십천을 따라 상류로 오르다 보면 그랜드캐니언에 견줄 만한 깊고 웅장한 통리협곡을 만나게 됩니다. 통리협곡의 백미는 협곡 안에 있는 미인폭포예요. 미인폭포는 떨어지는 물이 포말을 이루면서 아래로 갈수록 넓게 퍼지는데, 이 모습이 마치 여인의 치마폭을 연상시켜서 붙은 이름이죠. 폭포는 보통 경사가 급변하는 단층선 같은 곳에서 만들어지는데 미인폭포는 생성 원인도 독특하답니다. 동해안으로 흐르는 오십천이 급경사이기 때문에 아래로 깎아 들어가는 하방침식의 힘이 강한 나머지 태백산맥을 넘어 낙동강의

미인폭포

미인폭포에서 본 통리협곡(위)
미인폭포 주변의 역암(아래)

상류를 침범하는 일이 벌어졌어요. 이런 현상을 하천쟁탈이라고 합니다. 이처럼 낙동강으로 흘러가던 물길이 갑자기 동해안의 오십천으로 흐르면서 경사가 급변하게 된 것이죠. 하천쟁탈은 자주 일어나는 현상은 아니지만 발생하면 폭포를 만들기도 합니다. 우리나라에서는 오십천의 미인폭포와 남원 지리산국립공원 내의 구룡폭포가 하천쟁탈 과정에서 만들어진 폭포랍니다.

미인폭포 주변 바위들을 자세히 살펴보면 독특하다는 것을 알 수 있어요. 커다란 바위 안에 수많은 자갈들이 박혀 있는 모양을 볼 수 있거든요. 이 바위가 바로 자갈이 퇴적된 역암(礫岩)입니다. 역암들은 미인폭포를

하이원추추파크에서 바라본 통리협곡

둘러싸고 있는 통리협곡의 주된 암석이죠. 역암을 통해서도 통리협곡이 과거 얕은 바다나 호수에서 퇴적된 후 융기되었다는 걸 확인할 수 있답니다. 그리고 미인폭포에서는 뽀얀 푸른 빛깔의 물이 흐르는데, 이건 이 일대의 석회암의 영향이에요. 석회 성분이 있으니까 마시지는 마세요.

● 신리 너와집 ●

삼척시 도계읍의 깊은 산골짜기에 있는 작은 마을 신리. 이곳은 너와집이라는 독특한 전통 가옥으로 유명합니다. 너와는 주변에서 쉽게 구할 수 있는 나무를 널빤지처럼 만들어서 지붕에 얹는 걸 말해요. 가벼운 널빤지로 만든 지붕이 바람에 날아가지 않도록 통나무와 돌을 얹어둔 형태죠. 가옥 내부는 겹집, 즉 밭 전(田) 자형 가옥으로 되어 있어요. 한 지붕 아래에 방, 마루, 부엌, 심지어 외양간까지 田자 배열로 옹기종기 모여 있거든요. 함경도 지역을 비롯해 추운 지방에서 볼 수 있는 민가의 형태로, 남한에서도 강원도 산간의 일부 지역에서 볼 수 있습니다.

이 같은 가옥은 아궁이에서 쓴 열을 최대한 보존할 수 있도록 만든 것이 특징입니다. 남부지방 가옥이 대청마루를 중심으로 여름 중심의 공간 배치라면, 관북지방을 중심으로 한 전(田) 자형 가옥은 추운 겨울을 대비해서 대청마루가 집 안으로 들어와 있는 형태를 띠죠. 이걸 정주간이라고 하고요. 정주간은 부엌과 벽이 없는 온돌 구조랍니다. 아마 이 집에 산다면 겨울에는 식구들이 따뜻한 정주간에 모여 감자를 먹으며 이야기를 나눌 것 같아요.

신리 너와집은 중요민속자료 제33호, 제221호로 지정되어 있는데, 두 집 모두 비어 있어요. 대신 실제 이용 중인 너와집을 신리 너와마을에서 만날 수 있으니 실망하기엔 일러요. 그리고 가까운 대이리 동굴지대에서도 너와집을 볼 수 있답니다.

급경사를 극복하려는 철도의 노력

새해 첫 해돋이를 보는 명소로 강릉시 정동진이 많이 알려져 있죠. 바다에서 가장 가까운 역으로도 유명한 정동진역을 열차로 가려면 영동선 무궁화호 열차를 타야 해요. 불과 몇 해 전만 하더라도 영동선 무궁화호 열차를 타고 가다 보면 열차가 갑자기 뒤로 가는 구간이 있었어요. 이번엔 그 뒤로 가는 구간에 대해서 이야기해보려고 합니다. 그게 바로 삼척 도계읍에 있었거든요. 험한 지형이 교통에 어떤 영향을 주었는지를 확인할 수 있는 기회가 될 것 같아서요.

영동선 철도는 경상북도 영주에서 강원도 강릉까지 연결된 철도입니다. 영동선은 태백산맥을 넘어가는 철도라서 높은 산지와 급경사를 많이 만나죠. 그중에서 가장 중요한 구간이 태백시 통리와 삼척시 도계읍을 연결하는 구간이에요. 높은 산지 위에 있는 통리에서 오십천 상류에 위치한 도계까지는 약 400미터의 고도 차이가 있거든

요. 철도는 쇠바퀴로 굴러가기 때문에 마찰력이 크지 않아서 고작 30퍼밀(‰, 1‰=0.1%) 정도의 경사도 열차에게는 급경사로 취급되죠. 30퍼밀이라는 것은 수평거리 1,000미터를 갈 때 수직거리 30미터에 해당하는 경사를 말해요. 통리에서 도계까지의 경사는 30퍼밀을 훨씬 넘고요.

통리에서 도계읍 심포리 사이의 철도는 태백에서 묵호항까지 석탄을 실어

하이원추추파크의 인클라인 철도

나르기 위해 1940년대에 건설되었는데, 급경사를 극복하기 위해 인클라인 철도라고도 불리는 강삭철도 방식을 도입했어요. 철도의 레일만으로 충분하지 않을 때, 강철 케이블을 이용해 열차를 끌어올리고 내리는 방식의 철도였죠. 강삭철도가 운영될 때 열차만 케이블에 매달아서 올리거나 내려 보내고, 승객들은 걸어 다녔대요. 통리-심포리를 직선으로 연결했던 이 구간의 거리는 1.1킬로미터 정도였다고 하고요.

강삭철도와 함께 건설되었지만 최근까지 더 오랜 기간 운영했던 건, 유명한 스위치백 철도예요. 스위치백은 2012년까지 운행됐는데 Z자로 지그재그 운행하면서 중간 부분은 후진으로 운행하는 방식을 말합니다. 심포리역보다 고도가 낮은 흥전역과 나한정역 구간을 후진으로 운행했었거든요. 강삭철도와 스위치백 모두 경사를 극복하기 위해 고안된 방법이지만, 잦은 고장과 운행 시간이 오래 걸리는 등의 문제가 있었어요. 이런 문제를 해결하기 위해 고도 차이가 큰 태백시 동백산역-삼척시 도계역 구간에 16.2킬로미터 길이의 터널을 만들었죠. 이 터널이 똬리굴의 형태를 가진 솔안터널이랍니다.

하이원추추파크 스위치백 시설

하이원추추파크

2012년 6월 솔안터널이 개통된 이후 남는 선로와 부지를 활용하여 철도 체험형 리조트인 하이원추추파크가 개장하게 되었죠. 하이원추추파크는 강삭철도가 운영됐던 심포리역 부지에 만들어져, 영동선 철도가 겪어온 역사를 이곳에서 확인해볼 수 있어요. 통리-심포리 구간에 운영됐던 강삭철도(인클라인)가 복원되었고, 하이원추추파크에서 나한정역까지 스위치백 철도를 타볼 수도 있답니다. 이제는 모두 철도의 역사 속으로 묻혔지만, 지형의 제약을 극복하기 위한 노력을 확인할 수 있는 장소인 셈입니다.

신비한 카르스트지형을 만나다

우리나라 지형 중 카르스트(karst)지형이라고 들어보셨죠? 우리나라에서 카르스트지형으로 유명한 곳이 충청북도 단양, 강원도 영월과 정선, 그리고 바로 삼척이에요. 카르스트지형이란 석회암이 탄소를 머금은 지하수에 녹아서 만들어진 지형을 말해요. 석회암은 열대 얕은 바다에서 수만 년 동안 산호가 퇴적되면서 만들어놓은 퇴적암의 일종입니다. 석회암이 높은 열과 압력으로 변성작용을 받으면 대리석이 된답니다. 석회암이 우리나라에 많다는 것은 과거 언젠가 우리나라가 열대의 얕은 바다였다는 증거이기도 합니다. 석회암은 지하수에 약해서 녹기 때문에 지하에 동굴을 많이 만들어요. 동굴이 생기고 그 동굴이 내려앉으면 깔때기 모양의 돌리네가 생깁니다. 하천 주변에 평지가 있다면 돌리네 발달에 유리해요. 평지에 지하수가 오래 머물면서 석회암을 녹이기 때문이죠.

삼척 오십천은 동해안이 융기하기 전엔 평지였으므로 하천 주변 곳곳에 그 평지의 흔적인 하안단구를 만들어놨어요. 오십천 주변 하안단구에 가면

대이리 동굴지대

깔때기 모양의 돌리네를 쉽게 볼 수 있지만 가장 쉽고 뚜렷하게 볼 수 있는 곳이 삼척시 미로면사무소에서 가까운 상거노리 마을이에요. 옛 38번 국도에 있는 상거노교를 건너서 상거노안길을 걸어올라가면 넓은 밭 곳곳이 움푹 들어간 독특한 지형을 볼 수 있답니다. 돌리네가 있는 하안단구는 하천과 가까운 평지지만 논으로는 이용할 수 없고 대부분 밭으로 이용해요. 지표수가 대부분 지하로 빠져버리기 때문이랍니다. 움푹 들어간 밭 한가운데를 보면 물이 빠지는 구멍을 볼 수 있거든요. 이것을 씽크홀이라고 부르죠. 하안단구는 과거 하천 바닥이었다는 증거를 곳곳에서 발견할 수 있는데 바로 둥글둥글한 강자갈이에요. 산중턱에 왜 이리 둥근 돌들이 많을까 싶지만 과거 강바닥과 같은 높이의 평지가 융기했다고 가정하면 쉽게 이해할 수 있겠죠?

죽서루 인근에도 성남동 카르스트라고도 불리는 언덕이 있어요. 그 언덕을 올라가보면 낮고 평탄한 언덕이 연속적으로 나타나요. 이런 모양이 만들

환선굴 입구

어진 것도 돌리네 때문이랍니다. 돌리네가 있는 밭은 대부분 붉은색의 토양
이 나타나는데 이 토양을 테라로사라고 합니다. 장미꽃처럼 붉은 토양이라
는 의미에서 붙여진 이름이죠. 토양층이 깊고 배수가 잘되기 때문에 밭농사
에 유리하답니다. 삼척의 지리적표시제 작물이 알이 굵은 삼척 마늘인데요,
밭농사가 잘되는 테라로사와 관련이 있겠죠. 또한 곳곳에서 라피에라는 바
위를 볼 수 있는데 지하수에 녹지 않고 남은 석회암 바위랍니다.

　카르스트지형이라고 하면 돌리네나 라피에보다 지하의 석회동굴을 먼저 떠
올리는 경우가 많아요. 삼척에서 석회동굴을 만나려면 방문해야 하는 곳이 삼
척시 신기면의 대이리 동굴지대거든요. 대이리 동굴지대는 '동굴의 도시 삼척'을
이야기할 때 언급되는 동굴들을 모두 품고 있는 삼척 동굴의 메카인 셈이죠.

　석회암은 탄산이 풍부한 지하수를 만나면 녹아내리지만 반대로 공기를
만나서 탄산이 날아가버리면 석회 성분은 다시 집적되어 동굴생성물을 만든

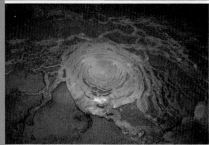

환선굴 내부의 폭포(위)
옥좌대(아래)

답니다. 탄산칼슘이 지하수에 녹으면서 흘러내리다가 동굴 천장에서부터 집적되는 종유석, 반대로 물방울이 떨어지면서 집적되는 석순, 둘이 만나서 만들어놓은 석주와 지하수가 고여 있으면서 가장자리에 침전물을 쌓아놓은 석회화단구까지 참 아기자기하고 다양한 지형이 놀라울 따름이에요.

대이리의 석회동굴 중에서 가장 유명한 것은 환선굴입니다. 총 길이 6.2킬로미터에 개방된 구간이 1.6킬로미터에 달해 세계적으로도 손꼽히는 거대한 동굴이랍니다. 1997년에 개방되었는데, 입구에서부터 한참 땀 흘리면서 올라가야 했어요. 다행히 2010년에 모노레일이 완공되어서 보다 편하게 환선굴에 들어갈 수 있습니다. 헬멧 등 보호장비를 착용해야 하는 동해 천곡동굴이나 단양 고수동굴 등과 달리 환선굴은 입구부터 거대해서 비교가 돼요. 환선굴은 위아래, 좌우로 거닐고 내달려도 될 만큼 몹시 광활하거든요. 지하수가 동굴 안에서 폭포를 만들고 작은 연못을 만들기도 합니다. 규모가 큰 대신 동굴생성물이 많진 않지만, 꼭 봐야 하는 것 한 가지가 있어요. 옥좌대라는 이름을 가진 넓고 납작한 석순이에요. 종유석에서 떨어진 물방울이 석순을 만든다고 좀 전에 얘기했죠? 광활한 환선굴의 경우 물방울이 높은 데서 떨어져 넓게 퍼진 형태로 만들어진 석순이 옥좌랍니다.

대금굴

환선굴 인근에는 대금굴이라는 동굴도 있어요. 대금굴은 2000년대 들어서 발견한 동굴로 2007년에 개방되었습니다. 이곳은 사전 예약을 통해서 모노레일을 타야만 입장할 수 있으니 기억해두세요. 대금굴은 내부에 물이 아주 많이 흐르는 동굴이에요. 동굴에서 흐르는 물소리 때문에 땅이 울리는 느낌을 받을 정도랍니다. 대금굴은 8미터에 달하는 폭포도 볼 수 있고, 종유석이 좌우로 연결되어 펼쳐진 동굴커튼과 같은 독특한 생성물도 볼 수 있는 젊은 동굴이에요.

맑고 투명한 삼척의 바다

이제 삼척의 바다로 향해 볼까요? 많은 사람들이 아름다운 바다 풍경을 찾아 동해안을 방문하죠. 보통 강릉 이북은 사빈해안이 우세하고, 이남은 암석해안이 우세하다고 말해요. 하지만 이를 단순화하여 해석해서 강릉 위쪽은 해변만, 아래쪽은 해안절벽만 생각하는 건 잘못된 생각입니다. 동해안은 어디를 가나 모래사장인 사빈해안과 절벽인 암석해안이 반복되어 나타나요. 대신 강릉 이북은 경포해변을 중심으로 긴 모래사장이 특징이라면, 이남에 있는 삼척은 그런 긴 모래사장보다는 해안절벽과 그 사이사이에 예쁘게 자

덕봉산과 맹방해변

리 잡은 해수욕장이 바닷가 풍경을 지배하고 있죠. 그렇다고 긴 해변이 없다는 건 아니에요. 경포해변처럼 길고 넓은 모래사장으로는 근덕면에 있는 맹방해변, 원평해변이 있어요. 다른 해변들은 절벽들 사이사이의 작은 만에 만들어진, 한눈에 들어오는 규모의 모래사장들이죠. 이 모래사장들은 규모는 작지만 주변 산지와 어우러져 아름다운 풍경을 자아내고 또 주변 마을 사람들의 적극적인 노력에 힘입어 큰 모래사장 못지않은 인기를 얻고 있답니다.

삼척의 여러 어촌마을 중에서 가장 널리 알려진 곳은 근덕면에 위치한 장호항이에요. '한국의 나폴리'라는 별명을 가지고 있는 이곳은 작은 모래사장, 작은 바위섬, 맑고 투명한 바닷물까지 있어서 여행자들의 필수 방문코스로 떠오르고 있어요. 장호마을의 끝부분에 작은 바위섬이 있는데, 육지와 이 바

장호 어촌체험마을

장호 어촌체험마을에서 즐기는
스노클링

위섬 사이의 공간이 특히 바닷물이 맑고 투명한 걸로 유명해요. 게다가 파도도 높지 않고 잔잔해서 안전하죠. 여기에서 장비를 빌려 스노클링을 할 수도 있고, 투명카약을 탈 수도 있어요. 그 밖에도 스쿠버다이빙, 배낚시, 맨손 어패류 잡기 등의 체험활동이 활발하게 이루어지고 있습니다. 그런 노력의 결과 장호항은 2001년에 어촌체험마을로 지정되었고, 2007년 어촌체험마을 선정대회에서 최고상을 수상했어요. 2017년에는 삼척해상케이블카가 장호마을 앞바다를 가로질러 반대편 용화마을까지 운행되고 있어서 장호마을의 아름다운 풍경을 케이블카에서 감상할 수도 있답니다.

장호마을이 인기를 얻으면서 인근의 다른 마을도 방문객이 증가하고 활성화되고 있어요. 대표적인 곳이 장호마을 바로 옆에 있는 용화마을이에요. 앞서 이야기한 작고 예쁜 모래사장을 가지고 있는 어촌마을인데, 장호항과 함께 성장한 마을이면서 삼척 해양 레일바이크를 보유한 마을이기도 하죠. 삼척 해양 레일바이크는 5.4킬로미터 구간으로 한 시간가량이 소요돼요. 레일바이크를 타고 가면서 소나무숲을 감상하고 맑고 푸른 바다를 볼 수 있는데다

용화마을

삼척 해양 레일바이크

경사도 완만해서 체험활동으로 인기가 높답니다.

레일바이크와 케이블카는 각각 정선과 통영에서 인기를 얻은 후 전국 지자체에서 도입하려고 하고 있는데, 곳에 따라서는 진통을 겪고 있다고 합니다. 삼척은 비교적 일찍 도입하기도 했고, 입지 조건 덕분에 논란이 적어서 좋은 사례로 꼽히죠. 레일바이크는 일제강점기에 공사하던 선로 부지를 활용했고, 케이블카는 874미터 거리의 주탑을 제외하면 바다에 어떤 구조물도 설치하지 않아 환경 논란에서 벗어났어요.

삼척시와 동해시가 만나는 곳에 추암해변이 있는데 이곳에는 해안지형 중 시스텍으로 알려진 촛대바위가 있습니다. 촛대바위와 함께 떠오르는 일출은 많은 사진작가를 불러 모으는 역할을 하죠. 추암해변 역시 바다까지 뻗은 석회암으로 이루어져 있어요. 앞서 이야기했던 삼척의 카르스트지형과 연결되어 있는 곳으로 약한 곳은 파도에 깎이고 강한 부분만 남아 있는 거예요.

바다, 신화의 공간

바다를 품고 살아야 하는 사람들에게 있어 바다는 풍요를 주는 생활의 기반이기도 하지만, 폭풍우 등 안전을 보장할 수 없는 두려움의 대상이기도 합니다. 그래서 옛날부터 바닷가에는 어부의 풍요와 안전을 비는 전설과 신화가 많이 전해 내려오고 있어요. 바닷가에 있는 독특한 바위들은 대부분 특이한 전설을 안고 있기도 해요. 물론 삼척의 바다에서도 그런 전설과 신화가 내

<table>
<tr><td>추암 촛대바위</td><td>추암 촛대바위 옆의 석회암 바위들</td></tr>
</table>

려오고 있죠. 특히 삼척의 바다에서 신화를 이야기하는 건, 유독 삼척에 신화
를 주제로 한 공원들이 많이 조성되어 있기 때문입니다.

　장호항 너머 삼척시의 가장 남쪽에 위치한 원덕읍의 신남항 인근에는 해
신당공원이 있어요. 이곳은 남근숭배민속이 내려오고 있는 걸로 유명하답니
다. 남근숭배의 배경이 된 애바위 전설은 결혼을 약속했던 처녀 애랑이 바위
에서 해초 작업을 하다가 파도에 휩쓸려 죽게 된 이후 처녀의 원혼을 달래고

자 남근을 조각하여 바쳤다는 이야기예요. 해
신당공원을 조성하면서 남근조각을 전시하고
있어요. 잘 조각된 남근들로도 충분히 흥미롭
지만, 바다라는 존재가 지역 사람들에게 어떤
의미를 주고 있는지 신화를 통해 생각해보는
기회가 되어준답니다.

　신남항에서 해안절벽 하나를 넘으면 임원항
이 나옵니다. 임원항 인근의 높은 언덕에는 수로
부인헌화공원이 있어요. 이곳은 신라 순정공의

해신당공원 남근조각　부인인 수로부인과 관련된 설화를 테마로 한 공

수로부인헌화공원

원입니다. 수로부인은 상당한 미인이었다고 해요. 순정공이 강릉태수로 부임하는 도중에 일어난 두 사건과 관련한 신라 향가가 전해오고 있답니다. 그중 〈헌화가 설화〉는 수로부인이 절벽 위의 꽃을 보고 꺾어달라고 하자 늙은 노인이 꽃을 꺾어 바치면서 헌화가를 불렀다는 이야기예요. 또 하나는 〈해가사 설화〉인데, 바다의 용이 수로부인을 납치하자 한 노인이 백성을 모아 언덕을 두드리며 노래를 부르면 부인을 되찾을 수 있을 거라고 말해요. 그러자 순정공이 백성을 모아 노래를 불렀는데 그 노래가 〈해가사〉라는 이야기랍니다. 지금의 수로부인헌화공원은 동해 바다를 시원하게 조망할 수 있는 곳에 수로부인과 관련한 조각을 배치해두고 있어요. 해신당공원이나 수로부인헌화공원 모두 해안절벽 위 전망이 좋은 곳에 위치하기 때문에 날씨가 좋으면 일출을 감상하기에 안성맞춤인 곳이죠.

삼척의 새로운 동력을 찾아서

최근 미디어를 통해 '지방소멸위험'이라는 키워드가 확산되고 있습니다. 통계적인 계산을 위해 소멸위험지수를 가지고 나타내기도 하는데, 이 소멸위험지수는 20~39세 가임 여성의 수를 65세 이상 노인 수로 나눈 값이에요. 시군 단위에서 소멸될 위험이 높은 곳들이 전국적으로 많이 있어요. 지금껏 우리가 둘러본 삼척시 역시 소멸위험을 가지고 있죠. 동해와 태백시로 분리되긴 했지만, 한때(1979년 12월) 삼척은 인구 30만이 넘어 전국에서 인구가 가

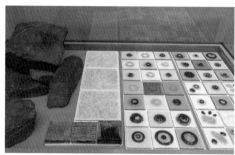

블랙 다이아몬드와 유리 제품　　　　　도계 유리나라에 전시된 작품

장 많은 군(郡)일 때도 있었어요. 하지만 지금 삼척은 시내 인구가 4만이 안 되며, 신기면 등 일부 면의 인구는 1천 명도 채 되지 않는답니다. 삼척이 소멸위험에 처한 큰 이유는 석탄산업의 쇠퇴에 있다고 설명해왔어요. 또한 어촌 마을의 소멸위험을 지적한 연구도 있는데, 수산물 어획량의 감소가 원인으로 지목되기도 해요. 그 결과 삼척의 인구가 지속적으로 감소하고 있어 안타깝습니다.

　삼척의 주요 산업이었던 석탄산업은 1988년 경쟁력을 잃은 탄광을 정리하는 석탄산업합리화정책 이후 급격하게 감소합니다. 한때 4만 명에 육박했던 도계의 인구 역시 지속적으로 감소하고 있죠. 그렇게 도계읍의 운명이 끝났다고 생각했지만, 뜻밖에도 유리에서 돌파구를 찾았어요. 2018년 도계에 개장한 도계 유리나라는 그런 노력을 볼 수 있는 장소예요. 유리의 정체는 석탄 채굴의 부산물에서 만들어진 것이거든요. 폐경석(사암, 셰일 등)에서 규사를 채취하면 블랙 다이아몬드가 나오는데, 이걸 가공하면 유리 제품을 만들 수 있답니다. 블랙 다이아몬드에서 유리를 만들면 유리에 검은색이 배어 있어요. 유리나라에 가보면 유리를 가공한 다양한 작품을 만날 수 있는데, 그중에서도 인상적이었던 건 사진 속 작품이었어요. 석탄을 실어 날랐던 열차에 실

삼척 시내의 삼표시멘트 공장

린 유리 꽃들로부터 다시 도약하려는 도계의 모습이 연상되지 않나요?

삼척 시내로 들어가 오십천 남쪽으로 보면 거대한 시멘트 공장이 있어요. 성남동 카르스트 지형의 절벽을 병풍 삼아 서 있는데, 삼척이 석회암 분포 지역의 중심이라는 것을 상징적으로 보여줍니다. 국내에서 손꼽히는 시멘트 공장이라 삼척 경제에 큰 도움을 주고 있죠. 누가 시멘트 공장 아니랄까봐 외관이 삭막해 보이죠? 하지만 오십천 건너편에서 삼척장미축제가 열리면 장미꽃 저 멀리 시멘트 공장이 보이는 묘한 풍경이 연출되기도 한답니다. 대부분의 지하자원이 부족한 우리나라에서 시멘트의 원료인 석회암은 유일하게 충분한 매장량을 자랑하는 천연자원이지요. 그러니까 시멘트 산업은 삼척의 현재이자 미래이기도 한 거예요.

삼척시 남쪽 끝 원덕읍에는 석탄화력발전소와 액화천연가스(LNG) 생산기지가 있습니다. 화력발전소와 LNG 생산기지의 입지 덕분에 일자리가 창출되고 강원 영동지방에 도시가스가 공급되는 등 긍정적인 측면이 있는 게 사실이에요. 하지만 LNG 생산기지의 건설과 함께 안타까운 장면도 만들어졌는데, 바로 앞 가곡천에 있는 솔섬이 그 주인공이랍니다. 솔섬은 가곡천이 바다와 만나는 곳에 만들어진 작은 모래섬이에요. 소나무들이 신비로운 풍경을 자아내는 아름다운 섬이죠. 사진작가 마이클 케나와 대한항공의 법적 분쟁 때문에 유명세를 치르기도 했어요. 하지만 LNG 생산기지가 건설되면서 솔섬의 아름다운 모습은 더 이상 볼 수 없게 되었답니다.

삼척은 인구가 많지 않고 대도시와 거리가 멀다는 점 때문에 제조업을 유치하는 데 한계가 있어요. 따라서 삼척의 미래를 제조업에서 찾기란 어려워졌죠. 대신 삼척은 뒤늦게나마 자연이 준 관광산업에 집중하

호산LNG 생산기지와 솔섬

고 있답니다. 앞서 소개해드린 여러 관광지를 연계하고, 장호마을 같은 어촌체험마을에 다양한 체험활동 및 시설을 확충했습니다. 그 결과 2016년 기준으로 관광객이 장호마을 73만 명, 용화마을 39만 명에 달할 정도로 좋은 성과를 거두었어요. 복잡한 생활에 지친 도시인들에게 삼척이 힐링할 수 있는 휴양지로 각광받게 된 거죠. 침체 위기에 있던 삼척의 돌파구는 바로 자연일 거예요. 보석 같은 자연을 최대한 그대로 보존해 많은 사람들이 여유와 힐링을 삼척에서 찾았으면 좋겠어요. 여러분도 아름다운 삼척을 찾아 자연을 느껴보세요.

4부

충청도

CITY

청주

흥덕사지
정북동 토성
옛 연초제조장
초정약수원탕
상당산성
부모산성
수동 성공회성당
청주향고
충북도청·
충북문화관
청주방공권
용두사지
철당간
가로수길
원흥이두꺼비마을
탑동양란
문의문화재단지
청남대
대청댐

직지의 고장, 청주

    학창 시절 충청북도 도청소재지를 암기할 때 청주와 충주를 헷갈려 한 경험들 있으시죠? 수업 시간에 선생님께서 술 이름, 청주로 기억하라고 하셔서 그 이후로는 한 번도 헷갈리지 않았던 기억이 있어요. 충청도라는 지명은 충주와 청주의 앞 글자를 따서 유래되었어요. 청주는 충청북도 제1의 행정, 교육, 문화의 중심도시입니다. 충주, 청주, 경주, 상주 그리고 전주, 나주…… 이 지역들의 공통점은 무엇일까요? 바로 강을 끼고 있다는 거예요. 옛 농경사회에서는 농사를 짓는 하천 옆에 마을이 형성되었죠. 이렇게 강이 자연스러운 경계가 되어 각각의 섬은 고을이 되었습니다. 그래서 주(州) 자는 마을 혹은 고을이라는 의미를 갖는 거지요. 청주에는 금강의 지류인 미호천과 무심천이 흐릅니다. 특히 시내를 유유히 지나는 무심천은 청주를 동과 서로 가르며 남에서 북으로 흘러 미호천으로 합류하죠. 무심천 동쪽에는 우뚝 선 우암산

이, 남서쪽으로는 낮은 부모산이 둘러싸고 있어 전형적인 분지 지형을 이룹니다. 이제부터 물이 맑은 고장, 청주에 대해 알아보기로 해요.

직지를 인쇄한 흥덕사를 찾아라

청주에 놀러 와서 동네를 한 바퀴 돌면 '직지' 혹은 'JIKJI'라는 글자가 박힌 가로수나 가로등, 횡단보도 보호석, 버스 정류장, 상점 간판 등을 흔히 볼 수 있습니다. 청주는 수천 년에 걸친 우리 민족의 역사와 전통, 문화가 살아 숨 쉬는 직지의 고장이거든요.

충북 지역은 남한강과 금강이 형성한 문화권이며, 남방 및 북방문화가 교차하는 지역이에요. 우리 조상들의 전통적인 산맥 인식 체계도를 '산경도'라고 하는데, 이 백두대간에서 뻗어 나온 한남금북정맥을 분수계로 북으로는 충주를 중심으로 한 남한강 중심의 중원문화권, 남으로는 청주를 중심으로 한 금강 중심의 서원문화권으로 구분됩니다. 이러한 문화권 설정은 통일신라가 전국에 9주 5소경을 두면서 충주에 중원소경, 청주에 서원소경을 둔 것

직지의 고장

에서 기원해요. 5소경은 오늘날 광역시에 해당하는 지방의 거점 도시랍니다. 그래서 청주에 가면 유치원에서 대학까지 '서원'이라는 이름을 딴 교육기관이 있는 거예요.

오늘날 청주에는 흥덕구라는 행정구역이 있습니다. 직지를 인쇄한 흥덕사라는 절에서 유래한 지명이죠. 이 절은 현재는 존재하지 않고 절터만 남아 있어 아쉽습니다. '직지'의 산실인 흥덕사는 통일신라시대의 사찰인데, 우연히 아파트 공사를 하다가 '흥덕사'라고 새겨진 쇠북이 발견되었다고 해요. 사적으로 지정된 흥덕사지는 최근에 절의 옛터를 일부 정비했답니다.

고려시대 흥덕사에서 간행된《직지》는 현존하는 세계에서 가장 오래된 금속활자본으로서 유네스코에 세계기록유산으로 등재되어 있어요. 이 금속활자를 이용해 인쇄한 책의 정식 명칭이 '백운화상초록불조직지심체요절'인데, '직지심체요절', '직지심체', '직지' 등으로 줄여서 부릅니다. 1972년, 프랑스 파리에서 열린 〈BOOKS〉 특별전에서, 박병선 박사의 노력으로 세상에 알려지게 되었어요. 독일의 구텐베르크의 42행 성서보다 78년이나 앞서 주조되고 인쇄되었다고 해요. 《직지》는 본래 상·하 두 권으로 인쇄되었으나 상

고인쇄전문박물관

225

권은 아직까지 발견되지 않았고, 하권만 프랑스 국립도서관에 소장되어 있어요. 이를 기념하고 연구·보존하기 위하여 흥덕사지에 건립된 고인쇄전문박물관에는 글자 하나마다 금속활자본을 밀랍으로 본을 뜨고 철물을 붓는 과정이 상세하게 안내되어 있답니다. 목판본인 팔만대장경의 경우 8만 개의 목판이 있어야 하는 데 반해, 금속활자는 한 글자, 한 글자를 틀에 끼워 조합해 대량 인쇄가 가능하다는 걸 알 수 있죠. 이 밖에도 이 박물관에는 고서, 인쇄기구, 흥덕사지 출토유물 등 3천여 점의 유물이 소장되어 있어 목판인쇄에서 금속활자에 이르는 우리나라의 인쇄 발달 과정을 한눈에 볼 수 있습니다.

이렇게 청주에서 철을 이용한 문화가 발달할 수 있었던 건 북쪽에 위치한 진천이 철의 주된 생산지였기 때문이에요. 진천과 청주가 지리적으로 가깝거든요. 초기 백제도 이곳에서 철을 생산해 근처 금강의 지류인 미호천의 수운(水運)을 이용하여 운반했다고 해요. 운반된 철은 청주의 흥덕사지 절터의 철불의 나발(부처님 머리카락), 금속활자, 철당간 등에 공급되었죠.

이처럼 금속활자본《직지》는 이제 청주를 상징하는 지역 브랜드가 되었답니다. 우리나라뿐만 아니라 세계적으로 가장 오래된 귀중한 문화유산이라는 점에서 그 가치가 높이 평가되고 있지요.

한강 이남의 큰 고을, 청주읍성

서울 강남역 근처의 뉴욕제과, 대구백화점의 남문, 전주의 객사, 광주 충장로의 우체국, 청주의 철당간…… 이들의 공통점은 무엇일까요? 바로 과거 휴대폰이 없던 시절, 추억의 약속 장소들이랍니다. 읍성길 도보여행의 첫 출발점은 시내 중심가에 있는 용두사지 철당간입니다. 원도심에 가면 성안

길이라고 불리는 번화가의 중심에 철당간이 자리 잡고 있어요. 청주의 지형이 배 모양으로 되어 있어 철당간을 돛대로 삼아 세우고 주성(舟城)으로 불렀다는 이야기가 전해지고 있죠. 조선 후기에 제작된 청주읍성도(전남 구례 운조루 소장본)에서도 철당간이 지도의 중심에 그려져 있답니다. 길을 걷다 보면 청주읍성도가 길 바닥에 동판으로 새겨져 있어 청주읍성 걷기의 즐거움이 커진다고 할까요. 역사적 유적지의 지점(SPOT)마다 동판이 박혀 있어 잠시나마 옛 사람이 되는 상상을 하게 돼요. 철당간은 사찰에서 기도나 법회 등 의식이 있을 때 깃발을 달아두는 기둥으로, 옛날에는 절간 앞에 부처님의 공덕을 기리는 뜻으로 부처님이 그려진 깃발을 걸어두었어요. 현재 용두사는 남아 있

용두사지 철당간

지 않고 철당간만 남아 있습니다. 용두사지 철당간은 고려 호족들이 세운 것으로 건립 조성에 대한 기록이 양각으로 새겨져 있어요. 현재 지름 39~46센티미터, 높이 65센티미터 정도의 철통이 총 20단으로 남아 있답니다. 원래는 원통이 30단으로 조성됐으나 전쟁 등으로 소실되었죠.

철당간에서 성안길을 따라 남쪽으로 내려오면 정문인 남문(청남문)이 나와요. 남문에서 서문(청추문)으로 돌아오는 길에 한복 거리가 있습니다. 이 근처에는 한복가게뿐만 아니라 웨딩숍, 사진관, 보석가게 등 결혼 준비를 위한 모든 상점이 모여 있어요. 여러 종류의 업종 또는 같은 업종이 한 지역에 집중되어 있을 경

한복 거리

우, 분산되어 흩어져 있을 때보다 많은 혜택을 누릴 수 있는데 이를 '집적 이익' 또는 '집적 경제'라고 해요. 노동력과 원료 공급이 쉽고, 원료 및 제품의 수송비 절감의 효과가 있죠. 그리고 전문적인 상권을 형성하여 소비자 구매를 촉진할 수 있고, 업종에 필요한 서비스를 저렴하게 공급받을 수 있고요.

자, 이번엔 서문 바깥으로 걸어가볼까요? 이곳엔 무심천이라는 금강의 지류가 흐르는데 봄철 벚꽃길이 무척 아름답습니다.

성벽 옆 중앙공원에서는 충청병마절도사 영문, 공민왕이 직접 과거 시험을 치른 망선루, 압각수, 척화비, 이율곡의 향약 비석 등을 볼 수 있습니다. 청주성 탈환은 임진왜란 때 민관 연합군이 육지전에서 처음으로 승리한 것이라 의미가 커요. 이는 한양 도성으로 진입하기 위한 중요한 교통의 요지를 수비했다는 데 의의가 있죠. 그래서 매년 9월, 읍성을 탈환한 정신과 의미를 계

무심천

청주읍성　　　　　　　충청병마절도사 영문

승하는 읍성축제가 열린답니다. 그 후 내륙 수비의 중요성을 깨닫고, 충남 서
산의 해미에 있던 충청병마절도사가 내륙의 청주로 이전을 하게 되죠. 그 밖
에 읍성 안에는 청주목사가 근무하던 청주동헌, 우리은행 앞 우물터, 천주교
순교지가 자리하고 있어요. 성안길을 북문(현무문)에서 동문(벽인문)까지 아우
르면 과거 감옥터였던 자리에 서 있는 대형쇼핑센터가 보이고, 이것을 끝으
로 성곽 한 바퀴를 돈 셈이 됩니다.

　동문(벽인문) 건너 충북도청 뒤편 우암산 자락에는 조선시대 공립 중등학교
인 청주향교가 자리하고 있습니다. 향교 가는 길에는 세종이 병 치료차 초정에
행차했을 때 청주향교에 서책을 하사하는 그림이 벽화로 재연되어 있습니다. 이
처럼 청주향교는 삼남지방에서 가장
큰 향교로 명성이 높았어요.

　향교를 들른 후 근처에 있는 탑동
양관과 수동 성공회성당을 들르면
흥미로운 근대 건축을 구경할 수 있
습니다. 탑동에 있는 양관은 구한말
미국에서 온 개신교 선교사들이 지

망선루

압각수

읍성 내 우물터

청주읍성도

척화비

청주향교

탑동 양관 　　　　　　 수동 성공회성당 내부 모습

은 여섯 채의 건물로, 주로 주거, 학교, 병원으로 이용되었어요. 한·양 절충 식 건물이기 때문에 외벽은 벽돌을 쌓았고, 지붕은 한식 합각지붕의 형태를 하고 있죠. 당시 우리나라에서 제조하지 못한 유리, 스팀보일러, 벽난로, 수세식 변기 등을 수입하여 만들어졌어요. 또한 성공회 수동성 당은 한옥성당의 모습을 하고 있는데, 일제강점기 때 지 어진 것으로 강화도 온수리 성공회성당과 함께 문화융 합의 대표적인 사례로 볼 수 있어요. 성당 건축에서는 조선인 신앙의 정체성을 유지하고, 조선인의 전통문화 를 존중한 모습이 엿보여요. 또한 팔각형 대야 형태의 성 천(세례대) 가운데 그릇을 받치고 있는 기단 양식은 흡사 전통 석등(石燈)처럼 되어 있습니다. 해외에서 문화융합 의 대표적인 사례를 찾아보면, 멕시코의 과달루페 성당 과 에티오피아의 악숨 성당을 들 수 있어요. 이곳들의 성모마리아상은 현지인의 피부색을 띠고 있죠.

수동 성공회성당 세례대

청주에는 미국 샤스타, 영국 나포리나스와 함께 세계 3대 광천수로 인정받는 '초정약수'가 유명합니다. 초정약수 상징탑에는 약수로 눈을 씻는 세종상이 조각되어 있답니다. 초정광천수는 약 600년 전에 발견되었어요. 지하 100미터의 석회암층에서 솟는 광천수는 탄산 약수로 물속에 다양한 천연광물질을 포함하고 있는데, 미국식품의약청에서도 공인한 세계적인 물이랍니다. 초정약수는 냉천수로서 물속 천연광물질이

노쇠한 세포를 자극해 몸 안의 기능을 활성화시켜요. 눈병과 피부병, 고혈압에 효험이 높아서 세종대왕도 머물면서 치료받은 역사적인 곳이랍니다. 세종 26년 초정에 행궁을 짓고 머무르면서 눈병을 고친 것으로《세종실록》에 기록되어 있거든요. 일제강점기부터 일본인이 상품화하기 시작하여, 현재는 초정 천연탄산수공장에서 초정약수와 일화맥콜, 생수 등을 생산하고 있습니다. 초정약수를 이용한 목욕시설이 여러 곳 개장하면서 사람들의 발길이 끊이지 않고 있답니다.

가장 늦게 출범한 도농 통합도시

지방선거 때만 되면 충북도청 청사를 지금의 청주에서 충주로 이전하겠다는 공약이 단골 메뉴로 등장하나 봐요. 2000년대 이후 전남, 충남, 경북이 도청을 이전한 것처럼 말이죠. 1908년 청주로 이전하기 전까지 지금의 도청에 해당하는 관찰부는 충주에 있었어요. 충청북도 관찰부를 충주에서 청주로 옮긴 데는 충주 관찰부 일본인 서기관 가미타니 다카오가 통감부 내무차관에게 보낸 의견서가 계기가 되었습니다. 가미타니는 인근 조치원에 경부

충북도청　　　　　　　　　　충북문화관(구 도지사 관사터)

선 철도를 개통하면서 청주가 정치·경제의 중심지로서 가장 적당한 곳이
고, 주변이 산악으로 둘러싸인 충주가 반란군의 근거지가 됐던 점 등을 들어
도청 이전을 제안했던 거예요. 이렇게 통일신라시대 중원경으로 불리며 한
반도 내륙의 중심지이자 남한강 수운의 요지였던 충주는 도청이 청주로 이
전하면서 쇠락의 길로 접어들었어요. 가깝게는 충북지역 도시와 멀게는 경
기 남부, 강원 남부 도시의 생활권이 이탈하면서 충주는 지방의 평범한 중소
도시로 변화하고 말았던 거죠.

　이처럼 교통수단의 변화로 내륙 수운교통의 요지였던 충주는 쇠퇴하고,
평야지대인 청주는 철도, 도로교통의 요지로 계속 성장하게 되었죠. 중앙고
속도로나 중부내륙고속도로가 건설되기 전까지는 청주를 통하는 경부고속
도로와 중부고속도로가 도내 유일한 경부축 교통망이라는 이유로 충청북도
의 개발 투자가 청주시에 집중되었어요.

　청주가 급성장한 시기는 '충청북도 관찰부'가 충주에서 청주로 이전한
1937년 일제강점기로 거슬러 올라가야 합니다. 당시 청주의 도청 부지는 물

이 솟아 물을 댈 필요가 없었던 무논으로 '잉어배미'라 불리던 곳이었어요. 무논을 메워 도청 부지를 조성하기 위해 청주향교 앞 우암산 자락을 깎아 흙을 퍼 왔는데, 산을 절개한 자리에 도지사 관사를 지었다고 해요. 한식과 일식 건축양식이 혼용된 도지사 관사는 현재 충북문화관과 숲속 갤러리로 시민들의 휴식처가 되고 있죠.

구한말까지의 부(府)는 시가지 지역과 교외(농촌) 지역을 모두 거느리는 행정구역이었어요. 1914년 일제의 행정구역 개편으로 부는 일본인 거주지인 시가지 지역만을 관할하는 행정구역으로 그 성격이 바뀌고, 교외 지역은 군(郡)으로 분리하도록 했죠. 이러한 도농분리 시스템은 해방부터 1994년까지 유지되었습니다. 이에 따라 역사적으로 같은 지역이고 생활권도 같지만, 시가지와 교외로 나뉘어져 생활권과 행정구역이 일치하지 않는 등 광역 행정으로 인한 불편을 겪게 되었죠. 또 군의 독자적 발전 가능성 약화 등의 문제도 있어 1995년 대대적인 행정구역 개편을 통해 대부분 통합되었습니다. 이를 통해 행정구역의 역사적 동질성을 회복하고, 행정구역과 도시권·생활권을 일치시키는 데 기여했답니다. 최근의 통합 사례로는 마산-창원-진해가 창원시가 된 걸 들 수 있어요. 또한 지금도 통합을 원하는 사례로는 동해시-삼척시-태백시(옛 삼척군), 전주시-완주군(옛 전주군), 목포시-무안군-신안군(옛 목포부+무안군) 등이 있고요.

그럼 지금부터 가장 늦게 도농 복합도시가 된 통합 청주시에 대해 알아볼까요? 2014년 7월 1일은 청주시와 청원군이 어렵게 통합된 역사적인 날이에요. 청주시와 청원군의 동상이몽으로 무려 네 차례의 시도 끝에 얻어낸 결과였죠. 4차 청원군의 주민투표에서 높은 찬성률을 얻어 20년 가까이 끌어온 이 지루한 통합 논쟁이 끝났습니다. 통합 청주시는 기존의 두 개 구와 군 단위가 결합되어 네 개 구로 재편되었습니다. 그래서 예전의 가운데 구멍이 뻥 뚫린 도넛 모양에서 네 개의 구가 부채꼴로 나누어진 통합 청주시가 된 거죠.

청주시의 역사에 대해 자세히 살펴볼까요? 조선 후기까지 청주는 청주목과 문의현으로 이루어졌었습니다. 일제강점기에 문의현이 문의군으로 바뀐후 청주군으로 통합되었고, 읍내 시가지는 청주읍으로 분리되었죠. 일제강점기에는 청주시와 청원군은 같은 청주군이었으나, 광복 이후 청주군 청주읍이 청주부(1949년 청주시로 개칭)로 승격되어 분리되고 기존 청주군의 나머지지역은 청원군으로 개칭되었어요. 원래 청주가 청주시와 청원군으로 분리되었던 거예요. 또한 기존 구청을 재사용하게 되어 네 개의 구청이 청주시 기존의 원도심에 몰려 분포한 것이 특징이랍니다. 지방자치제 실시 초기부터 시작된 통합 찬반 논쟁은 양측의 주장이 20여 년간 팽팽했어요. 청원군은 시종일관 통합에 반대해왔는데, 선출직 공직자, 임용직 공무원의 자리가 줄어드는 문제와 주민세의 급상승 때문이었죠. 또한 농어촌 주민에 대한 각종 특혜의 중단, 농촌의 전통문화를 해치게 될 거라는 우려, 도농의 격차와 차별대우가 생길 거라는 의견 등도 한몫했고요. 그러나 민선 5기에 들어서면서 청원군의 오송, 오창 신도시로 유입된 30~50대 층이 자녀교육 문제와 부동산 가격 상승에 대한 기대, 인근 세종시의 성장으로 인한 인구 유출 우려와 지역 주도권을 지키려는 전략 등으로 찬성 의견을 내게 되었답니다.

시민의 품으로 돌아온 대통령 별장, 청남대

'따뜻한 남쪽의 청와대'라는 의미의 대통령 별장 청남대는 우리나라 역대대통령들의 체취가 묻어 있는 곳입니다. 1980년 대청댐 준공식에 참석한 당

청남대 본관(위)
청남대 국화축제(아래)

시 대통령 전두환은 빼어난 주변 환경을 보고 별장을 지었어요. 별장은 대통령들이 편안하게 휴식을 취할 수 있도록 자연과 조화를 이뤄 지어졌어요. 역대 대통령들이 여름휴가와 명절휴가를 보낸 청남대는 철저한 보안 사항이었지만 노무현 대통령의 선거 공약으로 2003년에 시민들에게 개방되었죠. 현재는 대통령 역사문화관, 대통령광장, 대통령길, 대통령기념관 등 대통령을 테마로 꾸며놓은, 외국인 관광객도 많이 찾는 관광 명소가 되었답니다. 최근에는 자연경관 보존 차원에서 사전 예약을 해야만 방문할 수 있습니다. 이곳에서는 봄에는 영춘제, 가을에는 국화축제가 열리니 꼭 한번 들러보세요.

청남대 주변에서 빼놓을 수 없는 관광자원으로 대청댐을 들 수 있어요. 대청댐은 1980년 충청북도 청주시 서원구 현도면 하석리와 대전광역시 대덕구 신탄진동 사이의 금강 본류에 완공된 댐이랍니다. 대전과 청주의 앞 글자를 따서 대청댐이라는 이름이 붙었어요. 댐의 기능은 용수 공급과 홍수 방지, 수력발전이죠. 대청호는 소양호와 충주호와 함께 우리나라 3대 호수 중의 하나예요. 이곳 긴 호수 주변 호반도로는 드라이브 코스로 유명합니다. 그러나 대청호는 매년 녹조 문제로 심각한 고민을 안고 있습니다. 물 흐름의 정체구간이 많고, 상류지역의 다양한 오염원을 제대로 차단하지 못하기 때문이에요.

대청댐

해당 관공서는 해마다 여름철 집중호우 때 충청권 식수원인 대청호에 쌓이는 각종 부유물 쓰레기의 처리를 놓고 골머리를 앓고 있다고 해요. 집중호우 직후 쓰레기가 더 넓은 수역으로 가라앉았거나 퍼지지 않도록 신속하게 그물망으로 모아 퍼 올리거나, 마을 인근에 펜스망을 설치하느라 애를 먹고 있는 거죠.

조선시대에는 오늘날의 군에 해당하는 부목군현(府牧郡縣)이라는 행정구역이 있었다는 이야기, 들어보셨죠? 그때의 청주목과 문의현이 오늘날 청주

문의향교

문의 객사   문의문화재단지

시가 된 거예요. 조선시대 청주와 비슷한 규모의 행정 중심지였던 문의는 금
강 줄기를 따라 번창했던 마을이었습니다. 하지만 지금은 문의현의 대부분
이 수몰되고, 그 일부만 문의면으로 남아 있을 뿐이죠. 문의면 소재지에 가면
문의향교를 볼 수 있어요. 향교 옆의 은행나무를 보면 과거 문의현이 번성했
던 고을임을 알 수 있습니다. 문의가 예전에 나름 큰 고을이었다는 증거는 향
교 말고도 '문의 박씨'의 본관이기도 하다는 점에서 드러납니다. 성씨의 본관
역시 향교와 비슷한 지리적 의미를 가지고 있거든요.

　　대청댐 때문에 수몰될 뻔한 문화재와 가옥들을 고스란히 옮겨서 만들었
다는 문의문화재단지에는 우리나라 전통 양반 가옥, 서민 가옥, 주막집, 성황
당, 장승, 연자방아, 문의 객사 등이 재현되어 있답니다. 그래서 조선시대의
건축 문화를 엿볼 수 있는 기회를 제공하죠. 대청호가 한눈에 보이는 문의문
화재단지에서는 매년 1월 1일 아름다운 해맞이 축제가 열립니다. 대청호가
정면으로 보이는 언덕 위에서 일출을 바라보고 있노라면, 물 아래 고스란히
잠겨 있을 누군가의 이야기 소리가 들리는 것만 같아요. 구경을 한 후 호수를
바라보면서 먹는 장어구이, 송어회, 향어회, 쏘가리, 메기, 민물새우 등 민물
고기 매운탕이 일품이니 꼭 먹어보세요.

드라마 주인공이 되어볼까?

청주IC에서 청주 시내 방향으로 6킬로미터 정도 구간의 가로수길은 청주의 관문이에요. 전국에서 가장 아름답고 운치 있는 길 중 하나라고 할 수 있죠. 영화 〈만추〉와 드라마 〈모래시계〉의 촬영지로 유명한 가로수길은 '한국의 아름다운 길 100선'에 선정되기도 했습니다. 이 길은 1952년 녹화사업으로 1,500여 그루의 플라타너스를 심은 뒤 청주의 명소가 되었어요. 사계절 각각 특색 있는 아름다움 덕분에 영화 촬영지로, 또 드라이브 코스로 많은 사랑을 받고 있답니다.

또한 청원구 내덕동 일대의 옛 연초제조창은 부지 면적만 12만 제곱미터에 달하는, 1980년대 이전 지역의 대표 산업시설이자 국내 제1의 담배공장이었어요. 이곳은 2004년 문을 닫아 도심의 흉물로 방치되었으나 최근 국토교통부의 도심재생뉴딜사업으로 선정되었습니다. 이처럼 산업구조의 변화와 신도시 개발 등으로 낙후된 구도심에 문화, 예술 등의 새로운 기능을 도입해서 쇠퇴한 도시를 경제적 · 사회적으로 부흥시키는 것을 '도시재생'이라

가로수길

도심재생뉴딜사업 (구 연초제조창)

고 해요. 옛 건물을 철거하지 않고 리모델링해서 공예전시실, 문화체험시설, 공연장, 갤러리숍 등 문화복합공간으로 재탄생될 예정이에요. 지역주민들은 옛 연초제조창의 문화적 역사성을 보존하는 것과 동시에 시민들을 위한 문화 · 휴식공간을 제공해 지역상권 활성화가 이루어지길 기대하고 있답니다.

드라마 〈제빵왕 김탁구〉, 〈카인과 아벨〉, 〈영광의 재인〉 등 촬영지로 유명한 수암골은 한국전쟁 피난민이 정착하면서 만들어진 달동네였습니다. 수암골은 해발 353미터 우암산 자락에 자리 잡은 작은 마을로 우암동과 수동의 경계에 있어서 수암골이라고 불리게 되었죠. '마실'이라는 생활문화공동체를 중심으로 공공미술프로젝트를 통해 골목마다 아름다운 벽화가 그려지면서 전국적인 관광명소로 자리 잡았어요. 옛 추억을 고스란히 간직한 구불구불한 '추억의 골목길'에는 유명한 지역 미술인들의 철학과 해학이 담긴 정겨운 작품들이 가득합니다. 끝자락에 있는 전망대에 오르면 수암골은 물론 청주 시내가 한눈에 시원하게 펼쳐집니다. 최근 수암골에도 대형 프랜차이즈 카페가 들어서고 있어요. 젠트리피케이션(둥지 내몰림) 현상이 생기면서 이 지역만의 고유성이 사라지는 것 같아 아쉬움이 남습니다.

수암골

이번엔 성을 쌓아 나라를 지킨 산성과 토성에 대해 이야기해볼까요? 청주에는 산성이 많은데, 그 이유는 무엇일까요? 삼국시대에 이 지역은 세 나라의 세력 쟁탈이 벌어지는 전략상의 요충지였어요. 청주는 삼한시대에는 마한, 백제시대에는 상당현으로 불렸죠. 삼국시대부터 고구려는 남한강을 따라 남쪽으로 세력을 확장하려 했어요. 반대로 동쪽으로 금강을 따라 올라오는 백제와 신라 세력과 마주치는 곳이 충북 땅이었죠. 대표적인 곳으로 청주시 상

정북동 토성

상당산성

당구의 정북동 토성이 있어요. 정북동에서 논길을 따라 안으로 들어가면 흙으로 쌓은 성이 나와요. 성은 미호천이 흐르는 옆의 평야 한가운데 만들어졌죠. 커다란 제방처럼 보이는 이 성은 서울 풍납토성과 함께 우리나라에서 가장 오래된 토성으로, 나무판을 끼워 넣어 틀을 만들고 흙을 퍼부은 뒤 다지기를 반복하여 시루떡처럼 쌓아올린 판축기법으로 만들어진 토성이랍니다. 이렇게 쌓은 토성은 비바람과 풍화에도 천 년 이상을 견뎌낼 수 있었어요. 토성에서 발견된 주름무늬 병은 궁예와 견훤이 활동하던 시기에 만들어진 토기라고 하니 놀랍지 않나요?

천년 고도의 위용을 드러내고 있는 상당산성은 청주시민들의 휴식처이자 보물입니다. 청주의 동쪽에 위치한 상당산성은 병풍처럼 청주 시내를 감싸고 있어요. 고문헌에 의하면 궁예가 쌓았다는 기록도 있고, 이곳 지명이 상당현이었던 점을 들어 백제가 성을 쌓았다고 보기도 한답니다. 정상에 오르면 서쪽으로 청주 시내가 한눈에 내려다보여 서쪽을 방어하기 위해 축성된 것임을 알 수 있죠. 성곽 시설이 잘 보존되어 있고 자연경관이 아름다워 〈태왕

부모산성

사신기〉, 〈대조영〉 등의 사극 촬영지로 활용되기도 했습니다.

청주 동쪽에 상당산성이 있다면 서쪽에는 부모산성이 있습니다. 서쪽에서 가장 높은 부모산성은 삼국시대 후기에 돌로 쌓은 산성이에요. 부모의 품처럼 포근하다 해서 이름 붙여진 부모산에 오르면 청주 인근 지역이 파노라마처럼 펼쳐집니다. 멀리 동쪽으로 상당산성과 가운데의 미호천, 북쪽의 오창평야, 남쪽의 문의면과 서쪽의 조치원이 한눈에 확연히 들어와요. 부모산성에서 동쪽부터 서쪽으로 시선을 이동하면 우암산 자락 아래에서 원도심지역, 미호천을 경계로 한 신도시 지역과 청주 SK하이닉스, 한국도자기, LG화학 등 공업단지까지 조망해볼 수 있습니다.

현재 청주 시가지는 북서쪽으로 팽창하고 있는 중이랍니다. 그래서 무심천을 경계로 동쪽으로는 원도심 지역이, 서쪽으로는 신도심 지역이 자리하고 있어요. 이렇게 원도심과 신도심을 나누는 무심천을 경계로 아파트 가격도 차이가 난다고 하니 조금 씁쓸하죠? 어쨌든 청주는 훌륭한 문화·역사적 가치를 지닌 공간이자 현대 산업발달이 잘 어우러진 도시라고 할 수 있습니다.

● 국립청주박물관 ●

1987년에 개관한 청주박물관은 우리나라의 대표적 건축가 고(故) 김수근 선생이 설계했어요. 김수근 선생은 건축을 빛과 벽돌이 짓는 '시'라 여겼던 분이죠. 우암산 자락의 능선과 박

물관 건물은 서로 조화를 이루어 마치 고즈넉한 산사에 온 듯한 느낌이 듭니다. 산중의 은거를 꿈꾸었던 옛 선조들의 심성을 현대적으로 풀어내고, 거기에 견고한 성곽의 개념을 도입했다고 해요. 박물관에서 정면을 보면 우암산 동쪽 기슭의 수려한 경치와 상당산성이 마치 병풍처럼 마주 보고 있답니다. 상당산성에 이르는 골짜기에 위치한 박물관 건물은 주변의 공간에 포근히 파묻히도록 여러 채로 나누어 지어졌어요. 한옥의 서까래가 지붕 위로 드러난 강렬한 선은 전통과 현대, 자연과 인공물이 조화를 이루고 있죠.

한편 원도심에 가면 김수근 선생이 작고하시기 전 마지막으로 작업한 학천탕이라는 대중목욕탕이 있어요. 88올림픽과 동갑인 학천탕은 이색 '화랑'과 '목욕탕 커피숍'으로 변신했답니다.

자연과 인간의 공존의 공간, 원흥이 두꺼비마을

흥덕구 산남지구에 가면 동네가 온통 두꺼비 천지랍니다. 아파트 벽, 마트, 빌딩, 도서관, 식당 등 여기저기가 두꺼비투성이죠. 애초에 이 동네에는 원흥이 방죽과 그 뒤로 해발 200미터가 채 되지 않는 구룡산이 있었어요. 원흥이 방죽과 구룡산 일대는 우리나라의 대표적인 두꺼비 서식지로, 방죽에서 산란을 하고 구룡산 자락으로 올라가는 두꺼비들의 습성상 꼭 보전할 가치가

원흥이 두꺼비 방죽

있는 곳이었죠.

　하지만 택지개발이 완료되면서 구룡산 곳곳에 등산로 개통과 더불어 인간에 의한 간섭이 일어나 두꺼비의 서식처가 훼손되는 심각한 상황을 맞게 됐어요. 그래서 주민들이 '원흥이 두꺼비마을 생태문화보전 시민대책위원회'를 꾸렸고, 시민 5만여 명이 두꺼비 서식지 보존촉구서명운동을 벌였다고 해요. 주민들은 인간띠 잇기, 청주 시내 3보 1배하기, 청와대 앞 3천 배하기 등 몸으로 두꺼비 서식지 훼손을 막기 위해 노력했어요. 이러한 노력으로 결국 토지공사와 상생의 협약을 체결해 두꺼비생태공원 조성에 합의하는 성과를 거두게 되었답니다. 그 결과 이곳엔 양서류인 맹꽁이, 도롱뇽, 참개구리, 산개구리, 청개구리 등의 양서류가 서식하고 있어요. 그리고 천연기념물인 수리부엉이, 황조롱이, 솔부엉이 등 다양한 생물들이 서식하고 있죠. '두꺼비

두꺼비 마을신문

친구들'은 생태공원을 유지·관리하는 환경모임이에요. 청주시도 두꺼비 친구들에게 생태공원 운영을 맡기는 등 힘을 실어주고 있습니다. 주민협의회와 두꺼비 친구들, 이 두 축은 축제와 자연 순환 장터를 운영하는 등 주민들을 하나로 묶어내는 데 힘을 쏟고 있어요. 이들은 한국내셔널트러스트와 함께 벌인 '두꺼비 서식지 땅 한 평 사기' 운동으로 두꺼비 핵심 서식지를 사들였죠. 그곳을 친환경 농산물 재배 지원단체인 '흙살림'의 도움을 받아 친환경 텃밭으로 바꿔놓았습니다. 또한 두꺼비마을 주민들의 소통 매체인 《두꺼비 마을신문》도 유명하답니다. 환경보존 운동에서 출발해 협의회, 신문 등을 만들어내며 주민운동으로 발전시킨 이 마을에 박수를 보내고 싶어요. 한편으론 청주 시민의 높은 시민의식을 엿볼 수 있어 마음까지 흐뭇하답니다.

● 단양군수 안 하고 오창면장 한다? ●

옛말에 "단양군수 안 하고 오창면장 한다"는 말이 있을 정도로 쌀 생산지의 경제적 지위는 대단했어요. 지금의 오창은 청주의 오창읍에 해당하는 지역이에요. 지금도 오창에서는 청원 생명쌀을 테마로 해마다 축제를 열고 있습니다. 또한 1998년에 발굴된 청주시 미호천 유역 소로리 볍씨는 13,000~17,000년 전의 연대를 가진 세계 최고의 볍씨로, 재배 벼의 기원과 전파를 밝히는 중요한 유물로 평가된답니다. 선사시대 이래로 인간 거주의 역사가 오래된 곳이기도 하고요.

미호평야는 충청북도에서 가장 넓은 평야로, 중심에 미호천이 있죠. 미호천은 금강의 가장 큰 지류예요. 하천이 발달하고, 화강암 풍화에 의해 발생한 많은 모래가 미호평야를 퇴적시키고 있죠. 넓은 범람원이 발달하되, 깊지 못하여 여름철 많은 비가 올 때면 홍수가 잘 나고, 물이 빠지지 않을 때는 호수와 같은 모습을 띤답니다. 그래서 이름도 미호천(美湖川), 미호평야로 남아 있는 거예요. 현재 미호평야, 특히 오송을 중심으로 한 청주시 오송읍 평야 일대에는 KTX호남선이 분기하고 있어요. 역 주변에 의료과학단지가 조성되고 식약처를 비롯해 의약 관련 기관과 연구소, 기업들이 입주해 있습니다.

미호평야

CITY ▷

당진

대호방조제

석문국가산업단지

석문방조제

현대제철

고대·부곡산업단지

팔경사

심훈기념관

서해대교

당진시청

영랑사

기시시
줄다리기 박물관

아미미술관

삼교방조제

내포문화숲길

안국사지

솔의성지

버그내 순례길

면천읍성

영탑사

합덕성당

신리성지

종교의 힐링 도시, 당진

삼국시대와 통일신라시대 '당나라와 교역하던 나루'라는 뜻으로 불린 곳이 어딘지 아세요? 당진(唐津)이랍니다. 당진군의 역사는 바닷가의 포구, 즉 오늘날의 항구와 관련이 있습니다.

당진 시청사 사진을 보면 무엇이 연상되세요? 네, 배 모양이에요. 시청

당진시청

사의 건물도 항구도시의 특성을 반영하여 배 모양을 연상하게 만들었죠.

과거 우리나라와 중국 대륙 사이의 서해 뱃길이 열릴 때 중국의 산둥성과 내포 지역이 가장 가까운 거리였기 때문에 해안에 나루터가

생겼어요. 바다를 접하고 있어 외부와의 교역이 많았던 당진은 외국의 물건이나 종교·사상이 일찍부터 전파될 수 있는 조건을 가지고 있었답니다. 중요한 통상로인 동시에 왜적의 침입이 잦아 국방상의 주요 거점이기도 했어요. 이렇듯 이 지역은 옛날부터 외국과의 교류 창구 역할과 잦은 외세의 침략으로 인해 독특한 문화유적을 형성하고 있습니다. 최근에는 철강 산업의 메카로 떠오른 현대제철을 포함해, 석문국가산업단지와 당진항 등을 중심으로 새로운 동북아 물류 중심지로의 성장을 기대하고 있답니다.

그럼 예로부터 항구를 통해 유입된 다양한 종교들의 유적을 볼 수 있고, 농경문화와 함께 철강 산업을 바탕으로 한 물류 중심지로 변모를 꾀하는 당진시로 떠나볼까요?

농경문화와 향토문화의 계승

내포(內浦) 지역은 당진을 포함한 서산, 예산, 태안 등 충남 서북부 지역을 가리킵니다. 이 지역은 예부터 농업을 지역 발전의 근간으로 삼아왔어요. 삽교천 주변의 예당평야와 구릉지와 연결된 넓은 해안평야가 발달해 있기 때문이랍니다.

서해안고속도로의 송악 나들목을 빠져나와 한진나루 방면으로 향하다 보면 상록초등학교를 볼 수 있어요.《상록수》를 집필한 작가 심훈을 기념해서 붙여진 이름이지요. 이 학교 부근에서 '필경사'라는 안내판을 따라 구불구불 이어진 길을 따라 들어가면 '심재영 고택'이 나오고, 이곳을 지나 조금 더 가면 작가 심훈이 살았던 필경사에 도착할 수 있습니다. 바로 옆에 심훈 박물관도 함께 있어요. '붓으로 밭을 간다'는 뜻의 필경사는 심훈이 1932년 서울에

심훈기념관 　　　　　　　　　　　　　　　　　 필경사

서 이곳 당진 부곡리로 내려와 글을 쓸 때 직접 지은 집이랍니다.

《상록수》는 브나로드 운동이 전개되던 시대의 상황을 담아낸 소설로, 일제강점기에 농촌계몽운동과 민족주의를 고취시킨 작품이지요. 심훈은 일제의 수탈로 농촌경제가 어려워지고 우리말을 말살하는 핍박이 심해지자, 이곳 당진에 내려왔다고 해요. 당진에서 농촌을 살릴 글을 구상하고 체험하기 위해서였죠. 소설 속 주인공인 박동혁과 채영신의 모델은 실제로 존재했는데, 바로 심재영과 최영신이란 분들이에요.

《상록수》기념물

심재영은 당진에서 농촌운동을 하는 심훈의 조카였고, 최영신은 반월의 샘골(지금의 경기도 안산 상록구)에서 농촌운동을 하고 있었대요. 안산에 가면 상록수역이 있지요? 최영신 선생을 기념하여 붙여진 이름이랍니다. 다만, 심재영과 최영신은 소설과 달리 전혀 모르는 사이였다고 해요. 또 소설에 나오는 '농우회'라는 단체는 이곳 당진 부곡리에서 농촌운동조직으로 있던 '공동경작회'를 보고 만든 것이었어요. 필경사에 들어올 때 바로 앞에서 지나쳤던 '심재영 고택'이 실제 주인공인 심재영이 살던 집인데, 이곳에는 지금도 심훈의 후손이 살고 있다고 합니다. 당진시는 매년 10월 작가 심훈의《상록수》정신을 이어받고 향토문화를 발전시키려는 뜻에서 '상록문화제'를 개최하고 있어요. 1977년부터 당진시청 일원에서 3일 동안 개최되는 문화제로, 추모행사와 상록문예대회, 음악회 등이 진행됩니다.

한편 당진에는 유네스코에 지정된 인류무형문화유산도 있어요. 바로 중요무형문화재 제75호로 지정되어 있기도 한 '기지시 줄다리기'랍니다. 전해져 오는 이야기에 따르면, 500여 년 전부터 마을의 질병 등 액운을 막기 위한 제사의식에서 시작되었다고 해요. 일제의 탄압 속에서도 줄기차게 전승되어 온 한국의 대표 민속행사죠.

역사만 놀라운 게 아니에요. 줄다리기에 사용되는 줄은 길이만 무려 200여 미터이고, 직경 1미터(머리 부분은 1.8미터), 무게가 약 40톤에 달하는 거대한 줄이거든요. 이 줄은 몸줄이 너무 굵고 무거워 몸줄 좌우에 '곁줄'이라고 불리는 작은 줄을 수십 개 늘여놓아서 줄의 모양이 마치 지네와 비슷합니다. 온 마을 사람들이 수상(水上)과 수하(水下)로 편을 나누어 이 줄을 당기는 행사인데 수상이 이기면 마을에 액운이 사라지고 수하가 이기면 마을에 풍년이 든다는 전설이 있어요. 저 큰 줄을 어떻게 들고 줄다리기를 할까요? 궁금하면 매년 4월에 열리는 '기지시 줄다리기 민속축제'에 방문해보면 직접 볼 수 있어요. 농촌인구가 점점 감소하는 요즘, 당진 시민 모두가 참여하는 축제를 통해 향토문화를 이어가려는 지역 주민들의 단합된 모습을 볼 수 있답니다. 행사 기간이아니어도 '기지시 줄다리기 박물관'에 와보면 줄다리기 관련 자료를 찾아볼 수 있어요. 박물관에는 실제 크기의 줄을 전시해놓은 줄 전시관뿐만 아니라

기지시 줄다리기 박물관   줄다리기 줄

줄 제작, 줄 꼬기, 줄다리기, 달집 소지쓰기 등의 향토문화를 체험할 수 있는 공간도 마련되어 있으니 한번 들러보는 것도 좋겠죠?

줄다리기 박물관을 보셨으면 인근의 미술관도 들러볼까요. 최근 출산율 감소와 젊은 층의 도시 이주로 인해 농촌 마을의 학교는 학생 수가 급격히 줄어들고 있는 상황입니다. 아이들이 떠나 폐교된 시골 마을의 소규모 학교 건물이 미술관으로 재탄생한 곳이 있어서 소개해보려고 해요. 바로 당진 순성면에 있는 '아미미술관'이 그곳이랍니다.

아미미술관은 원래 유동초등학교로 운영되다가 폐교된 곳으로, 1993년 박기호, 구현숙 부부가 인수하여 미술관으로 재탄생시켰죠. 자연과 어우러진 아미미술관에서 전시 작품을 관람하다 보면 몸과 마음이 치유되고 삶이 여유로워지는 걸 느낄 수 있을 거예요.

아미미술관

'아미'라는 이름은 아미산 자락에 위치했다는 뜻과, 프랑스어로 친구를 뜻하는 'ami'의 중의적인 의미로 지었다고 해요. 도심에서도 미술관은 많이 접해봤을 테지만, 이곳은 울창한 나무와 맑은 공기 속에서 예술작품을 조용히 감상할 수 있어 사진 찍는 사람들에게 핫 플레이스로 떠오르고 있답니다. 커다란 나무와 꽃, 푸른 담쟁이덩굴에 둘러싸인 건물 자체만으로도 그림 같은 풍경을 자아내죠. 건물 안으로 들어가면 시간이 멈춘 듯 새로운 세상을 느낄 수 있답니다. 아이들이 뛰어다녔을 복도에는 형형색색의 모빌이 늘어진 채 걸려 있어 몽환적인 분위기를 풍겨요. 교실을 활용한 다섯 개의 전시실에는 각각 색다른 사진 등의 예술작품이 전시되어 있는데, 칠판, 풍금, 책상 등 예전 교실의 풍경이 곳곳에 남아 있기도 해요. 넓은 창문을 통해 햇살이 눈부시게 쏟아져 들어오면 그야말로 환상이랍니다. 전시실 위쪽으로 올라가면 레지던스 작가들의 숙소와 조용한 카페도 있어요. 전시실 같은 카페에서 차를 마시다 보면, 가끔 전시 중인 작품의 작가들을 만나볼 수도 있답니다.

해안읍성과 당진

당진은 예로부터 중국으로 통하는 중요한 바닷길이 있었던 곳이에요. 이처럼 중요한 교역로는 동시에 국방상의 주요 거점이기도 했죠. 면천읍성은 1439년(세종 21년) 왜구의 침입에 대비하기 위해 쌓은 읍성인데, 조선 후기까지 면천의

면천읍성

군사 및 행정중심지 기능을 수행했습니다. 현재 성벽의 둘레는 1,336미터이지만 성을 쌓을 당시에는 약 1,564미터로 추정(치성과 옹성의 길이를 합한 전체 길이)됩니다. 이 면천읍성은 조선시대 성을 쌓는 방식이 가장 잘 반영된 유적이라서 해안지역 읍성 연구에 중요한 자료가 되고 있답니다.

옹성 안으로 들어서면 면천읍내가 자리 잡고 있습니다. 최근 읍성 안을 관광지로 조성하면서 옛 면사무소와 면천초등학교 건물은 철거되어 성밖으로 이전되었어요. 옛 초등학교 부지에는 천연기념물로 지정된 면천은행나무가 떡하니 버티고 서 있는데, 이 나무는 복지겸 장군과 관련된 설화에 등장한답니다.

매년 4월, 읍성 안에서는 진달래축제가 열립니다. 축제의 내용은 진달래 관련 음식을 먹으며 진달래 관련 문학을 접하는 행사들로 이루어져요. 특히 면천의 특산물인 면천 두견주를 맛볼 수도 있고, 두견주박물관도 견학할 수 있으니 한번 들러보세요.

면천은행나무

● 면천 두견주 ●

2018년 4월에 열린 남북정상회담에서 만찬주로 지정되었던 면천 두견주는 찹쌀과 두견화라 불리는 진달래꽃을 섞어 빚은 술이에요. 면천면 아미산 부근에서 자라는 진달래꽃이 재료가 되죠. 꽃으로 만들어 향기도 나고, 진달래꽃에서 추출되거나 발효 도중에 생성되는 미량의 새로운 화합물이 건강에도 좋다고 하네요. 민간 설화에서는 고려의 개국공신인 복지겸 장군과 그의 딸의 이야기가 전해 내려옵니다. 복지겸 장군이 중병에 걸렸을 때 그의 딸 영랑이 아미산에 올라 백일기도를 드렸대요. 그때 신선이 나타나 영랑에게 이르기를 진달래꽃(두견화)으로 술을 빚어 100일 후에 마시게 하고, 뜰 안에 은행나무 두 그루를 심어 병을 낫게 했다는 내용이에요. 은행나무는 면천읍성 내 구 면천초등학교 운동장에 아직도 자라고 있습니다. 1985년 문화재청에서는 우리 민족 고유의 우수한 전통 민속주의 제조 기능이 생활문화의 변천으로 점차 사라져감에 따라, 이를 전승하고 보존하고자 면천 두견주를 국가무형문화재 제86-2호로 지정했답니다.

동북아 물류 중심지를 지향하는 당진

지금은 수도권에서 서해안고속도로를 이용하면 쉽게 갈 수 있지만, 당진의 관문인 서해대교(총길이 7,310미터)가 건설되기 전에는 삽교호방조제를 많이 이용했답니다. 당진에는 삽교호방조제 말고도 석문방조제와 대호방조제 등 세 개의 방조제가 있거든요. 3대 제방을 연계하여 질주하는 드라이브 코스도 유명하죠. 이들 방조제가 건설되면서 만들어진 대규모 간척지에는 농업용지 외에도 많은 산업 시설이 들어서기도 했어요.

최근에는 석문국가산업단지, 고대·부곡국가산업단지에서부터 송산지방산업단지와 당진항 등을 중심으로 새로운 동북아 물류 중심지로의 성장을 기대하고 있습니다. 경기도 평택시, 화성시와 함께 황해경제자유구역으로 지정되어 중국을 통한 수출 경제를 주도할 거라 예상하고 있어요. 경제자유구역(Free Economic Zone)은 일정한 구역을 지정하여 경제 활동상의 예외를 허용해주고 따로 혜택을 부여해주는 경제특별구역을 말합니다. 중국과 최단 거리에 위치하고 있어 교역에 유리하고 방조제 건설로 형성된 넓은 간척지로 인해 새로운 산업단지가 들어서기에 좋은 여건이 되었죠.

특히 현대제철, 동부제철 등의 제철산업이 클러스터를 형성하여 산업을 주도하고 있어요. 제철산업은 철광석에서 선철과 강철을 뽑아내는 산업인데, 원료가 되는 철광석과 석탄(역청탄)을 대부분 외국으로부터 수입하고 있

현대제철

답니다. 원료의 무게와 부피가 커서 운송비를 줄이려면 선박을 이용해야 해서 제철산업은 항구에 입지하게 됩니다. 포항제철, 광양제철이 모두 항구에 입지하고 있는 것도 같은 이유죠. 현대제철은 생산량이 세계 10위권이라고 해요. 자동차 등에 사용되는 고급 철강재와 건축자재로 쓰이는 철근 등을 생산하고 있는데, 국내 최초의 민간 자본에 의한 일관제철소랍니다.

● 일관제철소 ●

제선, 제강, 압연의 세 공정을 모두 갖춘 제철소를 말합니다. 제선은 원료인 철광석과 유연탄 등을 커다란 고로에 넣어 액체 상태의 쇳물을 뽑아내는 공정을, 제강은 이렇게 만들어진 쇳물에서 각종 불순물을 제거하는 작업을, 압연은 쇳물을 슬래브(커다란 쇠판) 형태로 뽑아낸 후 여기에 높은 압력을 가하는 과정을 뜻해요.

현대제철에는 '찐빵'으로 불리기도 하는 야구장 크기의 거대한 돔이 여러 개 있어요. 마치 원자력발전소 같기도 한데, 철광석을 보관하는 저장소랍니다. 대부분의 제철소는 원재료인 철광석을 야외에 쌓아놓는데, 그러면 환경오염이 많이 발생해요. 반면 이렇게 거대한 돔을 만들어 보관하면 단위면적당 적재율도 높아지고 환경오염도 방지할 수 있습니다. 또한 밀폐형 컨베이어벨트 등에서도 친환경 플랜트를 위한 현대제철의 노력을 엿볼 수 있죠. 견학 프로그램에 참여하면 웅장한 시설을 모두 관람할 수 있으니 관심이 있다면 신청해보세요.

철광석 보관소

한국 불교의 도래지

앞서도 얘기했듯이 당진은 육로로는 고구려에 가로막혀 있던 삼국시대 및 통일신라시대에 중국 대륙을 거쳐 서역 문물이 드나들던 대표적 항구였답니다. 승려 및 학자들도 천축국(인도) 또는 당나라로 가기 위해서 이곳을 거쳤을 테고, 이들로부터 들어온 불교문화는 당진을 통해 내포 지역에 전파되고 자리 잡게 됩니다. 내포는 지금의 당진시를 포함해 예산군, 홍성군, 서산시, 태안군, 보령시와 아산시의 일부 지역을 일컬어요. 원래 내포라는 지명은 '안쪽에 자리 잡은 갯가'를 뜻하는 우리말을 한자식으로 표현한 말입니다. 이 일대가 과거에는 서해 바닷물이 들어오던 하천과 습지로 이루어진 곳이었죠.

이 내포 지역에는 태안마애삼존불상, 서산마애삼존불상, 예산사면석불 등과 안국사, 영탑사, 수덕사, 개심사와 같은 많은 불상과 절이 있어요. 이런 이유로 이 지역을 중국의 불교가 유입된 경로라고 추정한답니다.

'내포문화숲길'은 내포 지역의 네 개 시군(서산시, 당진시, 예산군, 홍성군)에 남아 있는 불교와 천주교의 성지, 그리고 동학과 역사 인물 및 백제 부흥운동의 흔적들이 남아 있는 지점들을 연결한 800리(320킬로미터) 길이의 장거리 걷기 길이에요. '원효깨달음길', '내포천주교순례길(버그내순례길)', '백제부흥군길', '내포역사인물동학길'의 네 개 테마로 나뉘어 있죠.

내포의 역사문화 중에서 가장 두드러진 문화는 종교문화랍니다. 특히 불교는 백제시대 중국과의 교역 중심지였던 당진을 중심으로 배가 오가며 전해지게 됩니다. 의상과 함께 당나라 유학길에 올랐던 원효가 무덤 앞에서 잠이 들었고, 잠결에 목이 말라 마신 물이 해골에 괸 물이었음을 알고 모든 것은 마음에 달려 있음(一切唯心造)을 깨닫게 되었다는 일화, 한번쯤은 들어보셨죠? '원효깨달음길'은 일체유심조를 곱씹으며 원효대사의 깨달음의 흔적을

영탑사

금동비로자나불삼존좌상

따라 걸을 수 있도록 절과 절, 옛 절터와 절터를 연결해놓은 길이랍니다. 예산의 수덕사, 서산의 천장암, 일락사, 개심사, 홍성의 용봉사, 당진의 영랑사 등 현존하는 사찰과 옛 절터인 원효암터, 백암사지, 가야사지, 보원사지, 당진 안국사지를 연결해놓았어요. 그중에 당진의 영탑사에서 안국사지로 이어지는 18코스를 둘러볼까 해요.

영탑사는 당진에서 가장 큰 절인데, 신라 말 풍수지리의 대가이자 왕건의 탄생을 예언한 도선국사가 세운 것으로 알려져 있습니다. 이후 고려시대 보조국사가 5층 석탑을 만들며 영탑사라 하였는데, 이 탑은 현재 법당 뒤편 바위 위에 7층으로 자리 잡고 있어요. 이 절에는 보물 제409호인 '금동비로자나불삼존좌상'이 있는데, 1975년 도난당했다가 일본으로 밀반출되기 직전에 다시 찾아서 화제가 되기도 했죠. 대원군이 아버지 남연군의 묘를 옮기기 위해 가야산 명당에 자리했던 가야사를 불태웠는데, 이때 가야사에 있던 종을 녹여서 영탑사의 범종을 만들었다는 설이 있답니다.

정미면에 위치한 은봉산(안국산) 중턱에 있는 안국사지에 들어서면 보물 제100호인 석조여래삼존입상을 볼 수 있어요. 또 뒤쪽의 매향암각은 도 지정 기

영탑사 7층 석탑

안국사지 석조여래삼존입상

넘물 제163호로 모양이 배같이 생겨서 배바위라고도 불린답니다.

해골 물을 마시고 깨달음을 얻은 원효의 오도 전설과 관련된 영랑사에서는 템플스테이도 가능해요. 휴식형과 체험형으로 나누어져 있으니 시간적 여유가 있다면 영랑사에서 템플스테이를 체험해봐도 좋을 듯해요. 이처럼 원효깨달음길은 내포 지역에 자리한 불교 유적을 따라가보면서 삶을 천천히

영랑사

되돌아보고, 앞으로 살아가야 할 미래를 준비해나가기 위한 성찰의 순례길
이랍니다.

한국의 산티아고, 버그내순례길

바닷길을 통한 빠른 정보와 개방적인 사고의 전파는 다양한 종교가 자리
잡는 배경이 되었습니다. 특히 내포 지방은 초창기부터 천주교가 유포되어
천주교 신자가 많았던 지역이었어요. 그러나 대원군의 강력한 통상수교 거
부 정책과 천주교 박해 정책으로 1866년 병인년에 수많은 선교사와 천주교
도들이 처형되었죠. 이를 병인박해라고 합니다.

대원군은 왜 천주교를 박해했을까요? 1866년 프랑스 신부들과 수천 명의
천주교인들이 처형당했는데, 이로 인해 프랑스 군인들이 쳐들어온 병인양
요(丙寅洋擾)가 일어납니다. 그리고 같은 해 독일 상인 오페르트(Oppert)가 통
상 요구를 강화하기 위해 내포 지방에 있는 흥선대원군의 아버지인 남연군
의 묘를 도굴하려다가 실패한 사
건이 일어나죠. 오페르트 도굴
단은 독일인 상인, 프랑스인 선
교사, 미국인 자금책 등 유럽, 중
국, 말레이시아 선원까지 여러
국가에 걸친 집단이었는데 길잡
이 역할을 했던 조선인들이 천
주교 신자였던 거예요. 이 사건
은 내포 지방을 중심으로 수많

내포 천주교 성지

은 천주교인들이 처형되는 계기
가 되었습니다.

당진 합덕의 버그내를 중심으
로 한 내포 지역은 한국 역사상 가
장 많은 순교자를 배출한 곳이에
요. 버그내는 큰 장이 열리던 합덕
의 지명 이름입니다. 여기에는 솔
뫼성지→합덕성당→무명순교자
의 묘→신리성지까지 이어지는 약
13.3킬로미터의 '버그내순례길'이
있어요. 800킬로미터에 이르는 스
페인의 산티아고 순례길과 비교하

버그내 순례길

면 대단하지 않게 보일 수 있지만, 한국천주교회의 초창기부터 이용되었던
순교자들의 길이랍니다.

성지순례란 순례자가 종교적인 성지나 묘소, 성당을 찾아가 참배하는 등
신앙을 두텁게 하기 위해 떠나는 자기 수련의 여행을 말합니다. 하지만 종교
와 관계가 없어도 내포평야의 한적한 시골 정취를 느끼며 버그내순례길을
걷다 보면 당진의 역사도 살펴볼 수 있어요. 닷새마다 장이 서는 합덕 전통시
장도 경험할 수 있고, 후백제시대의 견훤이 축조한 제방인 합덕제와 합덕수
리민속박물관에선 선조들의 농경문화를 접할 수도 있답니다.

순례길은 '신앙의 못자리'로 칭해지는 '솔뫼성지'부터 시작됩니다. 소나무
가 우거져 산을 이루고 있다고 하여 '솔뫼'라는 이름이 붙여졌대요. 한국의 베
들레헴이라고 불리기도 한답니다. 베들레헴은 예수가 태어난 곳인데, 이곳

솔뫼성지

은 한국 최초의 사제인 성 김대건 안드레아 신부가 태어난 곳이기 때문이죠.
김대건 신부뿐만 아니라 증조할아버지, 작은할아버지, 아버지에 이르기까지
천주교 신앙을 위해 목숨을 바친 4대의 순교자가 살던 곳이에요. 2014년 복
원된 옛집에 프란치스코 교황이 방문하여 고개 숙여 기도하는 모습이 생중계
되어 사람들에게 깊은 인상을 남기기도 했죠. 그 모습이 동상으로 남아 여전
히 프란치스코 교황의 기도가 김대건 신부의 생가에서 함께하고 있답니다.

솔뫼성지에서 버그내순례길을 따라 합덕평야를 한 시간여 걷다 보면 고
딕 양식의 붉은색 쌍탑 건물이 나타납니다. 여기가 바로 합덕성당이랍니다.

합덕성당

합덕 지역은 우리나라에서 천주교 신앙이 가장 적극적으로 전파된 이른바 '내포교회'의 중심지예요. 전국에서 가장 많은 성직자, 수도자를 배출했으며, 현재 대전교구의 모든 성당들의 모본당이 된다고 해요.

성당 안에 들어가보면 "사람이 만일 보천하를 다 얻을지라도 제 영혼에 해를 받으면 무엇이 유익하리오"란 성경 글귀가 써 있답니다. 개인의 욕망보다 모두의 행복을 강조하는 뜻으로, 성당을 건립한 페랭 신부가 신조로 삼았던 성경 구절입니다.

성당 옆 순례자의 집 근처에는 'Buen Camino(부엔 카미노)'란 작은 카페도 있어요. 'Buen Camino'는 산티아고 순례길을 걷게 되면 많이 들을 수 있는 말이랍니다. 스페인 말로 '좋은 길'인데, 순례자들 사이에 '당신의 순례길에 행운이 있기를…'과 같은 의미가 포함된 인사말이죠. 또 이곳은 1894년 전라도 고부에서보다 앞서 발생한 합덕농민항쟁의 시발점으로 알려져 있습니다. 아무래도 평등을 강조하는 종교사상의 영향이 있었을 것 같죠?

합덕성당에서 약 3.7킬로미터 떨어진 성동리 마을에는 내포 지역의 첫 순

부엔 카미노 카페

교자인 원시장과 사촌 원시보가 함께 물을 마셨다고 해서 붙여진 '원시장·원시보 우물'이 있어요. 신리는 지금은 평야 한가운데 있지만 여기에서 다시 1.7킬로미터쯤 걷게 되면 야트막한 언덕에 이름 없는 순교자들의 묘가 있답니다. 1972년 발굴 당시 목이 없는 시신 32구와 묵주 등이 발견되자 마을 주민들이 여섯 개의 봉분에 나눠 합장을 해주었다고 해요.

버그내순례길의 최종 종착지는 신리성지입니다. 신리는 신앙공동체가 형성되었던 마을로 '조선의 카타콤바(지하 교회)'로 불린답니다. 카타콤(Catacomb)은 라틴어 'cata(가운데)'와 'tumbas(무덤들)'의 합성어로, '무덤들 가운데'란 의미예요. 기독교인들이 로마제국의 박해를 피해 숨어들어서 예배를 보던 무덤 사이의 지하 교회를 말하죠. 이때 기독교인들은 물고기(IXOCE, 익투스라는 암호)를 그리며 서로 기독교인임을 확인했다고 해요. 버그내순례길을 알리는 안내 표지판이 물고기 그림인 이유이죠.

신리는 삽교천방조제 건설로 지금은 평야 한가운데 자리하고 있지만, 조

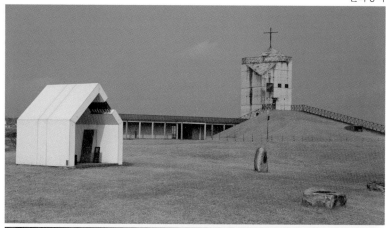

신리성지 종교미술관

선시대에는 밀물 때 배가 드나들었던 곳이랍니다. 이 뱃길을 따라 1868년 오페르트가 남연군 묘 도굴을 시도하였고, 이 사건으로 신리의 교우회가 붕괴될 만큼의 박해가 시작되었지요.

　신리성지에는 초가집과 성당 앞으로 빌바오언덕, 상징 조형물로 꾸며진 역사공원이 펼쳐져 있어요. 비록 정치적 상황에서의 박해였지만, 이를 수용하고 종교적 신념을 갖고 죽음을 택한 순교자들을 기리는 장소랍니다.

CITY
대전

대덕테크노밸리

대덕연구단지

스튜디오큐브

계족산
황톳길

엑스포과학공원

대청호

카이스트
(KAIST)

정부대전청사

솔랑시골길

구 철도청 대전지역사무소
보급창고 3호

서대전 시민공원
(칼국수 축제)

성심당   은느정이
문화거리

대전역

장태산
자연휴양림

12

교통의 요지가 만든 풍요로운 도시, 대전

   '잘 있거라, 나는 간다, 이별의 말도 없이, 떠나가는 새벽 열차, 대전발 영시 오십 분~' 한 번쯤 들어봤을 옛 노래인데요. 대전역에서 목포로 가는 호남선 완행열차를 배경으로 이별하는 사람들의 애절한 심정을 노래한 〈대전부르스〉(1959년)의 첫 소절입니다. 당시에는 서울에서 출발한 호남선 완행열차가 방향을 돌리기 위해 대전역에서 잠시 정차했는데, 그 막간의 시간을 이용해 사람들이 승강장에 내려 가락국수 한 그릇을 먹고 배를 채웠다고 해요.

   대전역을 배경으로 노래가 만들어질 정도로 대전의 역사는 교통과 관계가 깊답니다. 철도뿐 아니라 도로 교통의 중심지 역할을 해오고 있고, 수도권과 비교적 가까이 위치한 대도시이다 보니 수도권의 역할을 대신하는 기관이나 시설이 이곳에 많이 들어서게 되었지요. 그에 따라 인구도 더욱 집중되면서 문화시설이나 위락시설이 남부럽지 않게 발달했어요. 맛집 검색을 해

보면 의외로 대전에 많답니다. 대전시 외곽에는 산지가 넓게 분포하고 있는
데, 산마다 특색 있게 조성해서 시민들의 휴식 공간으로 활용하고 있는 점도
인상적이랍니다. 우리나라 3대 호수라고 볼 수 있는 대청호를 따라 다양한
산책길이 만들어져 있는 점도 매력적이고요. 그럼 교통의 요지에서 피어난
풍요로운 도시, 대전으로 떠나볼까요?

철도와 고속도로 모두 모여라

대한민국 전역으로 쉽고 빠르게 이동하기에 가장 유리한 도시는 어디일
까요? 국토의 중앙부에 가까이 위치할수록, 철도와 고속국도가 많이 교차할
수록 유리하지 않을까요? 이런 기준으로 따져본다면 제일 먼저 떠오르는 도
시가 대전광역시가 아닐까 합니다.

대전은 수도권과 가까우면서 충청도, 전라도, 경상도를 연결하는 위치에
있어요. 이러한 지리적 이점이 반영되어 서울과 경상도 지역을 연결하는 경
부선과 경부고속국도가 지나가고, 서울과 전라도 지역을 연결하기 위한 호
남선과 호남고속국도가 대전에서 분기하고 있죠. 최근에는 동서를 연결하는
당진영덕고속국도까지 대전을 거쳐 가고 남해안 지방과의 접근성을 높이기
위한 통영대전고속국도까지 신설되면서 교통의 요지로서 대전의 위상이 더
욱 높아지고 있답니다.

일본은 조선의 자원을 가져가고 중국 침략을 위한 군수물자를 수송하기
위해 경부선을 건설했어요. 1905년에 경부선이 개통되면서 대전역이 들어
섰고요. 1913년 호남선까지 완공되면서 대전은 교통의 중심도시로 발전하
기 시작했지요. 당시 대전은 중국의 석탄과 압록강 부근의 목재를 가져오고

일본의 공업 제품이 소비되는 중간 지점이었기 때문에 이곳에 거주하는 일본인들이 늘어나게 되었죠. 따라서 대전역을 중심으로 일본인 주거지와 상가가 형성되었어요. 또한 경부선과 호남선이 교차하는 위치에 있다 보니 전국의 농산물이 모이는 물류 중심지 역할까지 하면서 해마다 인구가 증가했답니다.

이러한 위치적 장점 때문에 해방 직후에는 충청도, 전라도, 경상도의 사람들과 물자가 모이고 흩어지는 곳이 되었고, 한국전쟁 초기에 대전이 20여 일간 임시 수도가 되면서 이북 5도와 경기도의 피난민도 많이 들어왔습니다. 사람들이 열차 지붕에 매달려 대전역으로 들어왔을 정도였다고 하죠. 1960년대 이후 도시화가 빠르게 진행되면서 각지의 농촌인구 유입이 증가한 결과, 대전은 출신 지역이 다양한 사람들이 모여 사는 대도시로 발전하게 되었어요. 1950년 15만 명에 불과하던 인구가 1990년 105만 명을 넘으면서 급속히 성장한 도시 중 하나가 되었답니다.

대전이 철도교통의 발달과 함께 근대도시로 변화하게 된 흔적을 엿볼 수

대전역과 한국철도공사 본사

구 대전 역사의 모습

있는 장소가 남아 있습니다. 대전역 동광장에 가면 오래된 나무 창고를 만날 수 있는데, 1956년에 세워진 '구 철도청 대전지역사무소 보급창고 3호'예요. 당시 철도청에서 필요로 하는 물자를 보관하고 보급하기 위해 만든 창고인 거죠. 지어진 시기는 근대가 아니지만 일제강점기의 건축 기법을 그대로 적용한 데다 나무판자들로 지어진 모습이 근대 목조 건축물의 특징을 그대로 보여주고 있어 보전 가치가 높아요. 그 희소가치를 고려하여 2005년에 등록 문화재 제168호로 지정되었답니다.

동광장을 지나 소제동으로 걸어가면 좁은 길을 따라 오래된 가옥들이 모여 있어요. '철도관사촌'입니다. 일제강점기인 1920년대에 일본인 철도기술자와 노동자들을 위해 지은 숙소들이죠. 당시 대전역을 중심으로 관사촌을 지었는데 북관사촌과 남관사촌은 한국전쟁과 도시화를 거치면서 대부분 사라지고 소제동 솔랑시울길을 따라 형성된 동관사촌에만 40여 채가 남아 있어요. 일본 철도 관계자 중에서도 직위가 낮지 않은 관리자급과 기술자들이 이곳에서 살았기 때문에 당시에는 상당히 부유한 동네였습니다.

소제동에 낮고 촘촘하게 들어선 가옥들 중 철도관사를 구분하는 건 어렵지 않답니다. 주변의 집들보다 지붕이 더 높고 뾰족하지요. 지붕 아래 환풍구가 보이고 그 아래 '제00호'라는 번호판이 달려 있어요. 그리고 대부분 '2호 연립주택'으로 지어졌는데 한 채를 비교적 길게 지어 두 가구가 양쪽으로 나누어 사는 형태예요. 마당에 좌우 대칭의 창고가 있는 점도 철도

구 철도청 대전지역사무소
보급창고 3호

272

솔랑시울길 전경

관사의 특징이랍니다. 이중에서 솔랑시울길과 시울1길이 만나는 곳에 있는 철도관사촌 42호 가옥은 문화 예술 공간으로 꾸며졌는데, 지역문화 활동가들의 노력으로 음악극과 전시회 등을 열고 있습니다.

철도관사촌 42호

지붕 아래 환풍구와
번호판이 보이는 관사촌 가옥

수도권과 역할을 나누다

편리한 교통뿐 아니라 수도권과의 접근성이 높기 때문에 대전은 수도권의 기능을 분산하기에도 매우 적절한 대상지랍니다. 그래서 정부청사가 이곳으로 일부 이전을 해온 거죠. 정부기관이 지방으로 이전된 최초의 사례라고 볼 수 있어요.

1970년에 준공되어 정부기관이 모여 있던 정부서울청사에서 대통령의 지시로 제2청사를 과천에 마련하게 돼요. 1977년의 일이죠. 서울의 인구 집중으로 인한 문제와 청사의 공간 부족 문제를 개선하기 위한 것이었어요. 1993년까지 차례로 다섯 개 동을 건립하여 일부 부처를 이전하게 됩니다.

그 후 수도권 집중을 지양하고 국토의 균형 발전을 도모하는 차원에서 제3의 청사를 계획하게 되는데 그 대상지로 선정된 곳이 대전이었어요. 군부대를 이전하면서 개발한 둔산 신도시에 세워졌는데, 최첨단 인텔리전트 빌딩으로 지어졌답니다(1993년 착공, 1997년 준공). 이곳으로는 청 단위의 행정기관을 집중화한다는 의도 아래 정부기관을 이전하여 현재, 관세청, 문화재청, 병무청, 통계청, 특허청, 산림청, 조달청이 입주해 있으며 공정거래위원회와 중소벤처기업부, 감사원이 함께 입주해 있습니다.

처음에는 황량한 장소에 청사가 우뚝 세워져 있었지만 현재는 청사 주변에 녹음이 우거지고 주거 기능과 상업 기능이 집중되어 있어 대전의 신도심으로 변화했죠. 주말이면 이곳의 맛집들을 찾아 몰려드는 자동차들로 붐비는 곳이기도 해요. 이는 정부기관의 이전이 지역 발전에 기여하고 있다는 것을 보여주는 사례이기도 합니다.

입주 당시 4,047명이던 공무원은 4,723명(2018년 4월 기준)으로 조금 증가했는데 이들을 대상으로 대전세종연구원에서 실시한 조사에 따르면, 이들의

정부대전청사 전경

정부대전청사 주변의 신시가지(서구 둔산동)

대전 생활 만족도는 매우 높다고 해요. 상당수 공무원이 주거지를 대전으로 이전했다고 합니다.

● 두 번이나 이전한 충남도청 ●

충청도라는 지명이 충주와 청주의 앞 글자를 합쳐서 붙여졌다는 건 앞의 '청주' 파트에서 나온 얘기죠? 그렇다면 충청남도청은 어디에 있을까요? 처음에는 공주에 있었답니다. 조선시대에 충청도 감영이 청주에 있었으나 임진왜란 후 공주로 옮겨갔고 일제강점기에도 공주를 도청소재지로 두었거든요.

그런데 1905년 경부선 철도가 대전을 지나면서 상황이 달라졌어요. 대전이 식민지배에 유리한 지역이 되면서 일본인들이 증가하자 자신들의 편의를 위해 도청을 대전으로 옮기고 싶었던 거예요. 결국 공주 시민들의 거센 반대에도 불구하고 1932년 도청을 대전으로 이전하게 됩니다.

하지만 1989년 대덕군과 대전시가 광역시로 승격되어 충청남도와 분리되면서 도청소재지로서의 부적절성이 지속적으로 제기되었어요. 2006년 도청 이전이 결정되고 홍성군과 예산군의 일부에 내포 신도시를 조성한 후 2013년 1월 이전했지요. 대전시에 있는 구 충남도청은 현재 대전 근현대사 전시관으로 1층이 조성되어 있고, 2층은 도지사실을 보존하여 개방하고 있답니다.

구 충남도청 건물

구 도지사실 내부(접견실)

대한민국 과학의 자존심

우리나라의 과학 영재들이 모여 있는 곳 하면 떠오르는 곳이 있죠? 네, 맞아요, 바로 카이스트! 카이스트는 국가 발전에 필요한 고급 과학기술 인력을 양성하고 과학 인재의 해외 유출을 막기 위해 연구 중심의 대학으로 1971년에 설립되었어요. KAIS(한국과학원)라는 이름으로 서울 홍릉에 설립되었다가 1989년 대전의 대덕 캠퍼스로 이전하였고, 2008년에 공식 명칭을 KAIST(한국과학기술원)로 확정했답니다.

카이스트 인근에는 과학이나 첨단기술과 관련한 여러 기관들이 입주해 있어요. 이 일대가 분산되어 있던 우리나라의 과학기술 능력을 한곳에 집중해서 첨단기술을 효율적으로 개발하고자 1974년부터 조성된 대덕연구단지이기 때문이에요. 이곳에는 1980년대에 정부기관들이 주로 입주했고 1990년대에 들어 벤처기업 위주의 민간 업체들이 입주했는데, 2005년에는 산업과 학문과 연

카이스트 전경

구가 유기적으로 연합할 수 있는 기반을 조성한다는 취지 아래 대덕연구개발특구로 확대, 지정되었습니다. 2016년 기준으로 대덕연구개발특구에는 정부 출연 연구 기관 26개, 정부 및 공공기관 24개, 대학 7개, 기업 1,669개 등이 입주해 있답니다. 한국항공우주연구원, 한국표준과학연구원, 한국생명공학연구원, 한국에너지기술연구원, 국립중앙과학관 등이 대표적입니다.

석박사 인력을 중심으로 관련 종사 인력이 2005년 23,558명에서 2016년 현재 69,613명으로 꾸준히 증가하다 보니 대전의 순 이동인구가 감소하는 추세 속에서도 대덕연구개발특구가 속한 유성구는 전출 인구보다 전입 인구가 꾸준히 증가하는 현상을 보이고 있답니다.

현대적 의미에서 대전이 본격적으로 발전하기 시작한 건 세계박람회(EXPO)가 개최되면서부터라고 볼 수 있어요. 엑스포는 주로 선진국에서 열리던 국제 행사였지요. 그런데 1993년 당시 어떻게 우리나라에서 개최할 수 있었을까요? 선진국 위주의 축제에 개발도상국의 참여도 이끌어내야 한다는 점과 대한민국이 선진국과 개발도상국을 잇는 다리 역할을 할 수 있다고 설득한 점이 효과를 보았다고 해요. 그러한 취지에서 대전 세계박람회는 선진국과 개도국의 조화로운 발전을 강조하고 전통과 현대 과학의 조화, 자연과 인간의 조화를 목표로 삼았어요. 그리고 국력을 과시하기보다는 창의력에 중점을 두고 대회 운영을 컴퓨터 시스템으로 구축하는 시도를 했고 다양한 체험 전시관을 두어 미래의 첨단기술 제품을 미리 경험하도록 했죠. 우리나라 기술로 만든 자기부상열차와 태양전지차를 세계에 소개한 것도 바로 대전 엑스포였답니다.

더구나 서울이 아닌 대전에서 개최함으로써 지방 분산 발전의 계기를 마련했고 대전은 엑스포 준비를 위해 교통, 상하수도 시설과 시가지를 정비하면서 지역 발전을 크게 앞당기게 되었어요. 엑스포가 열린 상설 전시관들은 폐기되지 않고 '엑스포과학공원'으로 단장하여 운영 중이랍니다. 한빛탑은 대전의 랜드마크로 기능하고 있고요.

최근에는 대전엑스포 재창조사업도 이루어지고 있습니다. 정부와 대전시는 엑스포가 열렸던 유성구 도룡동 일대를 과학공원으로 재단장했지만, 엄청난 규모의 부지를 관리하기에는 한계가 있었어요. 개발하자니 엑스포의 의미를 훼손할 수 있고, 그대로 두자니 방치될 우려가 있었기 때문이지요. 결국 대전시는 2011년에 '엑스포과학공원 재창조사업'

엑스포과학공원의 랜드마크인 한빛탑

을 시작했답니다. 엑스포 과학공원을 과학과 문화, 여가를 누릴 수 있는 대전의 대표 랜드마크 시설로 만들고 시민의 복합 휴식 공간으로 조성할 계획을 세웠어요. 전체 부지의 20%를 엑스포 기념존으로 남겨 상징성을 유지하면서 첨단영상산업, 국제전시컨벤션, 기초과학연구원, 사이언스콤플렉스 등을 조성할 예정이라고 합니다.

이미 국내 최대 규모의 드라마·영화

대전엑스포의 캐릭터였던 꿈돌이

제작 시설인 스튜디오큐브가 들어섰고요. 2021년에는 43층 건물에 호텔과 근린 생활시설, 과학·문화체험 등 복합 엔터테인먼트 시설을 갖춘 사이언스콤플렉스가 건립될 예정이라고 해요. 사이언스콤플렉스는 엑스포과학공원 재창조사업의 핵심으로, 대전의 랜드마크가 될 것이라 기대하고 있답니다.

물류 중심지가 낳은 음식, 칼국수

대전에서 매년 '칼국수축제'가 열린다는 사실, 알고 있나요? 아마 금시초문인 분들이 대부분일 거예요. 매년 4월 대전 중구 서대전 시민공원에서 칼국수축제가 열린답니다. 얼마 전 TV 프로그램에서 유명 연예인이 대전의 얼큰 칼국수와 두부두루치기를 소개하면서 대전의 칼국수가 더 주목을 받기도 했는데, 대전에는 칼국수 간판을 내건 음식점만 해도 600여 곳이 넘을 정도

스튜디오큐브

사이언스콤플렉스 조감도

로 칼국수집들이 많습니다. 이중에는 50~60년 전통을 가진 집들도 있죠. 멸치, 황태, 바지락 등 여러 가지 재료를 섞어 육수를 낸 일반 칼국수도 맛이 뛰어나지만 사골칼국수, 추어칼국수, 얼큰칼국수, 들깨칼국수 등 그 종류까지 다채로워 다양한 칼국수를 경험할 수 있답니다. 대전 방문의 매력 중 하나죠.

대전의 대표 향토음식이 칼국수가 된 이유는 무엇일까요? 그걸 알려면 근대로 시간을 거슬러 올라가야 합니다. 우리나라에서는 '진가루'라고 불리던 밀가루가 흔한 식재료가 아니었답니다. 그래서 국수를 먹는 것이 일상적인 일은 아니었다고 해요. 그런데 한국전쟁 때 미국의 식량 원조를 통해 밀가루가 들어오면서 밀가루 음식이 자연스럽게 발전했다고 합니다. 특히 대전은 철도교통의 요지였기 때문에 대전역이 구호물자의 집산지가 되었고, 그러다

멸치, 황태, 사골과 들깨로 맛을 낸 칼국수   멸치 육수에 고춧가루로 맛을 낸 칼국수

닭과 바지락, 부추로 맛을 낸 칼국수   칼국수와 곁들여 먹는 두부두루치기

보니 밀가루 유통의 거점이 되었던 거죠. 1960~70년대 대규모 간척사업이 진행되면서 노동자에게 임금 대신 밀가루를 지급했는데 '분식장려운동'과 맞물리면서 밀가루가 더욱 주목받게 되었고, 이를 유통시키던 대전은 밀가루 유통의 중심지가 된 거예요. 이러한 배경 아래 대전에서는 밀가루를 접하기가 용이해지면서 밀가루를 이용한 칼국수 전문점들이 대전역과 중앙시장 주변에 생겨나기 시작했어요. 이후 음식점마다 새로운 조리법을 개발하면서 유명 맛집까지 등장하게 되었답니다.

대전의 칼국수는 타 지역보다 유난히 종류가 다양하고 맛도 감탄을 자아냅니다. 이는 여러 지역으로부터 접근성이 좋았던 이유로 타 지역에서 이주한 사람들이 모여 살다 보니 각 지역의 고유 식재료와 솜씨가 드러나거나 적절히 조합하여 새로운 맛을 만들어낸 것으로 추측해볼 수 있습니다. 그리고 음식점마다 독특한 맛을 창조하는 데 그치지 않고 칼국수와 곁들여 먹기에 좋은 수육, 족발, 두부두루치기, 오징어두루치기 등 이색 메뉴도 개발한 결과 대전의 칼국수 음식점이 더 유명해진 것으로 보입니다.

● 공익을 생각하는 빵집, '성심당' ●

대전 여행의 필수 코스로 회자되는 빵집, '성심당'은 한 번쯤 들어보셨을 거예요. 성심당이 유명한 이유는 단순히 빵이 맛있기 때문만은 아니에요. 경제적 이익만을 추구하는 기업이 아닌 공동체의 이익을 추구하는 'EoC(Economy of Communion), 모두를 위한 경제'를 경영 이념으로 실천하고 있기 때문이죠.

성심당 본점

성심당의 창업주 임길순 씨는 한국전쟁 직후 굶주리는 동포들에게 먹을 것을 주기 위해서 1955년에 대전역 앞에 천막을 세우고 찐빵을 팔기 시작했답니다. 미국의 원조 밀가루 두 포대로 찐빵집을 연 게 성심당의 시작이라고 해요. 찐빵 300개를 만들면 200개는 팔고 100개는 이웃에게 나누어주었다고 하죠. 이러한 정신을 이어받아 지금까지도 남다른 경영철학으로 운영을 해오고 있어요.

성심당은 대전 외 지역에는 분점을 두지 않고 대전에만 네 개의 지점을 두고 있습니다. 대전을 사랑하며 대전 지역의 가치 있는 기업으로 역할을 하고자 하는 의지의 표현이라고 해요. 또한 성심당과 관계를 맺는 사람 모두에게 이익이 되는 구조를 만들고 있다고 합니다. 손님에게는 맛있는 빵을 내놓고, 직원에게는 수익의 15%를 나눠주며,

정직하게 세금을 내고, 수익의 10%는 기부를 하는 거죠. 이러한 노력은 빛이 나기 마련이라 성심당은 대전 시민들에게도 존경받는 기업으로 자리매김하고 있어요. 대전상공회의소가 대전의 대학생 500명을 대상으로 한 조사에서 2년 연속 대전의 대표 브랜드로 선정되었다고 하네요.

대표 메뉴인 튀김소보로와 부추빵

하늘에서 숲을 감상하다, 장태산 자연휴양림

대전의 동부와 남부는 비교적 고도가 높으며 서부와 북부는 구릉지와 평야가 나타납니다. 대전을 여행하다 보면 의외로 숲과 산이 많다는 것을 알게 되죠. 동쪽에는 계족산(398.7미터), 서쪽에는 계룡산(845미터), 남부에는 보문산(457.3미터), 장태산(374미터)이 대표적인데요, 대부분 시민들이 가볍게 걸으며 숲을 체험하기에 적절하도록 신경을 쓴 모습이 인상적입니다. 보문산에서는 시민들의 휴양과 치유, 여가활동과 건강 증진을 목표로 '2018년 보문산 숲치유센터 프로그램'을 운영하고 있어요.

장태산 자연휴양림 숲길

이중 장태산 자연휴양림을 먼저 가볼까요? 이곳은 국내에서 유일하게 메타세쿼이아 숲이 조성되어 있는 휴양림입니다. 그 숲을 '하늘길'을 따라 걸으며 감상할 수가 있답니다. 흔히 스카이웨이라고 말하지요. 경사진 길을 올라 스카이웨이 입구에 다다르면 키가 훤칠한 메타세쿼이아 나무의 상단부 높이에 조성된 철제 길이 나타난답니다. 아래를 보면 살짝 무섭기도 하지만 이색적인 풍경에 연신 감탄을 금할 수 없지요. 높은 곳에서 나무를 옆에 두고 걷는 기분은 정말 이곳에서만 가능하지 않을까요? 나무와 대화를 하며 걷는 기분이랄까요. 길을 따라 천천히 걷다 보면 전망대(스카이타워)가 이어집니다. 나선형의 길을 따라 구불구불 올라가면 숲을 조망할 수 있는 높은 전망대가 나오죠. 여기는 너무 높아서 오금이 저리기도 하지만 바람이 산들산들 불어와 기분이 좋아집니다. 이곳은 주말에 아이들을 데리고 휴식을 위해 방문하는 가족들로 인산인해를 이룰 만큼 대전 시민들에게 인기 있는 장소랍니다.

이곳 휴양림은 전국에서 처음으로 민간인이 조성해서 운영했는데, 2002년 2월 대전시에서 인수한 후 새롭게 조성하여 2006년 4월 25일부터 재개장했답니다. '대전은 놀 곳은 많지만 진정한 휴식 공간은 없다'라고 한탄한 고 (故) 임창봉 씨가 20만 평에 이르는 장태산 일대에 낙엽송, 오동나무, 메타세쿼이아 등을 심기 시작했는데 20여 년이 지나면서 13만 4천 그루를 자랑하는 현재의 휴양림이 만들어진 거랍니다.

맨발로 걸으며 힐링하다, 계족산 황톳길

계족산은 모양이 닭다리를 닮았다고 해서 붙여진 이름입니다. 황톳길로 된 산책로가 있어 맨발로 산을 오르내릴 수 있는 독특한 장소입니다. 방문하기 전에는 이 산의 토양이 황토인가 보다 하겠지만 막상 입구에 다다르면 살짝 놀라게 됩니다. 등산로 한쪽에 황토를 부어 일부러 조성한 길이기 때문이죠. 어떻게 이런 생각을 했을까요?

계족산 황톳길을 만드는 장비들

계족산 황톳길 입구

계족산 황톳길은 해발 200~300미터에서 이어지는 14.5킬로미터의 산책로
입니다. 전체적으로 완만한 숲길이라 어린아이나 노인이 걷기에도 무리가 없답
니다. 이 길은 한 주류 회사가 사비를 들여 조성했어요. 회사 대표가 우연히 맨
발로 산을 내려온 후 숙면을 취하게 되면서 맨발로 걷기의 효험을 알게 되었
다고 하네요. 그래서 맨발로 등산하기에 편하도록 황톳길을 조성했다고 합
니다. 이 길이 유명세를 타면서 관련 여행 상품이 등장하기도 하고 매년 외국
인을 포함 5천여 명이 참가하는 '계족산 맨발축제' 및 '맨발마라톤대회'가 열
리기도 한답니다. 2010년에는 '유엔환경어린이회의'에 참석했던 500여 명
의 외국 어린이들과 세이셸공화국의 미셸 대통령이 이곳을 맨발로 걸어 화
제가 되기도 했습니다.

　황톳길 입구에는 발을 씻는 곳과 신발을 씻는 곳도 마련되어 있습니다. 신발

계족산 숲속에서 열리는 클래식 음악회

과 양말을 벗은 후 걸음을 내딛기 시작하면 기분 좋은 푹신함을 느낄 수 있어요. 조금 지칠 때쯤 넓은 숲속 광장이 나타나는데, 이곳에서는 문화행사가 진행되기도 한답니다. 특히 매년 4월부터 10월 말까지 열리는 숲속 음악회 '뻔뻔(funfun)한 클래식'이 유명해요. 황톳길을 걸어온 맨발 그대로 무대 앞 작은 돌 위에 걸터앉아 클래식 공연을 관람하는 시민들의 모습이 참 인상적이랍니다.

● 물과 함께 산책하는 대청호 ●

대청호와 대청호반길 1코스

대청댐은 충북 청원군 하석리와 대전광역시 대덕구 신탄진동 사이를 흐르는 금강 본류를 가로지르며 건설된 댐입니다. 1981년 6월에 완공된 댐이고요. 대청댐이란 이름은 대덕구와 청원군의 앞 글자를 따서 붙여진 거예요. 여느 댐과 마찬가지로 대청댐 역시 생활·공업용수를 공급하고 홍수를 조절하기 위해 건설된 것인데 그 과정에서 생활터전 수몰 문제와 생태계 파괴 등의 문제가 수반되었어요. 하지만 댐 건설로 형성된 대청호가 현재는 시민들을 위한 여가 장소로 이용되고 있답니다.

대청호는 저수량 기준으로 우리나라에서 세 번째로 큰 호수예요. 소양호, 충주호 다음이죠. 그 둘레가 무려 200여 킬로미터나 된다고 하는데 이중 대전시 대덕구와 동구를 지나는 구간을 따라 '대청호반길'이 조성되어 있어요. 구불구불한 호수 가장자리를 따라 이어지는 대청호반길은 1~6코스의 걷는 길과 1~3코스의 자전거길이 마련되어 있어 취향에 따라 선택하여 체험할 수 있답니다. 대부분 평지로 이루어져 있어 체력적인 부담이 적고, '여수바위 낭만길', '갈대밭 추억길'처럼 각 코스마다 주제를 붙여서 선택의 재미를 부여해놓았죠. 이중 6-1코스인 '국화향 연인길'은 데이트 코스로 인기를 누리고 있지요.

대청호반에 조성된 금강로하스대청공원은 휴식과 문화 공간으로 각광을 받고 있어요. 물을 주제로 건립된 대청댐물문화관은 현장체험학습 공간으로 손색이 없고, 3층 전망대에서는 대청호 전경을 감상할 수 있답니다.

으느정이 문화거리 입구

스카이로드의 영상

미국 라스베이거스에서는 프리몬트 거리의 천장에서 펼쳐지는 전구쇼가 유명한데요, 우리나라에서도 이와 비슷한 광경을 경험할 수 있는 곳이 있답니다. 대전의 '으느정이 문화거리'예요.

이곳은 천 년이 넘은 은행나무가 있어서 '으느정이'라 부르던 마을이 있던 곳인데 해방 후 한자 표기로 은행동이 되었답니다. 1980년대까지 행정과 상업 기능의 중심지였으나 지금은 문화예술의 거리로 새롭게 단장했어요. 문화와 예술이 있는 걷고 싶은 거리를 만들고자 조성했는데 화랑, 소극장, 공연장 등 문화예술 관련 업종이 150여 개 들어서 있고 '으느정이 페스티벌' 등 다양한 행사도 열리고 있답니다.

하지만 무엇보다 이곳이 주목을 받게 된 것은 바로 '스카이로드' 때문입니다. 길이 214

미터, 너비 13.3미터, 높이 20미터의 초대형 LED 아케이드 시설이 세워져 있어 해가 지면 각종 영상쇼를 볼 수 있지요. 2013년에 들어선 이 스카이로드는 주로 상업적 용도로 사용되다가 가끔 특별영상전이 열리기도 한답니다. 개인적으로 프러포즈를 하거나 가족에게 보내는 영상을 신청할 수도 있으니 기억해두었다가 이용하면 좋겠죠?

대전을 여행하다 보면 대도시에서 경험하기 어려운 차분함과 쾌적함을 느끼게 될 거예요. 연구단지가 많고 녹지 공간이 풍부하니까요. 인근에 특색 있는 산과 숲, 호수가 가까이 있어 시민들의 여가 공간이 풍부한 것도 또 다른 매력이지요. 교통의 중심지라 누구나 한 번쯤 스쳐 지나갔을 도시, 대전! 그 속으로 발걸음을 내디뎌보면 어떨까요?

5 부

전라도

CITY
전주

13
멋과 맛의 천년의 도시, 전주

'전라도'라는 지명은 언제부터 쓰였을까요? 고려 현종 때(1018년) 당시 가장 큰 고을이었던 '전주(全州)'와 '나주(羅州)'의 첫 글자를 따서 부른 것이 지금까지 이어지고 있는 거랍니다. 2018년 10월 18일, 전주 전라감영 부지에서 '전라도 천년 기념식'이 열렸는데, 전라도라는 명칭이 처음 사용된 1018년의 의미를 담아 기념식 날짜를 10월 18일로 결정한 거였죠. 전주라는 지명은 통일신라시대부터 쓰였는데 온전할 '전(全)', 고을 '주(州)' 자를 사용했어요. 백제시대에는 완전할 '완(完)' 자를 사용해 완산이라 불렸는데, 모두 '온전하다'는 의미를 가지고 있죠. 풍수적으로 사람이 살기 좋은 조건을 갖춘 온전한 땅이라고 생각했던 거예요. 그래서인지 전주는 후백제의 수도였으며, 조선왕조의 발상지이기도 해요. 지명에서부터 전주 사람들의 자부심이 느껴지는 것 같지 않나요? 그럼 이제 천년의 도시, 전주로 여행을 떠나봅시다!

역사와 문화가 살아 숨 쉬는 전주 한옥마을

사람들이 전주에 가면 꼭 방문하는 장소가 바로 전주 한옥마을이에요. 그만큼 전주 한옥마을은 전주의 명소이자 전주 하면 떠오르는 상징적인 곳이죠. 이를 증명하기라도 하듯이 전주역의 외관부터가 한국의 미를 살린 한옥 형태랍니다.

전주 한옥마을은 언제부터 형성되었을까요? 생각보다 역사가 그리 길지 않답니다. 일제강점기인 1930년대 일본인들의 세력 확장에 대한 반발로 전주에 거주하던 선비들이 교동과 풍남동 일대에 한옥촌을 형성하기 시작하면서 발전하게 되었죠. 14~15세기에 조성된 안동 하회마을이나 경주 양동마을의 오래된 전통 한옥과 달리 비교적 최근에 형성된 한옥입니다.

1905년의 을사늑약 이후 일본인들이 대거 전주에 들어오게 되는데, 그들이 처음 거주한 곳은 전주부성의 서문 밖이었어요. 서문 밖은 주로 천민이나

전주역

상인들의 거주 지역으로, 당시 성안과 밖은 엄연한 신분의 차이가 있었지요. 당시 외국인은 성내에 살지 못했고 좌판을 벌일 수도 없었기 때문에 일본인들은 주로 서문시장과 남문시장에서 행상을 했답니다.

전주 한옥마을 거리

하지만 일본으로 쌀을 반출하기 위해 1907년 전주-군산 도로가 개설되면서 성곽의 서반부가 강제 철거되었고, 1911년 말 성곽 동반부가 남문을 제외하고 모두 철거되면서 전주부성의 자취가 사라지게 됩니다. 이로써 일본인들이 성안으로 진출할 수 있는 계기가 마련된 거죠. 이후 일본인들이 전주 상권의 대부분을 차지하게 되었고 자본과 권력을 쥔 일본인들이 세력을 확장하면서 일본식 주택이 늘어나게 됩니다. 이에 대한 반발로 전주 사람들이 교동과 풍남동 일대에 한옥촌을 만든 거예요. 이것이 지금의 전주 한옥마을이 탄생한 배경이랍니다. 전주 한옥마을 일대를 거닐며 사라져가는 우리 전통문화와 민족정신을 지키려는 당시 전주 사람들의 마음을 느껴보는 것은 어떨까요.

가장 높은 곳에 있는 오목대에 올라 마을을 바라보면 회색 빌딩에 둘러싸인 한옥마을의 모습이 한눈에 들어옵니다. 오목대는 이성계가 고려 우왕 6년(1380년) 남원 운봉 황산에서 왜구를 정벌하고 승전고를 울리며 잔치를 베풀었다는 곳이에요. 이를 기념하기 위해 대한제국 광무 4년(1900년)에 비석을 건립했는데, 태조가 잠시 머물렀던 곳이라는 뜻의 '태조고황제주필유지(太祖高皇帝駐蹕遺址)' 비문은 고종황제의 친필을 새긴 것이랍니다. 오목대와 연결

오목대에 올라 본 전주 한옥마을 전경

한옥마을과 빌딩 전경

오목대

오목대 비석

이목대

된 육교 건너편으로 가면 태조 이성계의 5대조인 목조 이안사가 전주를 떠나기 전에 살았던 곳임을 알리는 이목대도 있습니다.

오목대에서 내려와 태조로를 걷다 보면 '경사스러운 터에 지은 궁궐'이라는 의미의 경기전(慶基殿)을 만나게 됩니다. 경기전은 태조 이성계의 초상화인 어진을 봉안하고 제사를 지내기 위해 태종 10년(1410년)에 지어진 건물이에요. 경기전은 선조 30년(1597년) 정유재란 때 소실되었으나 광해군 6년(1614년)에 중건되었어요. 경기전 앞에는 '신성한 곳이니 누구든 말에서 내려야 한다'는 내용을 담은 하마비도 보인답니다.

경기전은 조선 태조 이성계의 어진 봉안과 함께 《조선왕조실록》을 보관했던 전주사고가 설치되었다는 점에서 매우 의미가 있습니다. 《조선왕조실록》은 1392년 태조부터 1863년 철종까지 472년 동안의 역사적 사실을 기록한 책으로, 1997년 유네스코 세계기록유산으로 등재되어 있죠. 조선왕조는 실록을 편찬하여 한양의 춘추관, 충주, 성주, 전주에 4대 사고를 만들어 보관했는데, 임진왜란 때 한양, 충주, 성주의 실록은 모두 소실되고 유일하게 전주사고에 보관되어 있던 실록만 남게 되었답니다.

경기전

하마비

전주 한옥마을 일대에 가면 남녀노소 할 것 없이 친구, 연인, 가족과 함께 한복체험을 즐기는 모습을 쉽게 볼 수 있답니다. 2012년 한 청년의 아이디어로 전주에서 '한복데이'가 시작된 이후 한복을 입고 전주 한옥마을을 여행하는 게 유행이 되었어요. 퓨전 한복, 전통 한복 등 다양한 스타일의 한복을 빌릴 수 있을 뿐만 아니라, 신발, 갓 등 액세서리를 함께 대여할 수 있고 한복에 어울리는 헤어스타일을 만들어주기도 하지요. 전주가 많은 사람들이 찾는 관광 도시가 된 이후 각종 길거리 음식점과 수많은 한복대여점이 생겨났습니다.

고즈넉했던 옛 모습을 잃어가고 지나치게 상업화된 것 같아 아쉬운 마음이 들다가도 한복을 입고 길거리 음식을 먹으며 즐겁게 돌아다니는 사람들의 모습을 보고 있으면, 우리의 전통문화를 많은 국내외 사람들에게 알리는 계기가 되는 것 같다는 생각도 듭니다. 과연 전통을 지키는 바람직한 방법은 무엇일까요? 전주에 방문하면 한복을 입고, 한식을 맛보며, 한옥에서 하루쯤 머물면서 우리의 전통문화를 흠뻑 느껴보세요.

한옥마을 거리에 한복을 입은 관광객들

한복가게

> ● 한옥생활 체험이 가능한 곳 ●
>
> · 학인당 | 조선말 궁중 건축양식을 민간주택에 도입하여 만들어진 한옥으로, 해방 이
> 후 백범 김구 선생을 비롯한 정부 요인들의 숙소로 사용된 곳이랍니다. 현재는 공연·
> 세미나·연회 및 한옥 체험 등 전통문화 프로그램을 운영하고 있습니다.
> · 승광재 | 고종의 연호인 '광무를 이어간다'는 뜻의 승광재는 고종황제의 황손인 이석
> 씨가 거주하는 곳으로, 조선 역사 알기, 황실 다례 익히기, 황실 예법 익히기 등 황실
> 문화 체험이 가능하답니다.

전주 한옥마을의 도로명은 역사 속 인물과 관련이 많아요. '태조로'는 전
주 한옥마을의 중심도로로, 오목대 입구에서부터 전동성당까지 이르는 도로
랍니다. 이 외에도 최명희길, 견훤왕궁로 등 인물명으로 된 길들이 많이 있어
요. 최명희길은 리베라호텔을 기점으로 경기전까지 닿아 있는 길로, 《혼불》
의 작가 최명희 선생의 정신을 기념하는 최명희 문학관이 있는 골목길의 이
름입니다. 전주는 작가의 고향이자 문학 열정을 불태웠던 곳이지요. 2006년
개관한 최명희 문학관에는 작가의 자필 원고와 친필 편지가 전시되어 있고,
1998년 생을 마감하기 전까지의 삶이 담겨 있답니다.

태조로를 따라 걷다 보면 나지막한 한옥 사이에 로마네스크 양식의 아름
다운 서양식 건축물이 눈에 들어옵니다. 바로 전동성당입니다. 1931년에 완
공된 이 성당은 호남지역의 서양식 근대 건축물 중 규모가 가장 크고 오래되
었어요. 아름답기로 손꼽히는 전동성당은 고풍스러운 외관과 화려한 내부
장식으로 많은 여행객들의 발길을 머물게 하지요. 이 아름다운 성당은 아픈
역사의 현장이기도 합니다. 한국 천주교회 역사상 최초의 순교자인 윤지충
과 권상연의 순교 터에 세워진 성당이거든요. 두 분이 순교한 지 100주년이

태조로

최명희길 표지판

견훤왕궁로 표지판

되던 1891년에 전동성당 초대 주임신부인 보두네 신부가 그 뜻을 기려 순교자들이 참수를 당했던 자리에 터를 마련한 거예요. 전동성당 앞에서 기념사진을 찍기 전에, 230여 년 전 이곳에서 피 흘리며 쓰러져간 순교자들과 가슴 아픈 역사를 떠올리며 잠시 묵념의 시간을 가져보는 것은 어떨까요?

전동성당에서 서쪽 방향으로 걸어 나오면 풍남문을 볼 수 있습니다. 풍남문은 전주부성의 남쪽 출입문이에요. 전주부성에는 동서남북에 각각 출입문이 있었으나 1905년 조선통감부의 폐성령에 의해 사대문 중 세 개의 문이 동시에 철거되면서 현재 유일하게 풍남문만 남아 있답니다. '풍남'이란 '풍패(豊沛)'의 남쪽이란 뜻인데, '풍패'란 중국 한나라 고조가 태어난 곳으로, 조선왕지의 발원지인 전주를 그곳에 비유한 거죠. 풍남문 북측에는 호남제일성(湖南第一城)이라는 현판이 걸려 있지요.

풍남문에서 풍남문3길과 전라감영5길을 따라 북쪽으로 올라가

전동성당

풍남문

풍패지관 현판

전주객사

면 고려 전기부터 외국 사신의 숙소로 이용되었던 전주객사가 있습니다. 객사의 주관 정면에는 '풍패지관(豊沛之館)'이라는 현판이 걸려 있는데, 한마디로 조선왕조의 발원지라는 의미를 담고 있죠.

1970~80년대에는 객사 인근이 전주의 유흥가와 주택가였는데 상권이 옮겨가면서 유동인구가 줄었다가 2016년부터 재개발구역이 해제되어 다시 다양한 카페와 식당 등의 상권이 형성되었어요. 최근에는 젊은이들이 많이 모이는 장소가 되었고 거리의 모습이 서울의 '경리단길'과 비슷하다고 해서 '객리단길'이라고 부르기도 한답니다.

객사길

● 전주국제영화제(JIFF) ●

2000년 제1회가 개최된 이래 매년 4월 말에서 5월 초에 열리는 전주국제영화제는 대안영화와 디지털영화를 소개하는 영화제입니다. 독립영화, 실험영화, 다큐멘터리 등에 초점이 맞춰져 있지요. 전주영화의 거리는 시청 입구의 오거리문화광장에서 메가박스, CGV, 전주시네마타운, 전주디지털독립영화관까지의 길목을 가리킵니다. 거리 곳곳에 전주국제영화제의 엠블럼이 새겨져 있고, 전주국제영화제를 의미하는 JIFF 발자국도 보이지요.

전주 영화의 거리

전주에는 영화종합촬영소와 영화제작소가 있답니다. 전주 영화종합촬영소에는 실내 스튜디오와 야외세트장, 세트 제작실, 분장실이 갖추어져 있어요. 전주 영화제작소에서는 다양한 독립영화들을 상영할 뿐만 아니라 전주국제영화제 역대 상영작 및 관련 자료들을 열람할 수 있답니다.

전주국제영화제 엠블럼

전주 영화제작소

전주의 멋, 한지

한지와 부채를 직접 만들어보고 전통주 한 잔에 판소리까지 한 자락 배워 볼 수 있다면 어떨까요? 이 모든 것이 가능한 곳이 바로 전주랍니다.

전주의 캐릭터는 맛돌이와 멋순이인데, 전주시의 전통인 태극선과 합죽선을 친근감 있고 정다운 형태의 캐릭터로 의인화한 것입니다. 전주의 캐릭

터가 왜 전통 부채일까요? 전주의 토양은 화
강암이 풍부해서 한지의 재료인 닥나무가
자라기에 적합했어요. 또 전주천의 맑고 깨
끗한 물을 손쉽게 쓸 수 있어 옛날부터 한지
산업이 활발했지요.

전주 캐릭터 맛돌이와 멋순이
(출처: 전주시청)

국내에서 한지 생산지로 유명한 곳은 원
주, 안동, 전주입니다. 원주는 천연염색을 통한 색 한지를 만드는 곳으로 유명
하고, 안동은 '양반의 고장'이라는 이름에 걸맞게 순백색의 한지에 올곧은 선
비정신을 담고 있습니다. 전주는 전통적인 방식의 한지 생산지로 유명해요.
전주는 고려 중기 이래 조선 후기까지 수백 년 동안 한국의 대표적인 종이 산
지였어요. 일찍부터 그 품질을 인정받은 전주 한지는 왕실에 진상품으로 들
어가 조선시대에는 외교 문서로 사용되기도 했죠. 전주는 종이 생산지로만
유명한 것이 아니라 대규모로 종이가 판매, 유통되는 종이 시장으로도 명성
을 떨쳤고, 서울을 제외하면 지방에서 가장 많은 책을 찍어내는 등 출판문화
가 발달한 지식 산업의 중심지이기도 했답니다.

이런 전주 한지에 전주 사람들의 예술적 감각과 장인 정신이 결합되어 전
주 부채가 만들어진 거죠. 전주 부채가 명성을 날릴 수 있었던 것은 질 좋은
한지가 있었기 때문에 가능한 일이었답니다. 조선시대에는 전라감영에 부채
를 만들고 관리하는 선자청(扇子廳)을 두었고, 임금에게 진상될 만큼 그 빼어
남을 인정받았습니다. 전라감영에 선자청을 두었던 것은 부채가 전주의 특
산물로 단옷날 임금에게 올리는 진상품이었기 때문이에요. 우리 속담에 "단
오 선물은 부채요, 동지 선물은 책력이라" 하는 말이 있는데 이는 단오가 다가
오면, 곧 여름철이 되므로 친지와 웃어른께 부채를 선물하고, 동지가 다가오

면 새해 책력(달력)을 선물하는 풍속이 있었음을 보여주죠. 부채 중에서도 전주 부채를 단연 으뜸으로 여겼답니다. 1920년대 이전에는 선자청에서 부채를 만들다가 전라북도 청사가 그 자리에 들어서면서 부채 장인들은 '부채골'로 불리는 석소마을(아중리), 가자미마을(인후동) 등에 모여 살며 부채를 제작했다고 해요.

여름철 전주에 가면 한복을 곱게 차려입고 한 손에는 핸디형 선풍기를 들고 여행하는 사람들을 쉽게 볼 수 있어요. 시대의 변화와 함께 부채는 더위를 쫓아내는 여름철 필수품에서 멀어졌지만, 전주에서만큼은 핸디형 선풍기보다는 멋스러운 전통 한지부채를 손에 쥐고 여행을 해보는 것도 괜찮을 것 같아요. 한옥마을 곳곳에서 부채를 구매할 수도 있고, 나만의 부채를 직접 만들어보는 체험도 가능하답니다.

● 한지·부채·인쇄와 관련한 체험이 가능한 곳 ●

· 전주한지박물관 | 전주페이퍼에서 운영하는 한지 박물관으로 한지 공예품, 한지 제작도구, 고문서 등 한지 관련 유물을 전시하고 있으며, 한지 만들기 체험도 운영하고 있습니다.
· 전주전통한지원 | 전통방식으로 한지를 만드는 곳으로 전통 한지, 한지수의 등을 판매하며, 사전 신청을 통해 한지공예 체험도 가능하답니다.
· 전주부채문화관 | 부채 유물 전시회, 부채 만들기 등의 교육과 체험 프로그램을 운영하고 있어요.
· 전주목판서화체험관 | 목판화 인쇄 체험, 옛 책 만들기, 목판화 엽서 봉투 만들기 등의 체험이 가능하답니다.
· 완판본문화관 | 전주 한옥마을 내에 위치한 완판본문학관은 한글 고소설을 비롯해 전라감영에서 출판한 역사서, 문집, 사서삼경, 실용서 등 전주의 출판문화를 한눈에 볼 수 있으며, 목판 인쇄 체험, 목판화 한지 엽서 만들기, 옛 책 만들기 등 체험 프로그램도 운영하고 있는 곳이랍니다.

전통 한지의 우수성을 세계에 전하고 전주 한지의 명성을 널리 알리기 위해 매년 5월 전주한지문화축제가 열려요. 한지인형극, 한지패션대전 등의 공연과 전시 및 공예 체험, 한지 천연염색, 한지 전통놀이 등의 체험행사가 펼쳐진답니다. 뿐만 아니라 전주는 유네스코가 인류무형문화유산으로 지정한 판소리의 본고장이기도 해요. 전주고등학교 앞에서 북쪽으로 약 5킬로미터에 이르는 길 이름은 조선 후기 판소리 명창의 이름을 딴 '권삼득로'예요. 국창 권삼득 선생의 본명은 권정인데 사람 소리, 새소리, 짐승 소리의 세 소리를 얻었다고 해서 삼득이라 불렸습니다. 10월이면 전주에서 세계소리축제가 열리는데, 판소리에 근간을 두고 세계의 다양한 음악이 만나는 축제예요. 장르에 상관없이 누구나 참여할 수 있고, 각 분야별로 세계적인 명성을 얻고 있는 아티스트의 공연까지 다양한 공연을 한자리에서 만날 수 있으니 놓치지 마세요.

◆ 소리·전통문화 관련한 체험이 가능한 곳 ◆

· 전주소리문화관 | 판소리, 민요, 무용 등 상설공연이 열리며, 바람개비 피리 만들기, 소리북 체험, 투호, 고리 던지기 등 전통놀이 체험이 가능해요.
· 전주한벽문화관 | 국악공연을 감상할 수 있으며, 한식 조리, 장구·소리·탈춤, 한지공예·부채, 전통 혼례, 염색·민화·전통놀이 등의 체험이 가능하답니다.

전주의 맛, 한식과 술 문화

전주 여행에서 '전주의 맛'을 빼놓을 수 없겠지요? 전주 하면 떠오르는 비빔밥에서부터 콩나물국밥, 요즘 들어서는 다양한 길거리 간식 문화까지, 전주는 음식문화가 특히나 발달한 지역이니까요. 전주는 산과 바다, 강과 평야가 모두 가까운 만큼 물자가 풍부해 일찍부터 정치와 경제, 문화의 중심지로 발전해왔지요. 전주를 대표하는 비빔밥과 한정식 등의 음식문화는 바로 이 경제적 풍족함과 그에 기반을 둔 문화·예술적 수요가 있어 발전할 수 있었답니다.

조선 초기에 전라남도와 전라북도를 포함하여 제주도까지 통할하는 관청인 전라감영이 전주에 설치되었다는 사실만으로도 전주가 전라도 지방의 행정 중심지였던 것을 쉽게 짐작할 수 있지요. 동학농민운동 때는 이곳에서 집강소 설치를 위한 전주화약이 맺어졌고요. 1952년에 이 자리에 전북도청 건물이 들어섰었는데, 도청 건물은 현재 신도심으로 이전되었고 이 자리에서는 전라감영 복원공사가 진행되고 있습니다. 옛 전라감영 자리에 원형을 복원해서 일반인들에게 개방할 예정이에요.

과거부터 전라도의 중심 역할을 했던 전주는 일찍 도시가 형성되어 전라도의 식재료들이 집산되는 큰 도시로 성장할 수 있었습니다. 전주를 대표하는 여러 가지 음식 중에서도 아마 비빔밥이 가장 먼저 떠오를 거예요. 학술적으로 증명된 것은 없으나 예전부터 사람들 사이에 내려오는 이야기에 의하면, 비빔밥이 전주 고유의 것은 아니지만 전주에서 특히 잘 받아들여진 이유는 풍부한 식재료(전주 10미)와 부녀자들의 음식 솜씨 덕분이었다고 해요. 그렇게 오늘날의 전주비빔밥이 탄생한 거죠.

비빔밥도 지역별로 특징이 있다는 거 알고 있나요? 각 지역 특산물이 비빔밥 재료로 사용되면서 지역별로 향토색을 담고 있지요. 전주비빔밥에 들어가는 재료 중에 중요한 역할을 하는 것으로는 콩나물, 고추장, 육회, 황포묵 등이 있습니다. 특히 콩나물은 전주 10미의 하나로 전주비빔밥에서 빼놓을 수 없는 재료랍니다. 안동비빔밥은 헛제삿밥이라고도 하는데, 밥에 제사 음식을 올려 고추장 대신 간장으로 맛을 내죠. 제사 음식인 산적과 전을 곁들이는 것이 특징이에요.

전주비빔밥축제 현수막

해조류가 풍부한 통영에서는 비빔밥에 생미역과 톳나물 등이 들어가고, 거제도에서는 특산물인 멍게 젓갈을 넣어 비빔밥을 만듭니다.

2007년부터 개최된 전주비빔밥축제는 유네스코 음식창의도시로 지정된 전주의 대표적인 음식 축제랍니다. 전주비빔밥을 주제로 매년 10월 한옥마을 일대에서 열려요. 비빔밥, 비빔밥 와플, 컵 비빔밥, 비빔빵 등 다양한 비빔밥 응용요리를 맛볼 수 있고, 전국 요리 경연대회와 다양한 거리공연도 볼 수 있답니다.

전주 하면 생각나는 음식 중엔 콩나물국밥도 유명하죠. 콩나물국밥을 먹을 때 지역 전통주인 모주를 함께 곁들여 마시곤 합니다. 전주 콩나물국밥은 수란을 따로 주는 남부시장식과 뚝배기에 달걀을 넣어 끓여주는 삼백집식으로 나뉘어요. 막걸리에 약재를 넣어 끓인 해장술 '모주'는 전주를 대표하는 막걸리입니다. 광해군 때 인목대비의 어머니가 귀양지 제주에서 빚은 술이라 '대비모주'라 불리다가 모주가 되었다는 설과 어느 고을의 술 좋아하는 아들의 건강을 염려한 어머니가 약재를 넣어 끓인 데서 기인했다는 설이 있어요. 전주에서는 생강, 대추, 감초 등의 한약재를 넣어 끓인답니다. 모주는 전주한옥마을 일대의 편의점, 슈퍼, 기념품 가게나 고속터미널에서 살 수 있습니다.

삼백집식 콩나물국밥

◆ 전주의 새로운 술 문화, 가맥과 막걸리 골목 ◆

'가맥'은 '가게맥주'를 뜻하며 전주가 탄생시킨 길거리 카페이자 새로운 술 문화예요. 1960~70년대 동네 구멍가게에서 간이로 술을 팔던 형태가 사라지지 않고 남아 규모가 더 커진 셈이라 할 수 있지요. 조그마한 가게에서 값싼 맥주를 마시면서 시작된 가맥. 갑오징어, 황태 등의 마른안주를 특제 소스에 찍어 맥주와 먹는 것이 가맥의 기본 상차림입니다. 대학로에서는 참치전 안주가 유명하고, 시내-동문거리에서는 황태, 명태, 갑오징어 등의 마른안주가 유명해요.

전주의 또 다른 술 문화인 전주 막걸리 골목을 빼놓을 수 없지요. 전주 막걸리는 전주의 좋은 물맛과 인근 곡창지대인 김제, 만경의 고품질 쌀에 힘입어 예로부터 명성을 얻었습니다. 전주에는 대여섯 곳의 막걸리 골목이 있는데 막걸리를 주문하면 안주가 한 상 가득 나온답니다. 막걸리를 추가로 주문할 때마다 안주가 추가로 제공되어 전주의 넉넉한 인심을 느낄 수 있는 곳이지요.

가맥 황태

전주 막걸리

◆ 전통 술 체험이 가능한 곳 ◆

· 전주전통술박물관 | 집에서 빚은 술인 가양주의 전통을 이어가는 전통 술 박물관. 전통 방식으로 술을 빚는 과정을 모형으로 전시하고 있으며 유명 전통주들을 전시 및 판매하고 있답니다. 전통주 해설 및 시음회 진행, 전통주 빚기, 막걸리 거르기 등 다양한 프로그램에 참여할 수 있습니다.

남부시장의 새로운 변화, 야시장과 청년몰

남부시장은 조선 중기, 전주부성 밖에 형성된 장에서 유래되어 자연스럽게 지역 유통의 중심지가 되었습니다. 1970년대까지만 해도 전국의 쌀값을 좌우했을 정도로 호남권 최대의 전통시장이었던 남부시장은 대형마트의 등장과 온라인 시장 활성화 등 여러 요인들로 침체되었죠. 하지만 최근 청년몰, 야시장과 같은 새로운 시도를 하며 다시 활력이 되살아나고 있답니다.

남부시장 2층에 위치한 청년몰은 2011년 문화체육관광부의 문전성시 사업(문화를 통한 전통시장 활성화 시범사업)의 일부로 시작되었어요. 2013년 사업은 종료되었지만, 지금까지 청년 상인들의 자치로 운영되고 있지요. '적당히 벌어 아주 잘 살자'는 캐치프레이즈가 청년몰 곳곳에서 보이는데 요즘 젊은 층의 가치관이나 삶에 대한 마인드를 잘 보여주는 것 같아요.

음식점뿐만 아니라 다양한 핸드메이드 공방과 식당들이 아기자기하게 어우러져 있어요. 매주 금요일, 토요일 저녁부터 밤까지 남부시장에 활기가 넘쳐납니다. 바로 야시장이 열리기 때문이에요. 청년몰에서 운영하던 프리마켓 야시장이 확대되면서 전주의 또 다른 명물로 자리 잡았죠. 매주 금, 토요일 밤이 되면 남부시장 중앙 통로에 개성 가득한 매대가 하나둘씩 들어섭니다.

남부시장

남부시장 야시장

세계의 맛을 전주에서 품기라도 하듯이 퓨전 한식부터 세계 각국의 요리를 맛볼 수 있으니 한번 들러보세요.

문화예술공동체, 자만벽화마을과 서학동예술마을

전주 한옥마을과 도로 하나를 사이에 두고 산언덕에 벽화마을이 보여요. 오목대에서 이목대로 가는 오목육교를 건너면 자만벽화마을이랍니다.

자만벽화마을은 한국전쟁 때 피난민들이 정착하면서 형성된 평범한 산동 네였는데 2012년 자만동 주민들이 젊은 작가들에게 예술 활동을 할 수 있도 록 공간을 내어주었고 예술가들이 자발적으로 참여해 골목길 40여 채의 주 택 곳곳에 벽화를 그렸습니다. 벽화마을 산중턱에 올라서면 한옥마을 전체 를 한눈에 볼 수 있고, 근처에 오목대와 이목대가 있어 전주여행의 필수 코스 가 되었답니다.

사실 벽화마을은 전주의 자만벽화마을 외에 다른 여러 지역에서도 볼 수 있 지요. 과거에 낙후된 지역을 살리기 위한 마을 재생 프로젝트의 일환으로 마을 벽화 그리기 사업을 여러 지역에서 실시했고 이를 계기로 전국에 많은 벽화마

청년몰

을이 생겨났습니다. 예쁜 벽화와 아기자기한 골목길을 보기 위해 사람들이 몰려들었고 소외되었던 마을은 관광객들로 북적이기 시작했지요. 대부분의 벽화마을들은 사람들이 많이 살지 않는 가난한 마을이었거나 큰 도시 주변에 있으면서도 소외된 지역이었어요. 마을

오목육교

에 볼거리가 생기니 관광객들이 찾아와 활기를 더했고, 이로 인해 발생한 수입은 마을 경제에 도움이 되기도 했죠. 지역 예술가들은 벽화마을 사업에 참여하면서 일자리를 얻었고요.

자만벽화마을

서학동예술마을

하지만 지역의 특성이 충분히 반영되지 않은 벽화마을의 경우, 다른 지역과의 차별성이 없어 매력이 떨어지기도 하고, 일회성 프로젝트로 조성된 경우 관리가 부실해 훼손된 채로 방치되는 곳도 적지 않답니다. 또한 지역주민들의 생활공간까지 함부로 들어오거나 골목에서 큰 소리로 떠들고 늦은 시간까지 돌아다니며 사진 찍는 일들 때문에 지역주민들에게 불편하고 불쾌한 일이 되기도 합니다. 지역주민과 여행객들이 함께 행복한 공간이 되기 위해서 필요한 것이 무엇인지 한 번쯤 생각해볼 필요가 있을 것 같습니다.

자만벽화마을에서 전주천을 건너면 예술인들이 모여 사는 서학동예술마을이 보여요. 과거에는 사람들이 많았던 곳인데 지역상권 쇠퇴와 주거시설 낙후 등으로 쇠락하다가 2010년부터 화가, 자수가, 사진작가 등 예술인들이 하나둘 이사를 오면서 자연스레 예술마을이 형성되었습니다. 지금은 약 20가구 30여 명의 예술인들이 이곳에 살면서 예술 작업을 하고 있답니다. 한옥마을이나 자만벽화마을처럼 여행객들이 자주 찾는 관광지는 아니지만, 골목길 사이사이에 갤러리와 공방이 있어 다양한 예술작품들을 만날 수 있습니다. 한옥마을에서 걸어가기에 멀지 않아 한적하고 조용하게 다양한 예술작

전주시의 홍보문구

품을 감상하고 싶다면 방문해보는 것을 추천합니다.

전주의 거리를 걷다 보면 다음의 문구를 볼 수 있어요. "파리가 유럽의 문화심장터라면, 전주는 아시아 문화심장터입니다." 이러한 전주시의 홍보 문구에서 문화예술도시로서 전주시의 자부심과 자신감이 느껴지지 않나요? 앞으로 아시아의 문화심장터로서, 문화예술도시로서의 비상이 더욱더 기대됩니다. 🌱

● 폐공장의 새로운 변화, 팔복예술공장 ●

팔복예술공장은 한옥마을에서는 조금 떨어진 외진 지역에 위치해 있어요. 과거에 큰 공장들이 많은 공단지대였는데 지금은 공장들이 가동을 중단하면서 슬럼화되었지요. 카세트테이프 공장으로 운영되다 25년간 방치되어 있던 노후 산업시설을 전주시가 새로운 문화예술 공간으로 조성해 팔복예술공장이 만들어졌어요. 현재 이곳에서는 예술가들의 창작 활동을 지원하고 지역민들에게 휴식 공간을 제공하고 있답니다. 카페, 아트숍, 만화책방, 그림방 등의 공간이 있어요.

CITY

남원

서도역

노봉마을

교룡산성

남원성

구룡계곡

운봉분지

지리산국립공원

만복사지

남원관광단지

정령치

광한루원
(춘향제)

뱀사골 계곡

14

지리산을 품은 사랑의 도시, 남원

남원의 중고등학교는 1학기 중간고사를 춘향제 기간을 피해 치른다는 사실, 알고 있나요? 춘향제는 매년 음력 4월 8일을 전후로 개최되는데, 음력이 기준인지라 실제 축제가 열리는 양력 날짜는 매년 달라요. 12월이면 남원시 중고등학교의 교무부장 선생님들이 한자리에 모입니다. 그곳에서 학생들이 축제를 맘껏 즐길 수 있도록 춘향제 직전에 시험이 끝나게 날짜를 잡습니다. 춘향이에 대한 남원 사람들의 애정은 시험 기간도 타 지역과 다르게 바꾸어 놓을 정도랍니다.

남원시의 슬로건은 '사랑의 도시 남원'입니다. 《춘향전》이 대표적으로 떠오르지만, 남원에는 《금오신화》,《흥부전》,《최척전》,《혼불》 등 사랑을 다룬 여러 이야기가 스며들어 있죠. 옛 남원은 섬진강 유역의 대표적인 곡창지대로 주변 지역의 중심지 역할을 하는 도시였습니다. 신라시대에는 오늘날의 광역시 급에 해당하는 남원경이었죠. 그래서인지 남원에는 옛이야기들이 남겨놓은 경관이 많습니다. 그럼 지금부터 사랑이 스며 있는 도시, 남원의 이야기를 찾아서 함께 떠나볼까요.

춘향골 남원을 찾아서

남원은 《춘향전》에서 이몽룡과 성춘향이 만나 애달픈 사랑 이야기를 만들어간 장소입니다. 《춘향전》은 작자와 정확한 창작 시기는 알 수 없으나 예로부터 설화와 판소리로 전해지다 소설로 자리를 잡았을 것으로 추측됩니다. 20세기에 이르러서는 시, 창극, 영화, 드라마, 오페라, 대중가요 등으로 재해석되며 고전을 넘어 현대인들에게도 널리 소비되는 문학작품이 되었죠.

《춘향전》을 바탕으로 개최되는 춘향제는 남원을 대표하는 축제입니다. 요즘 장소 마케팅의 시대를 맞아 전국 곳곳에서 축제가 생겨나고 있지요. 남원의 춘향제가 남다른 점이라면, 관광객 위주로 운영되는 다른 축제들과 달리 지역주민도 적극 참여해 즐길 수 있는 축제라는 점이 아닐까 싶습니다. 단순 이익 창출을 위한 보여주기식 축제가 아니에요. 낮 동안 열린 다양한 축제 프로그램이 끝나면 광한루 근처 요천 변에 주막이 열립니다. 각 주막 앞에는 마을 이름이 새겨진 깃발이 걸려 있죠. 그냥 깃발만 걸어놓고 축제를 순회하며 먹거리를 파는 상인들이 장사를 하고 있을 거라고 생각하면 오산입니다. 일전에 축제를 함께 구경한 선생님이 근무하는 마을 주막에 간 적이 있어요. 가면서 빈말로 "저기 가면 선생님 학부모들 만나는 거 아닐까요?" 하고 물었죠. 그런데 정말로 서빙을 하던 아주머니들이 선생님 이름을 부르며 반갑게 맞아주더라고요.

춘향제는 마을 축제와 같습니다. 한번은 주막에 가 있는데, 건너편 테이블에 춘향제를 맞아 고향을 찾은 오륙십 대의 어른들이 여럿 계셨죠. 테이블에 젊은 친구가 우리 일행밖에 없으니 말을 거시더군요. "자네도 고향 찾아 왔는가?" 아니라고 답했습니다. 대신 여기에 터 잡고 살아가고 있다고 말씀드렸더니 그분들이 반갑다면서 우리 테이블에 동동주를 보내주셨습니다. 춘향제의 주막은 마을 주

축제 기간에 성황인 마을 주막

민이 준비하고 그 마을에 살았던 사람들이 고향을 찾아 내려와 오랜 친구와 가족들을 만나는 명절 같은 분위기입니다. 명절에는 가족들과 시간 보내기 바쁘니 춘향제에서 오랜 친구들을 만나 그동안 나누지 못했던 이야기를 나누는 거죠. 그 정도로 지역민 중심의 축제랍니다.

춘향제는 광한루원을 중심으로 펼쳐집니다. 광한루원은 광한루, 춘향사당, 완월정, 월매집, 오작교 등으로 이뤄진 큰 정원이에요. 이중 광한루와 오작교는《춘향전》에 등장하는 동시에 실재하는 건축물입니다. 광한루는 명승 제33호로 평소에는 일반인의 접근이 어려워요. 그런데 춘향제 기간에는 광한루를 개방합니다. 단순히 개방만 하는 게 아니라 이름난 판소리 명창을 초청해 광한루에서 공연을 한답니다. 춘향제 기간에는 마치 그 시대의 양반이었던 것처럼 광한루에 앉아 판소리를 들으며 생각에 잠길 수 있답니다.

광한루원의 또 다른 재미는 잉어 밥 주기입니다. 광한루의 연못에는 커다

광한루와 오작교

란 잉어 수십 마리가 살고 있어요. 자세히 보면 잉어 말고도 다른 물고기도 여럿 살고요. 연못은 보통 고여 있어 수질이 나쁜 경우가 많은데, 광한루 연못은 비교적 맑은 편이에요. 이유는 요천에 있습니다. 요천 변에 자리한 광한루는 요천의 물을 끌어와 연못의 물을 계속 순환시키거든요. 연못 시설이 지금처럼 정교하지 않았던 과거에는 장마철이면 광한루를 탈출한 거대한 잉어를 종종 발견하곤 했다고 해요.

남원은 소설이 실재하는 세계로 재현된 곳입니다. 춘향이는 이야기 속 허구의 인물입니다. 그런데 남원에는 춘향묘가 있어요. 당연히 가묘(假墓)겠지요. 매년 춘향제가 시작될 때는 이 춘향묘에 제사를 지내고 공연을 합니다. 가묘의 비석에는 '만고열녀성춘향지묘(萬古烈女成春香之墓)'라고 새겨져 있지요. 광한루원에 가면 월매집도 있습니다. 월매집 또한 《춘향전》에 나오는 장소입니다. 지금은 당시의 소품을 전시한 조그마한 박물관 느낌이지만 십수 년 전에는 소설 속 월매집과 같이 막걸리를 팔았다고 해요.

판소리 공연

춘향묘

옛 남원의 흔적

만복사지는 고려 문종 때 지어진 절터입니다. 교룡산에서 내려온 기린봉을 뒤로하고 앞으로는 요천이 흘러 배산임수의 공간 배치가 나타나는 곳이지요. 배산임수로 대표되는 풍수지리는 예로부터 어디에 터를 잡을지 결정하는 입지 원리로 사용되어 왔습니다. 성리학을 중요시했던 조선도 수도 한양의 입지를 풍수지리를 참고해 결정했죠. 만복사가 융성하던 당시에는 대웅전을 비롯한 많은 건물들이 있었고 수백 명의 스님이 머물렀던 큰 절이었다고 합니다. 안타깝게도 정유재란 때 왜구의 침입으로 불타 사라진 뒤, 지금은 절터로만 남아 있답니다.

만복사지에 남아 있는 당간지주와 석인상을 통해 옛 만복사의 규모를 짐작할 수 있어요. 당(幢)은 절에서 행사를 치를 때 문 앞에 내걸던 일종의 깃발입니다. 거기에는 부처의 공덕을 기리는 그림을 그렸죠. 당간지주는 이러한 깃발의 깃대를 받치기 위해 세운 버팀 기둥입니다. 기둥에는 위아래에 구멍을 뚫어 깃대를 받쳐주는 빗장을 끼웠습니다. 흙에 묻힌 받침부를 고려하면 전체 높이가 5미터는 되어 보입니다. 거대한 당간지주를 보면, 옛날 웅장했

319

만복사지의 당간지주 　　　　　　　　　　만복사지 전경

던 만복사를 상상해볼 수 있죠.

　만복사는 김시습의 고전소설《금오신화》에 수록된〈만복사저포기〉의 배경이기도 합니다. 남원에 사는 양생은 어느 날 부처님과 저포놀이를 합니다. 저포놀이는 나무로 만든 주사위로 승부를 다투던 놀이로, 윷놀이와 비슷한 형태였다고 해요. 양생은 부처님과의 대결에서 이겨 배필을 소개받는데, 만복사에서 이 아름다운 여인을 만납니다. 이후 여인의 거처로 자리를 옮겨 술잔을 기울이고 시를 주고받으며 사흘간 즐거운 시간을 이어가죠. 여인은 갑자기 시간이 다 되었다며 양생에게 은그릇을 선물하고 만복사 가는 길에서 자신을 기다리라고 부탁해요. 양생은 은그릇을 들고 기다리다 여인의 부모를 만나게 됩니다. 알고 보니 그 여인은 왜구들에 의해 이미 죽은 처녀의 영혼이었던 거죠. 김시습이《금오신화》를 남기고 떠난 뒤 실제로 남원 일대는 왜구의 침입으로 남원성이 함락되는 큰 피해를 겪습니다.

　만복사지는《최척전》이라는 고전소설에도 등장합니다. 정유재란을 배경으로 삼고 있는 작품이지요. 남원은 하동에서 구례, 곡성을 거쳐 광한루 앞까지 오는 섬진강 뱃길과 운봉에서 함양을 거쳐 진주까지 갈 수 있는 교통의 요

교룡산성   일부만 남은 남원성

지였어요. 정유재란 당시 남원을 지키던 조선 관군은 교룡산성에서 왜구의 침입을 방어하고자 했습니다. 교룡산성은 평지인 남원 들판에 우뚝 솟은 봉우리 같은 지형으로 방어에 유리했거든요. 산성 내부에는 90여 개의 우물이 있었다고 전해지는데, 덕분에 전투가 장기전으로 진행되어도 버틸 수 있는 식수 확보에 용이했죠. 하지만 조선으로 파병되어 전투를 지휘했던 명나라 장수 양원은 조선 관료와 장수들의 말을 듣지 않고 교룡산성이 아닌 남원성에서 방어전을 치를 것을 명령합니다. 이후 벌어진 전투에서 조선과 명의 연합군은 왜구에게 참패를 당하고 말아요. 당시 기록에 따르면 전투가 끝나고 날이 밝으니 백성들의 시체가 모래알처럼 널려 있었다고 합니다.

소설 속 최척은 정유재란을 겪으며 아내 옥영과 생이별을 당합니다. 서로 생사도 모른 채 최척은 중국에서, 옥영은 일본에서 목숨만 부지합니다. 가족들이 다시 만나 고향인 남원으로 돌아오는 여정이 소설의 주요 내용이지요.

만복사의 부처상

서문의 석인상

최척과 옥영은 아들을 두 명 낳았는데 모두 만복사 부처님의 점지를 통해 낳은 것으로 묘사되어 있습니다. 최척 가족이 생이별을 당하고 다시 남원으로 돌아오는 이야기 속에 교룡산성, 남원성, 만복사지가 모두 등장합니다.

남원성은 일제강점기를 지나며 대부분 헐리게 됩니다. 남원성이 있던 자리에는 신작로가 놓였죠. 남원성은 고을의 중심 역할을 했던 읍성이었습니다. 수령의 집무실이었던 동헌, 수령의 생활 공간인 내아, 국왕의 위패를 가지고 출장 온 관료들의 숙소 역할을 했던 객사 등 읍성의 주요 시설들은 완전히 사라졌거나 조그마한 조각으로만 존재합니다. 하지만 읍성 성곽의 흔적은 현재 가로망으로 남아 있어요. 남원성은 조선시대 많은 읍성이 그러했던 것처럼《주례동관고공기》의 원리를 따라 사각형으로 지어졌습니다. 남원은 자연 발생형으로 발달한 도시라 가로망이 복잡하지만, 남원성 내부였던 곳은 반듯한 사각형의 형태로 도로가 놓여 있답니다.

읍성의 흔적은 언어 경관의 형태로도 존재합니다. 남원의 도로명을 보면 동문로, 서문로터리, 남문사거리 등 옛 성문의 이름을 간직한 장소가 여럿 남아 있어요. 상점 이름도 성문에서 따온 사례가 많아 읍성이 있었다는 것을 쉽게 짐작할 수 있습니다. 현재는 성문이 있던 자리에 석인상을 두어 이곳이 과거에 성문이 있었던 곳임을 알리고 있지요. 그런데 이 석인상은 앞서 이야기했던 만복사지의 석인상을 본떠 만들어진 거랍니다.

효원의 시집가는 날

남원시 사매면의 노봉마을은 소설《혼불》의 배경이 되는 장소입니다.《혼불》은 일제강점기 몰락해가는 양반촌의 이야기를 다룬 소설이에요. 징병을 피해 만주로 떠나는 주인공 강모의 이야기와 상민들의 저항 등 당시의 시대 변화상을 남원 양반촌인 노봉마을을 중심으로 풀어내고 있답니다.

《혼불》을 집필한 최명희 선생은 소설의 배경이 되는 장소를 철저히 답사했던 것으로 유명해요. 남원에서 전주, 그리고 만주까지 직접 발로 뛰며 소설 집필에 필요한 자료를 수집했다고 합니다. 그중에서도 남원은 삭녕 최씨의 종가가 있는 곳으로, 실제 최명희 선생의 양친 모두 남원 출신이었다고 해요. 노봉마을은 굳이 소설 집필이 아니더라도 명절이면 방문하던 작가의 고향 같은 곳이었던 거죠.

노봉마을 근처에 자리한 서도역은 이제는 기차가 지나지 않는 폐역입니다. 서도역은 익산과 여수를 오가는 전라선의 기차 역사인데, 2002년에 전라선을 개량하면서 현재의 서도역사로 위치를 옮기게 되었고 옛 역사는 이제

서도역

관광지가 되었죠. 1934년에 처음 개장한 서도역사는 지금도 일제강점기 당시의 모습을 그대로 간직하고 있어요.

　소설 속 인물인 효원이 강모네로 시집가던 날의 이야기가 이곳 서도역에서 시작된답니다. 서도역은 소설 속에서 "매안마을 끝 아랫몰에 이르러, 치마폭을 펼쳐놓은 것 같은 논을 가르며 구불구불 난 길을 따라, 점잖은 밥 한 상 천천히 다 먹을 만한 시간이면 닿는 정거장"이라는 구절로 등장합니다. 최명희는 서도역에서 종갓집으로 향하는 효원의 시집가는 모습을 우리식 전통 혼례의 모습으로 세세히 묘사했어요. 소설은 노봉마을의 실제 모습을 생생하게 담고 있답니다. 혼불문학관의 안내소에 들르면 해설사님이 직접 그린 《혼불》 속 노봉마을의 모습을 감상할 수 있지요.

　노봉마을의 종갓집에는 효원의 모델이 되었던 할머니가 실제로 거주하셨다고 합니다. 종갓집은 화재로 소실되어 지금은 흔적만 남아 있습니다. 거멍굴은 양반들에 저항하던 상민들이 거주하던 곳이고, 청호저수지는 양반의 권위를 상징하는 장소였죠. 그런데 청호저수지의 물이 마르자 거멍굴 사람들은 바닥의 물고기를 낚으며 종가를 비웃었다고 합니다. 그 청호저수지 바로 옆에 혼불문학관이 자리하고 있습니다.

소설 속 노봉마을의 모습

노봉마을 사람들은 《혼불》을 어떻게 생각할까요? 《혼불》은 출간 이후 많은 이들의 사랑을 받은 소설입니다. 노봉마을 주민들은 자신들의 생활 공간이 소설 배경으로 사용된 것에 자부심을 가지고 있다고 해요. 주민들이 자발적으로 '효원의 시집가는 날'이라는 축제를 조직해 농림축산식품부 농촌축제에 응모해 당선되기도 했어요. 이후 전라북도와 남원시의 지원으로 10월 초면 서도역에서 노봉마을까지 전통 혼례를 재현하는 축제를 열고 있답니다.

서도역은 최근 종영한 드라마 〈미스터 션샤인〉의 촬영지이기도 합니다. 이 드라마도 일제강점기가 배경이죠. 노비 출신으로 모국의 독립을 위해 노력하는 한국계 미국인 유진 초이와 유력 가문 양반집 딸 고신애의 사랑과 독립운동을 다룬 드라마입니다. 당시에는 자동차보다 기차가 중요한 교통수단 역할을 했습니다. 그래서인지 기차역 장면이 많이 나왔죠. 기차역이 나오는 주요 장면마다 서도역이 등장했어요. 실제로 일제강점기에 지어진 역사라 그런지 드라마를 보면서 생생한 현장감을 느꼈던 기억이 나네요. 서도역은 광한루원과 비슷한 과정을 겪고 있습니다. 《춘향전》을 통해 의미가 깊어졌던 광한루처럼 《혼불》과 〈미스터 션샤인〉을 통해 서도역사가 남원에서 중요한 장소가 되고 있답니다.

서도역은 봄에 방문하길 추천해요. 쓸쓸한 분위기의 가을과 겨울도 좋지만, 서도역에 봄이 찾아오면 옛 철길 위로 등나무 꽃이 청아하게 피기 때문입니다. 등나무 꽃 아래 사랑하는 이를 세워놓고 멋진 인증사진 하나 찍어보세요. 옛 모습을 그대로 간직한 서도역사와 싱그러운 등나무 꽃 덕분에 소설과 드라마를 보지 않았더라도, 그 자체로 충분히 매력적인 장소랍니다.

서도역에 만개한 등나무 꽃

가을이 되면 남원에서 흥부제가 열립니다. 춘향제는 익숙하지만 흥부제는 다소 낯설죠? 《춘향전》의 배경이 남원인 것처럼 《흥부전》의 배경도 남원입니다. 《흥부전》에 광한루원처럼 남원임을 알 수 있는 뚜렷한 경관이 묘사되지는 않아요. 대신 흥부가 사는 마을이 인월과 함양 가운데 있는 마을이라는 구절이 등장하지요.

인월면과 아영면 주민들 모두 자기 마을의 설화를 들어 자기 지역이 《흥부전》의 배경이라고 주장하고 있습니다. 인월면 성산리에는 박첨지 설화가 있고, 아영면 성리에는 춘보 설화가 있거든요. 두 이야기 모두 《흥부전》의 줄거리와 비슷한 면이 있습니다.

흥부마을을 둘러싼 두 지역의 갈등이 깊어지자 남원시는 경희대 민속학연구소에 의뢰해 문헌 조사와 현지 조사를 거쳐 《흥부전》의 배경이 되는 마을이 어디인지를 가렸습니다. 민속학연구소는 아영면의 손을 들어주었습니다. 인월면의 박첨지 설화에 등장하는 박첨지는 흥부보다는 놀부일 가능성이 크다고 판단한 거죠. 이렇게 되면 인월면은 흥부마을이 아니라 놀부마을이 될 수밖에 없는데, 놀부의 부정적인 이미지 때문에 인월면 주민들은 이를 받아들이지 않았습니다.

고심 끝에 흥부가 어린 시절 놀부가 살았던 인월면에 함께 있었던 것은 사실이니, 인월면은 흥부의 출생지로, 아영면은 흥부가 잘살게 되었다는 의미로 흥부의 발복지로 그 상징성을 조금씩 나눠 가지게 되었답니다.

백두대간과 지리산

백두대간이라는 말은 조선 영조 때의 실학자 여암 신경준이 《산경표》를 통해 정의한 개념입니다. 우리나라의 산을 백두산에서 시작해 흘러 내려온 것으로 파악하는데, 산줄기들이 끊어지지 않고 하나로 이어져 있다고 보고 있죠.

백두대간에서 표현된 산줄기를 '산경'이라고 합니다. 산경은 우리가 알고 있는 산맥과는 다른 개념이에요. 산맥이 되기 위해서는 고도가 높고 연속성이 뚜렷해야 합니다. 하지만 산경은 높이가 중요하지 않습니다. 물과 물이 갈

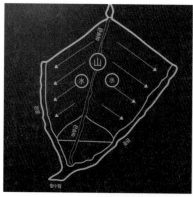

물과 물이 나뉘는 산경
(출처 : 백두대간 생태교육전시관)

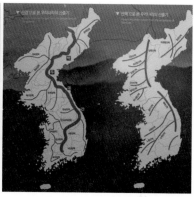

산경과 산맥의 차이
(출처 : 백두대간 생태교육전시관)

라지는 곳이면 해발고도가 낮아도 산경이 될 수 있죠. 때문에 백두대간에서 산경으로 이어진 산줄기는 산맥에 비해 연속성은 떨어집니다. 조그마한 언덕이라도 물이 갈라지는 곳이면 산경으로 정의하기 때문이지요.

이러한 산경의 특징이 잘 나타나는 곳이 남원시의 운봉분지입니다. 운봉분지 일대는 산경에 속해요. 물과 물이 나뉘는 곳이기 때문이지요. 덕분에 높고 험난하지 않은 백두대간 구간이라 등산객들에게 인기가 높다고 해요. 큰 힘을 들이지 않고 백두대간을 지날 수 있으니까요. 운봉에는 백두대간 생태교육전시관도 세워져 있습니다.

분지는 주변이 산으로 둘러싸인 평탄한 지형을 가리키는 개념입니다. 평탄한 운봉 일대는 산맥으로 불릴 수는 없습니다. 백두대간 생태교육전시관이 자리한 곳만 봐도 아주 평탄하거든요.

그렇다고 해서 백두대간과 산경의 개념이 아무 의미가 없는 것은 아닙니다. 조선시대 수도 한성에서 부산 동래까지 이어졌던 간선로를 영남대로라 불렀죠. 경북 문경에는 그 영남대로의 일부가 남아 있는 곳이 있습니다. 그곳

백두대간 생태교육전시관

을 실제로 가보면 영남대로는 성인 두 명이 함께 걷기에도 좁은 길이란 걸 알
수 있어요. 이 길로 얼마나 많은 교류가 가능했을까요? 조선시대까지만 해도
물자를 나르는 주요 교통수단은 배였어요. 물줄기를 따라 교류가 활발하게
일어났고, 물줄기를 따라 지역마다 조금씩 다른 문화가 형성되었죠. 배가 넘
어갈 수 없는 산경을 표시한 백두대간은 당시 사람들의 문화권·생활권을 파
악할 수 있는 자연관이었습니다.

남원에서 지리산을 즐기는 방법

피서철이 되면 뱀사골은 발 디딜 틈 없이 붐비기 시작합니다. 남원에 살기
전에는 여름에 계곡으로 피서 간다는 이야기를 실감하지 못했어요. 계곡도
무덥기는 매한가지 아닌가 했었는데, 이곳 뱀사골은 깊은 산골짜기를 흘러

뱀사골 계곡 산책로

나온 풍부한 수량 덕분에 차갑다 못해 춥게 느껴질 정도랍니다.

뱀사골 계곡은 유명세만큼이나 크고 깊고 복잡합니다. 어디에 자리를 잡고 놀아야 할지 판단이 서질 않을 정도죠. 매년 뱀사골을 다녀온 경험을 바탕으로 반선시외버스 터미널과 뱀사골탐방지원센터 사이의 계곡을 물놀이 장소로 추천하고 싶네요. 적당히 깊은 수심에 넓은 공간이 있어, 물놀이하기에 적합하거든요. 어린아이들이 있다면 조금 더 상류로 올라가서 달궁오토캠핑장 근처 계곡이 좋겠고요. 물이 깊지 않고 주변 나무들로 그늘이 만들어져 있어 가볍게 더위를 피하기에 좋답니다.

뱀사골은 가을에 다시 한 번 인산인해를 이룹니다. 단풍 구경을 온 관광객들로 북적거리거든요. 여름에는 가족 단위로 찾는다면 가을에는 전국 각지에서 관광버스를 타고 온 행락객들로 계곡이 가득 차지요. 뱀사골은 아름다운 단풍과 함께 편한 등산로로 인기가 더 많아진 것 같습니다. 5년 전만 해도 뱀사골 계

구룡폭포

곡 길은 바위, 자갈로 이뤄진 자연 그대로였습니다. 아름답지만 걸으며 경치를 즐기기엔 다소 불편했죠. 그래서 남원시에서 관광객들을 위해 뱀사골 계곡을 따라 목책을 조성한 뒤 계곡을 즐기기가 한결 편리해졌습니다.

계곡 목책 길이 끝나는 지점에서는 와운마을을 오르는 포장도로가 이어집니다. 와운마을 끝에 천 년이나 되었다는 소나무가 있어 관광객들의 발길을 끌어들이고 있지요. 와운마을까지 다녀오는 세 시간 코스는 가벼운 운동으로 더할 나위 없이 좋답니다.

남원 시내에서 차로 10분 정도만 들어가면 갑자기 국립공원안내소가 나타납니다. 지리산 등산로로 널리 알려진 뱀사골, 백무동 등에 가려면 한 시간은 차로 가야 하는데, 국립공원안내소가 웬 말이냐고요? 그건 구룡계곡도 지리산국립공원에 포함되어 있기 때문이지요. 구룡계곡은 지리산국립공원 서쪽 끝에 있거든요. 남원에 사는 것에 대해 묻는 친구들에게 저는 "남원은 시내에서 차로 10분 거리에 국립공원이 있는 곳"이라고 자랑하곤 한답니다.

구룡계곡은 국립공원에 흐르는 하천이라기엔 물이 그리 맑지는 않습니다. 분명 가파른 산지를 흐르는 계곡이고 주변에 오염원이 없어 보이는데도요. 이유는 폭포 너머에 있어요. 구룡폭포 너머는 운봉분지인데, 이곳에 농경지와 축사가 많거든요. 오염물질 배출이 많은 평지를 흘러 다시 가파른 산지로 떨어지는 구룡계곡의 수질에 대해서는 다소 아쉬움이 있습니다.

산지를 흐르는 계곡이 갑자기 평지를 만난 게 조금은 어색하기도 합니다. 구룡폭포에서 하천쟁탈 현상이 일어났기 때문이지요. 하천은 아래에서 위로 유로를 확장해가요. 섬진강 발원지로 뜬봉샘이 유명한데 사실 하천은 발원지라는 개념이 성립하기 힘듭니다. 정확히 어디인지는 알 수 없지만, 지금의 하류부에서 처음 만들어진 하천은 흐르는 물과 운반 물질의 침식력으로 상류 부분으로 유로를 확장해갑니다. 구룡계곡은 유로가 확장되면서 평지까지 이어져 평지 부분의 하천물이 흐르는 방향을 틀게 했지요. 원래 운봉분지를 흐르던 하천은 낙동강 수계로 향했습니다. 구룡계곡의 하천쟁탈로 운봉분지를 흐르는 하천 중 일부는 이제 섬진강으로 흐른답니다.

구룡계곡은 시내와 가깝다는 접근성 때문에 남원 아이들에게 훌륭한 피서지가 됩니다. 날이 더워지는 계절이 오면 아이들은 삼삼오오 모여 구룡계곡으로 물놀이를 즐기러 간답니다. 더 맑고 깨끗하며 수량까지 풍부한 뱀사골 계곡이 있기는 한데, 뱀사골은 버스로 한 시간 이상을 이동해야 하고 요금도 시외버스 급으로 비싸서 학생들이 이용하기엔 부담스러운 모양이에요.

남원에는 계곡 말고도 시원한 피서 방법이 하나 더 있어요. 정령치에 오르는 거죠. 정령치는 지리산 고개 중 하나로 해발고도 1,172미터의 고지입니다. 이 높이를 걸어서 올라간다면 피서보다는 운동에 가깝겠죠. 다행히도 정령치는 처

정령치에서 바라본 은하수

음부터 끝까지 차로 올라갈 수 있답니다. 해발고도가 높아질수록 기온이 낮아지기에 여름철 정령치는 돗자리 깔고 누워 자기 딱 좋은 장소가 됩니다.

정령치 휴게소에는 주차 공간과 사람들이 쉴 수 있는 목책이 넓게 조성되어 있어요. 해 질 녘 정령치에 간단한 야식을 싸들고 올라가 돗자리를 깔고 누워 별을 관찰하면 정말 환상적인 경험을 할 수 있답니다. 무더운 여름 처음 정령치에 올랐을 때 "남원 사람들 여기 다 있네" 하고 놀랐던 기억이 납니다.

날씨만 좋다면 정령치에서 은하수까지 볼 수 있어요. 은하수는 계절마다 뜨는 시간이 다른데, 6~7월엔 밤 12시면 누워서 보기 좋은 자리에 은하수가 위치합니다. 봄, 가을에 정령치에 오르면 별자리를 관찰하는 동호인들을 여럿 볼 수 있죠. 한마디로 피서와 천문관측을 동시에 할 수 있는 곳이에요. 다만, 겨울에는 정령치에 오르기가 쉽지 않아요. 내린 눈이 얼고 잘 녹지 않아 도로 상태가 좋지 않기 때문입니다. 겨울철 대부분 시기는 국립공원관리공단에서 정령치로 향하는 도로를 폐쇄한답니다.

남원 분지를 관찰할 수 있을까?

남원은 침식분지의 사례 지역으로 교과서에 종종 언급된답니다. 암석이 물리적 또는 화학적 변화를 겪으며 제자리에서 파괴되는 과정을 '풍화'라고 해요. 풍화는 암석의 종류에 따라 다른데, 남원 분지를 둘러싸고 있는 산지는 주로 편마암으로 이루어져 있어요. 바닥은 주로 화강암이 나타나고요. 화강암은 편마암보다 풍화에 약하죠. 제자리에서 부서져 약해진 화강암이 흐르는 빗물에 씻겨나가면서 고도가 낮아져 침식분지가 만들어진 거랍니다.

남원관광단지에는 남원을 조망해볼 수 있는 전망대가 있습니다. '전망대 카페'로 검색하면 쉽게 찾아갈 수 있죠. 카페 앞쪽으로 넓은 목책이 조성되어 있어 많은 사람이 안전하게 전망을 구경할 수 있답니다. 하지만 남원 분지를 모두 조망할 수 있는 건 아니에요. 남원 분지는 산 위에 올라가서 다 확인하기에는 규모가 크답니다. 위성사진이나 비행기에 타서 볼 수 있는 스케일의 분지인 거죠. 아쉬운 대로 화강암 풍화가 만든 분지 바닥 정도는 관찰할 수 있지만요.

남원 전망대에서 조망한 시내 야경

전망대에서 바라본 춘향제 불꽃놀이

시내 가운데로 흐르는 하천은 요천입니다. 섬진강의 지류 하천으로 장수, 남원을 거쳐 곡성에서 섬진강과 합류하지요. 요천은 물이 가득 차 있습니다만, 실제 유량으로는 저 정도 넓이의 하천 폭을 충분히 메울 수 없어요. 중간중간에 설치한 보로 물을 가두어놓아 마치 호수처럼 천천히 흐르게 되었죠. 보로 물을 가둬둔 덕분에 요천 변에는 오리배 선착장도 있습니다. 천변 주변에는 산책로도 있어 밤이면 운동을 하는 사람들로 북적입니다. 평평한 분지에 우뚝 솟은 교룡산은 남원 시내 어디를 가도 잘 보여 예부터 이정표 역할을 했답니다. 다양한 숙소와 볼거리, 먹을거리가 있는 남원관광단지도 한 번쯤 들러보길 추천합니다.

남원 전망대는 해 질 녘에 노을을 감상하러 오르면 좋습니다. 이곳에서 남원 시내 전체를 바라볼 수 있는데, 남원의 야경은 마천루로 가득한 대도시의 야경과는 다르답니다. 해 질 녘에 오르면 소박한 듯 아름다운 도시 야경과 붉게 타오르는 노을을 감상할 수 있지요. 춘향제 첫날에는 이곳 전망대로 사진사들이 몰려들어요. 춘향제 첫날 밤에 불꽃놀이를 통해 축제의 시작을 기념하거든요. 아마도 불꽃 구경하기에 남원 시내에서 이곳보다 좋은 곳은 찾기 어려울 겁니다. 불꽃놀이를 구경하고 축제 야시장으로 걸어 내려가 다양한 볼거리와 먹거리를 즐기면 축제를 제대로 감상할 수 있죠.

남원 여행의 마무리를 이곳 전망대에 올라 남원 시내를 조망하며 해보는

것은 어떨까요. 아름다운 노을, 야경과 함께 남원에 얽힌 사랑 이야기를 되새
겨본다면 분명 훌륭한 추억으로 남을 거예요. 🌱

● 남원 추어탕은 무엇이 다를까요? ●

추어탕 하면 남원이 떠오릅니다만, 사실 추어탕은 특정 지역을 한정하기 힘든 전국적인 음식입니다. 조리방법에 따라 전라도식, 경상도식, 강원도식, 서울식 등으로 구분되는데 이것만 봐도 보편적인 음식이라는 걸 알 수 있죠. 그렇다면 남원 추어탕은 무엇이 다를까요? 추어탕 홍보관에 가보면 '지리산 맑은 물과 계단식 논 덕분에 미

남원 추어탕

꾸리가 살기 적합해 추어탕이 발달하고 맛도 좋다'고 남원 추어탕을 설명해놓았어요. 그런데 사실 맑은 물과 논이라면 전국 곳곳에 적지 않죠. 책, 논문 등 각종 문헌에서도 남원에서 추어탕이 발달한 설득력 있는 이유를 찾기는 어려웠어요.

하지만 남원 추어탕이 다른 지역의 추어탕과 확실히 다른 점이 하나 있습니다. 추어탕에 들어가는 재료에는 미꾸리와 미꾸라지가 있어요. 생김새는 비슷하지만, 생물학적으로 분명히 구분되는 종이지요. 미꾸리는 수염이 짧고, 미꾸라지는 납작하고 수염이 길다고 합니다. 예로부터 추어탕 재료로 애용되는 물고기는 미꾸리였습니다. 자연상태에서 번식력이 더 강하기도 했고, 맛도 미꾸라지에 비해 더 고소하고 좋았다고 하지요. 그런데 물고기 양식이 보급되면서 상황이 바뀝니다. 미꾸리는 성어까지 2년이라는 시간이 필요하지만, 미꾸라지는 1년 정도면 충분하기 때문이죠. 많은 추어탕 가게들이 이러한 이유로 미꾸리 대신 미꾸라지를 사용해요.

남원시는 미꾸리 양식 기술을 개발하고 남원에 자리 잡은 추어탕 가게에 미꾸리를 공급하기 위해 행정적 지원을 아끼지 않고 있습니다. 남원 추어탕이 타 지역과 다른 이유는 미꾸라지가 아니라 미꾸리를 사용하기 때문일 거예요. 이것이 남원에 직접 와서 추어탕 집을 찾아야 할 이유랍니다.

CITY
광주

양림동
요역

국립5·18민주묘지

월곡동
고려인 마을

청춘발산마을

대인문화예술시장

5·18자유공원

5·18민주화운동기록관
국립아시아문화전당

1913 송정역 시장

금남로

무등산

인권테마역사

사직공원

양림동 근대문화역사마을·
펭귄마을

15

인권과 문화, 먹거리의 고장, 광주

518, 419, 1187. 이 숫자들은 광주의 버스 번호들입니다. 518번 버스는 5·18민주화운동 유적지를, 419번 버스는 4·19혁명 진원지를 지납니다. 1187번 버스는 광주광역시의 유명한 랜드마크인 무등산으로 가는 버스입니다. 광주광역시에는 이처럼 특이한 번호를 달고 달리는 버스들이 있답니다. 바꾸어 말하면 이 버스 번호들은 광주라는 지역의 문화와 역사를 설명하는 숫자들이기도 한 거죠. 광주는 지금까지도 진상규명이 명확히 이뤄지지 않은 5·18민주화운동의 성지이자, 이 땅의 민주주의가 정착되기까지 많은 이들이 피를 흘린 민주, 인권, 평화의 도시입니다. 하지만 그렇게 역사적인 의미로만 가득한 교과서 같은 곳만은 아니에요. 호남 또는 전라도 하면 가장 먼저 생각나곤 하는 '먹거리'도 호남 지방 최대 도시답게 풍성한 곳이지요.

그럼 인권, 문화, 먹거리가 살아 있는 도시, 광주로 떠나볼까요?

광주 하면 떠오르는 이름, 무등산과 금남로

광주광역시는 호남 지방에서 가장 큰 도시입니다. 위치상으로도 대략 호남 지방 중심부에 자리하고 있죠. 2017년 기준으로 149만 6,172명이 살아가고 있어요. 광주라는 이름의 도시가 경기도에도 있기 때문에, 흔히 광주광역시를 전라도 광주라고 부르곤 한답니다.

문제 하나 내볼까요. 서울, 부산, 대구, 인천, 대전, 울산과 같은 광역시들에는 다 있지만, 광주에는 없는 것이 있습니다. 무엇일까요? 지하철 아니냐고요? 아니에요. 광주의 지하철은 2004년에 개통해 현재 1호선이 운행 중이랍니다. 2호선 개통도 준비 중이지요. 참고로 위의 도시들 중에는 울산만 지하철이 아직 없답니다. 문제의 정답은 바로 '중구'입니다.

광주광역시에는 중구가 없어요. 중구는 없고, 북구, 동구, 서구, 남구, 광산구, 이렇게 5개 구(區)로 나뉩니다. 대부분 광역시의 중구는 도심에 해당하지만, 광주광역시에는 중구가 없고 구(舊)도심이 동구에 있어요. 충장로와 금남로가 대표적인데, 5·18민주화운동의 무대가 되기도 했지요. 지금 시청은 1995년 서구 상무지구로 이전했고, 이곳이 현재의 도심 역할을 담당하고 있답니다.

광주 하면 많은 사람들이 '무등산'을 떠올립니다. 광주광역시의 진산인 무등산(1,187m)은 2013년 국립공원으로, 2018년에는 유네스코 세계지질공원으로 지정되었어요. 서울과 마찬가지로 도시에 산이 인접해 있어서 많은 사람들이 무등산을 오릅니다. 서울에서 한강이 보이는 아파트를 선호하는 것처럼 광주에서는 무등산 뷰를 선호하기도 하지요.

무등산은 화산입니다. 중생대 백악기 말에 분출한 안산암으로 이루어져 있고, 정상에 가면 주상절리인 '서석대'와 '입석대'를 만날 수 있죠. 주상절리

무등산 서석대와 광주

는 용암이 급격히 식으면서 형성된 기둥 모양의 절리를 말해요. 광주에서 애국지사, 문인, 예술인이 많이 배출된 데에 무등산의 정기가 그 모태 역할을 한 것으로 생각하는 사람들이 많답니다.

무등산을 즐기는 데는 여러 가지 방법이 있습니다. 무등산 옛길 1, 2구간을 따라 걸을 수도 있고(무등산 1, 2구간의 길이를 합치면 1,187m예요), 새인봉, 규봉암을 오를 수도 있습니다. 가볍게 중머리재까지만 오를 수도 있고요. 데이트 코스로 자동차 드라이브를 즐길 수도 있지요. 무등산 증심사 입구 식당에서 닭백숙과 열무김치, 잔치국수, 무등산 막걸리 등을 먹을 수도 있습니다.

무등산으로 가려면 특이한 번호의 버스를 타면 됩니다. 앞서 말씀드린 대로 1187번 버스입니다. 무등산이 1,187미터여서 무등산 가는 버스 번호를 1187번으로 붙인 거죠. 지금은 무등산 정상(천왕봉)에 공군 부대가 자리 잡고 있어서 정상까지 오를 수는 없지만, 1년에 두 번 정도 지왕봉-인왕봉을 개방

무등산 중봉 주상절리　　　　　　　1187번 버스

하고 있으니 그때 가봐도 좋을 듯합니다.

　무등산 하면 '무등산 수박'이 유명하죠. 한때 SNS에서 유명했던 한 장의 사진이 있는데, 백화점에서 붙인 가격이 무려 40만 원인 수박 사진입니다. 맞습니다. 수박 한 덩이에 40만 원입니다. 일반 수박보다 크긴 한데, 엄청 비싸죠. 얼마 전에 백화점을 가보니 68만 원짜리도 보이더라고요. 사실 백화점이어서 고가 제품만 판매하는 것이고, 직판장에 가면 한 덩이에 6~7만 원짜리 무등산 수박을 살 수 있답니다. 그렇다 해도 일반 수박보다는 훨씬 비싼 편이

무등산 수박

죠. 사정이 이러하니 지역 특산물인데도 정작 먹어본 사람은 별로 없어요. 이쯤 되면 지역 특산물에 대한 생각을 다시 해봐야 하는 게 아닐까 싶습니다.

　수박 이야기는 그만하고 도로 이야기를 해볼까요? 광주의 금남로와 충장로는 아주 유명한 도로죠. 금남로, 충장로라는

금남로   충장로

이름은 어떻게 붙여졌을까요? 금남로는 발산교 사거리부터 금남공원을 지나 5·18민주광장을 잇는 도로입니다. '금남'은 정충신의 호예요. 정충신은 원래는 노비 출신이었지만 임진왜란 때의 활약으로 평민이 되었고, 그해 무과에 급제하여 양반이 되었어요. 정묘호란 때는 부원수의 자리까지 올랐답니다. 정충신의 이름은 이중환이 쓴 《택리지》에도 언급됩니다.

충장로는 누문동 광주학생독립운동기념탑 앞 독립로에서 광주 우체국을 지나 아시아문화전당 앞 서석로를 잇는 도로입니다. '충장'은 김덕령의 호예요. 김덕령은 1592년 임진왜란이 일어나자 형과 함께 의병을 일으켰답니다. 임진왜란 때의 활약이 더해져 전국 의병 총사령관으로 임명되었죠. 그러나 반란에 가담했다는 누명을 쓰고 감옥에서 눈을 감고 말았습니다. 이후 누명이 벗겨지고, 정조 때 '충장'이라는 시호가 내려졌어요.

5·18민주화운동의 도시

광주에는 무등산으로 가는 1187번 버스가 있다면 5·18민주화운동 유적지를 가는 518번 버스도 있답니다. 518번 버스는 5·18민주화운동 유적지를

518번 버스

대부분 운행합니다. 5·18공원묘지, 국립5·18민주묘지, 국립아시아문화전당(옛 전남도청, 전일빌딩), 금남로4가역(5·18민주화운동 기록관), 5·18기념문화센터, 5·18자유공원, 보훈회관(5·18민주화운동 교육관)까지 운행하기 때문에 5·18민주화운동에 관심이 있다면 이 버스를 타면 돼요. 5·18민주화운동과 관련된 유적지가 많아 광주를 여행할 때는 각 장소의 특징에 맞게 잘 찾아다녀야 한답니다.

광주를 '민주 인권 도시'라고 부르는 이유는 1980년에 일어난 5·18민주화운동 때문이에요. 1980년 5월 18일부터 27일까지 열흘간 광주에서는 정말로 끔찍한 일들이 일어났습니다. 전두환 신군부는 자신이 주도한 쿠데타의 정당화, 정권의 정당성을 확보하고 싶어 했지요. 그래서 광주를 희생양으로 삼았답니다. 신군부는 5월 17일에 '서울의 봄'으로 표출된 민주화 열망을 억누르려고 정부 기관과 대학, 언론사에 계엄군을 주둔시켰어요. 시위는 전남도청 앞 금남로로 확대됐고, 5월 21일 계엄군은 민주화를 요구하는 시민을 향해 집단 발포를 하기도 했어요. 시민들은 시민군을 조직하여 계엄군과 맞서 싸웠고, 자치 공동체를 이뤄 버텼죠. 그런 혼란 속에서도 은행과 금은방이 단 한 군데도 털리는 일이 없었고, 헌혈을 통해 자신의 생명을 다른 사람과 나누기도 했답니다.

5월 27일 새벽, 계엄군이 막대한 인명 피해에도 개의치 않고 도청을 강제 진압하고 맙니다. 하지만 민주화를 위한 광주 시민들의 노력은 1987년 6

국립5·18민주묘지와 추모탑   윤상원 열사 묘지

월 민주항쟁으로 이어졌고, 2016~17년의 촛불 혁명으로 이어져왔습니다. 5·18민주화운동에 대해 더 잘 알고 싶으면, 영화 〈화려한 휴가〉, 〈택시운전사〉, 〈26년〉과 소설 《소년이 온다》, 《레가토》, 《그 노래는 어디서 왔을까》 등을 통해서도 실감할 수 있으니 알아두면 좋겠죠.

　광주광역시에는 두 곳의 5·18묘역이 있어요. 국립5·18민주묘지와 망월동 묘역이에요. 국립5·18민주묘지는 1993년에 완공되었어요. 그전에는 망월동 묘역에 5·18 희생자들이 안치되어 있었답니다. 그래서 이곳을 신 묘역이라고 부르기도 해요. 민주묘지에 들어가면 높은 탑이 먼저 눈에 들어옵니다. 40미터 높이의 5·18민주화운동 추모탑이에요. 추념문을 지나면 바로 만날 수 있죠. 탑은 알 모양의 조형물을 감싸고 있어요. 알 모양의 조형물은 5·18 영령들의 혼이 새 생명으로 태어나길 바라는 염원을 담고 있답니다.

　신 묘역에는 〈임을 위한 행진곡〉의 주인공도 묻혀 있습니다. 박기순과 윤상원은 들불야학에서 같이 학생들을 가르쳤는데, 1978년 박기순이 연탄가스 사고로 어린 나이에 죽고 말았어요. 이때 윤상원은 본인의 일기에 슬픔을

망월동 묘역

표현해요. 그 후 윤상원은 1980년 5월 27일 전남도청에서 끝까지 저항하다 계엄군에 의해 목숨을 잃게 됩니다. 결국 1982년에 두 사람의 영혼결혼식이 치러졌어요. 이때 재야 운동가 백기완 선생이 지은 시 〈묏비나리〉를 소설가 황석영 씨가 다듬어 가사를 붙였고, 윤상원 열사의 전남대학교 후배였던 김 종률 씨가 작곡을 했습니다. 이 노래가 바로 〈임을 위한 행진곡〉입니다.

망월동 5·18 구 묘역에 가면 특이한 비석이 있어요. 언론에서는 정치인들 이 이 비석을 밟고 지나가느냐, 아니냐를 두고 주목하기도 해요. 바로 전두환 비석입니다. 원래는 기념비인데, 광주 시민들이 구 묘역 입구에 박아 비석으 로 만들었죠. 전두환 전 대통령 부부는 1982년 3월 10일 광주에 오지 못하고, 인근 담양군 고서면 성산마을에서 숙박하고 민박기념비를 세웠어요. 광주 사람들은 1989년 1월 13일 이 비석을 5·18 영령들이 묻힌 망월동 묘지 앞에 묻었습니다. 묘지 앞 안내문에는 오월 영령의 원혼을 달래는 마음으로 이 비

바닥에 묻혀 있는 전두환 비석   이한열 열사 묘지

석을 짓밟아달라고 적혀 있습니다.

그 외에도 광주광역시에는 5·18민주화운동 유적지가 또 있어요. 상무지구에 자리한 5·18자유공원인데요, 5·18민주화운동 당시의 상무대 법정과 영창 등을 원래 자리에서 약 100미터 떨어진 현재의 자리로 옮겨 세운 것이랍니다. 5·18민주화운동 기념 기간에는 당시 시민들의 연대를 기억하는 의미로 주먹밥 나눔 행사를 해요. 영창이나 법정 체험을 하고, 당시 재판을 받았던 분들의 경험담을 들을 수 있답니다.

2011년에 5·18민주화운동 기록물이 유네스코 세계기록유산으로 등재되

문병란의 시비

5·18자유공원   당시를 재현한 조형물

었습니다. 5·18민주화운동 당시 국가 기관에서 생산한 자료, 피해자들의 병원 치료 기록 등이 기록물로 남아 있고 이러한 기록물들이 인류의 유산으로 남게 된 거죠. 이런 소중한 자료를 체계적으로 보존하고, 5·18민주화운동을 세계에 널리 알리기 위해 2015년에 5·18민주화운동 기록관이 개관했습니다. 5·18민주화운동 기록관은 5·18민주화운동의 주요 무대였던 금남로에 있답니다.

주먹밥 체험(위)
영창 체험(아래)

아시아문화중심 도시를 이어가다

광주광역시 새로운 랜드마크인 국립아시아문화전당(Asia Culture Center, ACC)은 옛 전남도청 자리에 위치하고 있어요. 지하철을 이용해 문화전당역에서 내리면 바로 연결되어

5·18민주화운동 기록관

있답니다. 국립아시아문화전당은 2002년 노무현 대통령의 공약에 포함되어 있었고, 수도권에 집중된 문화자원을 분산시킴과 동시에 문화, 예술 교류의 장으로 만들겠다는 '아시아문화중심도시' 사업의 일환으로 추진되었습니다. 국립아시아문화전당은 약 4만 8천 평 규모인데, 이는 축구장 스무 개 정도를 합친 크기예요. 아시아에서 가장 큰 규모의 복합문화기관이지요.

국립아시아문화전당은 총 다섯 개 원으로 구성되어 있습니다. 민주평화교류원, 문화정보원, 문화창조원, 어린이문화원, 예술극장이랍니다. 우규승 건축가는 문화전당을 지을 때 '빛의 숲'이라는 건축 개념에 토대를 두고 설계했어요. 광주의 이름을 한자로 쓰면 '빛고을(光州)'이거든요. 광주광역시는 녹지 면적 비율이 전국 일곱 개 광역시 중 5위를 차지합니다. 그래서 우규승 건축가는 이곳을 빛과 숲으로 가득 채우겠다는 생각을 가졌다고 해요.

국립아시아문화전당은 세계의 다른 도시들에서 흔히 볼 수 있는 고층의 랜드마크가 아니라, 민주평화교류원을 제외한 나머지 네 개 원을 다 지하에 둔 구조랍니다. 왜 이렇게 지하에 지은 걸까요? 민주평화교류원은 옛 전남도

국립아시아문화전당과 옛 전남도청 건물

청 건물인데, 이는 5·18민주화운동과 민주주의를 상징하죠. 우규승 건축가는 그 어떤 것도 자유와 민주주의 가치보다 높은 곳에 위치할 수 없다고 생각했어요. 그래서 옛 전남도청 건물이었던 민주평화교류원만 지상에 자리 잡게 하고, 나머지 건물들은 지하에 위치하도록 설계한 거죠. 국립아시아문화전당의 아래쪽에서 위쪽으로 올려다보면 자연스럽게 옛 전남도청 건물을 기념비처럼 볼 수 있답니다. 또 높은 건물을 지어 광주의 상징인 무등산을 시야에서 가리게 될 우려도 감안한 것이었죠.

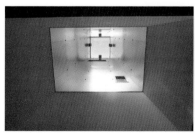

문화전당 천창

대나무 쉼터

　국립아시아문화전당의 대부분이 지하에 있지만 '빛의 숲'의 생각을 담아 설계해서 그런지 내부는 아주 밝아요. 건물 곳곳에 여러 천창을 냈기 때문입니다. 이 천창을 통해 자연광이 문화전당 내로 들어와 밝은 분위기가 연출됩니다. 전당 투어를 하다 보면 문화전당 속의 휴식처인 대나무 쉼터에 들르게 돼요. 대나무 향과 빛이 가득해서 많은 관광객들이 좋아하는 곳이랍니다. 문화전당을 전체적으로 해설사와 함께 돌아보는 투어와 문화정보원, 문화창조원의 작품을 도슨트와 함께하는 전시 해설 투어도 가능해요. 국립아시아문화전당 홈페이지에서 신청하면 됩니다.

　옛 전남도청 별관 건물은 2016년 국립아시아문화전당 민주평화교류원으로 리모델링해 5·18 관련 자료를 전시하고 있습니다. 현재는 옛 전남도청을 원형 그대로 복원하기로 다시 결정했답니다. 어떻게 보일지 고민하기보다는 향후 어떻게 활용할까에 초점을 맞춘 복원이 이뤄지면 좋겠어요. 공간만 채워 넣는 복원은 그저 재현에 그치고 마는 게 아닐까 살짝 걱정되거든요.

　광주에서는 비엔날레가 2년마다 열리고 있어요. 비엔날레(Biennale)는 2년마다 열리는 국제현대미술전시회를 뜻해요. 1895년 이탈리아 베니스에서 황제의 은혼식을 기념하는 국제 미술전람회 개최를 계기로 시작해 '2년마다'

전남일보의 옛 사옥이었던 전일빌딩

민주평화교류원

광주비엔날레

라는 이탈리아어가 고유명사로 통용된 거죠. 광주비엔날레는 개최될 때마다 주제를 정해 다양한 작품들을 광주비엔날레 전시관, 국립 아시아문화전당, 광주광역시 일원에서 펼쳐 보인답니다. 참! 비엔날레는 2년에 한 번 열리 잖아요. 짝수 해에는 광주비엔날레, 홀수 해

에는 광주디자인비엔날레가 열리니 늘 예술로 풍성한 광주랍니다.

광주에는 특별한 지하철역이 있다

광주인권테마역사는 2008년 10월 31일 개관했어요. 각 지역 다섯 개 인권체험관(광주, 부산, 대구, 대전, 강원) 중 가장 먼저 생겼습니다. 김대중컨벤션센터에서 200미터 정도 떨어진 김대중컨벤션센터역(마륵역)에 자리하고 있어요. 국가인권위원회 광주인권사무소에서 전국 최초로 인권을 주제로 광주광역시와 광주도시철도공사의 협조를 받아 만들었죠. 작은 인권 도서관, 휴식 공간, 인권 우체통 등이 놓여 있고, 학생들과 시민들이 함께하는 활동으로 꾸며나가는 장소입니다. 인권테마역사는 학생 인권 체험 및 인권 교육 장소로 활용되고 있답니다.

인권테마역사

시각장애인 체험 교육

言

침체를 이겨낸 전통시장

2015년 4월 2일, 호남선 한국고속철도(KTX)의 용산역-광주송정역 노선이 정식으로 개통되었어요. 2017년에는 호남선 종착역인 목포까지 연결되었답니다. 경부고속철도가 2004년에 완공된 것에 비하면 호남선은 다소 늦은 감이 있죠. 수서고속철도(SRT)가 2016년 12월 9일 개통되면서 용산역-행신역까지 운행했던 고속철이 강남 한복판인 수서역까지 연결되었답니다. 시속 300킬로미터의 속도로 전국을 반나절 생활권으로 묶은 고속철도가 광주까지 이어지면서 호남 지역 주민의 삶에도 큰 변화가 생겼어요. 고속철도 개통으로 서울에서 호남권으로의 이동 시간이 최대 1시간 정도 줄어들면서, 시민들은 고속버스와 항공기 등 다른 교통수단보다 KTX를 더 이용하게 되었죠.

KTX를 이용하는 고객이 늘어나면서 광주송정역 이용객은 고속철도가 완전 개통하기 전보다 세 배 이상 증가했어요. 이에 따라 1913 송정역 시장, 송정떡갈비 골목 등 송정역 주변의 상권도 활성화되었죠. 광주송정역에서 3~5분 정도만 걸어가면 1913 송정역 시장에 갈 수 있거든요. KTX를 타고 광주에 왔다면, 광주 여행의 출발과 맺음을 하기에 딱 좋은 곳이랍니다.

여러 전통시장이 쇠퇴하고 있는 시점에서, 1913 송정역 시장은 성공적으로 광주의 명소로 자리 잡았어요. 광주송정역과 가깝다는 지리적 이점이 가장 크겠죠. 그리고 정부와 지방자치단체의 지원, 그리고 현대카드 회사의 마케팅도 큰 도움이 되었습니다. 광주창조경제혁신센터와 현대카드의 지원으로 상점을 리모델링하고 상인 교육까지 진행해 입점시켰다고 해요. 오후 7시부터 10시까지 야시장이 열리지만, 오후 10시가 넘으면 대부분의 상점이 문을 닫습니다.

도시(都市)는 정치 중심지와 경제 중심지를 합친 용어입니다. 경제 중심지인 시장이 도시의 한 축을 맡는다는 의미죠. 많은 사람이 찾아와야 진정한 시

351

연도석(위)
1319 송정역 시장(중간)
야시장(아래)

장이 됩니다. 그런 전략의 일환으로, 고령화된 상인뿐이던 시장에 청년들의 공간을 마련해주었습니다. 시장의 이름도 바꾸었죠. 호남선 개통으로 1913년에 자리 잡게 된 '광주 매일 송정 역전 시장'의 이름을 '1913 송정역 시장'으로 바꾼 거예요. 시장 바닥에는 숫자가 적힌 연도석을 설치해, 각 상점이 몇 년부터 영업하고 있는지를 보여준답니다.

TV 예능프로그램과 SNS를 통해 양갱 맛집, 식빵 맛집 등 유명 맛집들이 소개되면서, KTX를 이용한 관광객들이나 광주에 사는 청장년층 손님들이 많이 늘었어요. 하지만 시장의 총길이가 약 180미터 정도여서, 오랜 시간 머물 수 있는 공간이 부족하다는 아쉬움이 남습니다. 광산구청과 1913 송정역 시장 측에서는 다양한 볼거리와 먹거리 그리고 문화 콘텐츠들을 좀 더 보완하면 좋을 것 같아요. 시장의 지속가능성을 위해 청년층의 입점을 지원하

상추튀김

고, 시장 공동체가 잘 어우러져 원활하게 운영될 수 있기를 바랍니다.

광주에 처음 오면 먹어볼 음식으로 '상추튀김'이란 것이 있어요. 처음에 상추튀김이라고 하면 상추를 어떻게 튀겨 먹을지를 고민하게 됩니다. 하지만

상추튀김은 상추를 튀겨 먹는 음식이 아니에요. 채소와 오징어를 함께 다져 넣어 만든 튀김을 상추에 싸서, 고추와 양파를 송송 썰어 넣은 간장으로 간을 해 먹는 음식이에요. 튀김상추쌈인 거죠. 한 번쯤은 꼭 먹어보면 좋을 별미랍니다.

● 송정떡갈비 골목 ●

광주 7미(七味)에는 주먹밥, 광주 한정식, 무등산 보리밥, 상추튀김, 오리탕, 육전, 송정떡갈비가 있습니다. 광주와 나주·영광을 잇는 길목에 자리 잡은 송정리는 송정역이 생긴 1913년부터 큰 장이 섰어요. 그때 송정떡갈비는 소고기를 다진 뒤 갖은 양념과 섞어서 연탄불에 구워냈다고 합니다. 하지만 현재는 보통 돼지고기와 소고기를 7 대 3의 비율로 혼합해 사용해요. 돼지고기를 섞은 현재 송정떡갈비가 등장한 것은 IMF 외환위기 때인데, 사람들의 어려워진 주머니 사정을 고려해 가격 인상 대신 돼지고기를 사용한 것이 시작이라고 합니다. 떡갈비가 나오기 전에 돼지 등뼈를 끓인 맑은 국물을 서비스로 줍니다. 송정떡갈비를 먹을 때 함께 먹어도 잘 어울립니다.

송정떡갈비

맑은 돼지 등뼈 국물

광주를 대표하는 또 하나의 시장은 대인문화예술시장입니다. 충장로와 금남로를 중심으로 한 광주 중심가의 유일한 전통시장이죠. 대인시장은 1959년 공설시장으로 출발했어요. 1960년대부터 1970년대까지 황금기를 맞았지만, 1990년대 중반 이후 전남도청과 광주시청이 이전하면서 도심 공동화를 겪게 되었고 그 과정에서 침체기를 보내게 됩니다. 백화점과 대형마

대인문화예술시장

트가 입점하자 여느 전통시장과 마찬가지로 쇠퇴하게 된 거죠.

대인시장은 2008년 광주비엔날레 '복덕방 프로젝트'로 비어 있던 점포에 예술가들이 자리 잡으면서 문화와 예술이 접목된 대인문화예술시장으로 다시 태어났습니다. 지금은 예술가와 상인이 함께 거주하는 공간으로, 다양한 문화예술 프로그램을 만날 수 있는 독특하고 개성 있는 공간이 되었답니다. 매주 토요일 저녁 7시부터 11시까지는 예술 야시장이 열리고요. 다양한 예술 작품이 전시되고, 문화 행사가 열리며, 야시장의 꽃인 먹거리도 다양하게 즐길 수 있답니다.

전통시장 활성화는 정말 가능한 일일까요? 마강래 교수가 쓴《지방 도시 살생부》에는 1913 송정역 시장과 대인문화예술시장에 대한 언급이 나오는데, 1913 송정역 시장은 청년들의 창업으로 예전보다 더욱 활기찬 모습인 반면, 대인문화예술시장은 2014년에 청년 상인 13팀이 입주하여 처음에는 성공하는 듯 보였지만 3년간의 지원이 끊기자마자 다섯 곳의 점포가 문을 닫았다고 해요.

전통시장은 주차 및 편의시설이 부족하고, 대형마트와 기업형 슈퍼마켓 (SSM)의 증가로 인해 큰 어려움을 겪고 있어요. 최근 전통시장 활성화를 위해 주차장 확보, 온누리 상품권 판매, 특성화 시장 육성 등의 노력을 기울이고 있습니다. 하지만 무엇보다 단순히 현대화를 위한 노력보다는 스토리텔링을 통해 그 시장만의 고유한 매력을 드러내는 것이 핵심인 것 같아요. 그렇게 사람을 끌어모아야겠죠. 사람이 북적북적한 게 시장이니까요.

양림동의 핫플레이스, 근대역사문화마을과 펭귄마을

양림동은 광주광역시 남구에 위치합니다. 양림동의 지명은 '버드나무 숲으로 덮여 있는 마을'이라는 뜻으로, 양촌(楊村)과 유림(柳林)을 합해 양림(楊林)이라고 한 데서 유래했어요. 양림동은 광주 읍성과는 접근성이 매우 높았지만, 과거 어린 아이들이 죽으면 묻었던 풍장터여서 양반들이 살기에는 좋지 않은 환경이었죠. 그래서 선교사들이 이곳에 쉽게 유입될 수 있었고, 이후 광주의 예루살렘이나 서양촌이라고 불리기도 했어요. 서양 선교사들이 광주에 최초로 정착한 장소이기 때문에 근대 문물을 빠르게 받아들일 수 있었답니다.

양림동은 일제가 아니라 기독교 선교에 의한 근대문화 유입지역이라는 점에서 다른 지역과 차별화된 지역성을 보여줘요. 최근에는 1930 양림살롱이 매월 마지막 수요일에 열리고 있는데, 1930년대의 모던했던 광주를 리메

양림동 근대역사문화마을(위)
최후의 만찬 양림(아래)

이크한 공연, 전시 등의 프로그램이 진행되고 있답니다.

특히 양림동이 여러 방송에 나오게 되면서, 많은 사람들이 양림동에 관심을 가지게 되었어요. 여행객이 늘자, 지방자치단체에서도 빠르게 대응하고 있답니다. 광주광역시 남구청에서 주관하는 근대역사문화탐방은 선교 유적 중심 코스와 전통 가옥 중심 코스로 구분하여 진행됩니다. 해설사가 무료로 인솔해주기 때문에 양림동을 처음 방문한다면 탐방에 참여해보기를 권합니다.

양림동에서 가장 핫한 곳을 꼽자면 단연 '펭귄마을'이에요. 연간 15만 명이 넘는 관광객들이 찾고 있죠. 양림동커뮤니티센터 바로 옆에 위치한 펭귄마을은 못 쓰는 고철, 안 쓰는 고철을 활용한 정크 아트를 통해 도시재생이 이루어진 곳이랍니다. 커뮤니티센터 바로 옆이라 접근성도 좋고, 주민들과 지자체의 노력도 꾸준해 어느덧 양림동을 대표하는 관광 명소가 되었습니다.

펭귄마을에는 펭귄이 있을까요? 펭귄마을이라는 이름은 실제로 펭귄이 있어서가 아니라, 마을 어르신들이 관절염 등의 이유로 뒤뚱뒤뚱 걷는 모습이 펭귄 같다고 해서 붙은 이름이에요. 실제 펭귄은 없지만, 이제 펭귄 벽화, 펭귄 조형물 등이 가득한 곳이 되었답니다. 최근에는 펭귄마을 옆으로 펭귄

펭귄마을

컬러마을도 만들어졌는데, 귀여운 펭귄
그림이 많아 연인들의 사진 촬영 명소
로 떠오르고 있어요.

펭귄마을 입구에 세워진
남구 평화의 소녀상

2017년 8월 14일에는 펭귄마을에 남
구 평화의 소녀상도 자리 잡았습니다.
소녀상은 미디어 아티스트 이이남 작가
가 제작했어요. 호남 독립운동의 거점
지이면서 광주 NGO 운동의 출발지인
양림동이 지닌 역사적 의미와, 광주를 대표하는 관광 명소라는 접근성 때문
에 이곳에 건립했다고 해요. 다른 지역의 소녀상은 보통 소녀가 의자에 앉아
있고 옆자리가 비어 있는 모습으로 제작되어 있는 데 반해, 양림동 평화의 소
녀상은 이와는 조금 다른 모습이에요. 일본군 위안부 피해자의 상징적인 인
물인 이옥선 할머니를 실제 모델로 해서 16세의 소녀 시절과 92세인 지금 모
습을 함께 담았죠. 비동시성의 동시성을 통해 보다 극적인 효과를 보여주고
있답니다.

양림동을 대표하는 이미지로 가장 많이 등장하는 건물은 바로 우일선 선
교사 사택입니다. 양림동을 여행하다 보면 외국 선교사들이 우리나라 이름
으로 바꾼 경우를 많이 만날 수 있어요. 윌슨(Robert Wilson) 선교사는 우일선,
우일순, 우월순으로 불리고, 최근에는 통상 우일선 선교사로 많이 불려요. 유
진 벨(Eugene Bell) 선교사는 배유지로, 쉐핑(Elisabeth J. Shepping) 선교사는 서서
평으로 개명했죠.

우일선 선교사 사택(광주시 지정 기념물 제15호)은 광주에 있는 가장 오래된 서
양식 건축물입니다. 외관만으로도 이국적인 분위기가 물씬 풍기죠. 근대 서

우일선 선교사 사택

양식 건축물의 미(美)를 확인할 수 있답니다. 그래서인지 최근 웨딩 촬영, 스냅 촬영 명소로 각광받고 있어요. 드라마 〈구미호 외전〉의 촬영지로도 알려져 있고요.

　건축 당시 광주시의 생활 수준에 비해 매우 고급 주택으로 지어졌다고 해요. 우일선 선교사가 이처럼 고급스럽게 집을 지은 이유는 고아와 환자들을 수용하기 위해서였답니다. 광주 최초의 고아원 시설인 충현원도 이 건물이 시작이라고 해요. 또한 우일선 선교사는 한센병 환자들을 적극적으로 치료했는데, 이것이 광주 나병원의 모태가 되었고, 이후 여수 애향원까지 이르게 됩니다.

　양림동에는 동개비라는 마스코트가 있어요. SBS에서 2017년 3월 12일부터 3월 19일까지 6부작으로 〈이야기 배달부 동개비〉라는 애니메이션이 방송되기도 했죠. 400년 전 광주 양림에 사는 정엄이라는 선비에게는 개가 한 마리 있었어요. 이 개는 훈련이 잘되고 영특하여 정엄이 써주는 상소문이나 조정에 보내는 각종 문서를 전달했었다고 해요. 하루는 한양 심부름을 갔다 돌아오던 길에 전주 인근에서 새끼 아홉 마리를 낳게 되었는데, 한 마리씩 광주 집으로 물어 나르다가 마지막 새끼를 옮기던 도중 그만 지쳐 길에서 죽고 말았대요. 정엄은 충성심 깊고 모성애 강한 자신의 개의 넋을 위로하기 위해 석상을 세웠는데, 그 석상이 개의 비석이라서 '개비'라고 불렸다고 합니다. 개비 설화 속에 등장하는 아홉 마리의 새끼 중 마지막 강아지가 호랑가시나무 요정들의 도움으로 시간의 문을 통과해 400년 후 우체부 할아버지의 손에 자라게 되었고, 지금의 편지를 배달하는 동개비가 되었다는 거예요. 정공엄지

려를 보러 가면, 개 모양의 석상을 놓치지 말고
봐야 하는 이유이기도 하지요.

높고 탁 트인 곳을 가보고 싶다면 사직공원 전
망타워가 좋습니다. 사직공원은 과거 사직단이
있었던 곳이에요. 사직단이란 삼국시대부터 나
라의 안녕과 풍년을 기원하여 땅의 신과 곡식의
신에게 제사를 올리던 곳이랍니다. 1894년 제사
가 폐지되고, 1960년대 말에 사직동물원이 들어
서면서 사직단은 헐리고 말았어요. 그 뒤 사직단

의 본래 모습을 되찾아야
한다는 여론이 조성되자
1991년 동물원을 우치공
원으로 옮기고 사직단을
복원해 1994년 4월 100
년 만에 사직제가 부활했

사직공원 전망타워(위)
한희원 미술관(아래)

어요. 이곳에 굉장히 높고
큰 전망타워를 만들었죠.
광주광역시 전체가 보이

정공엄지려(위)
정공엄지려 안 '개'의 석상(중간)
양림동 동개비(아래)

는 건 아니지만, 시내를 조망하기에는 최적의 장소예
요. 이곳에 올라서면 무등산도 아주 잘 보인답니다. 망
원경이 설치되어 있어서 입석대, 서석대 주상절리도
볼 수 있고요.

그 외에도 양림동의 명소로는 광주광역시 민속문

화재로 지정된 이장우 가옥, 최승효 가옥이 있고(최승효 가옥은 현재 미개방), 박완서 작가가 참 좋아했던 그림 〈여수로 가는 막차〉를 그린 한희원 작가가 만든 한희원 미술관도 있답니다. 양림역사문화마을은 온종일 걸어도 다 볼 수 없을 만큼 볼거리가 풍성하답니다.

청춘발산마을

청년들이 자리 잡은 청춘발산마을

발산마을은 광주의 대표적인 구도심 지역인 서구 양3동에 있어요. 발산마을 주변이 정부의 민관 협력형 취약지역 재생의 모범사례로 평가받으면서 전국적으로 주목받게 되었죠. 2014년부터 컬러아트 프로젝트와 공공디자인 사업을 통해 추억을 만드는 골목길을 조성하면서 문화적 가치를 지닌 마을로 성장했답니다. 원래 이곳은 한국전쟁 때 피난 온 사람들이 살다가, 1970~80년대 전남방직과 일신방직에서 일하던 여공들과 아세아자동차에서 일하던 노동자, 양동시장에서 좌판을 하던 사람들이 모여 살던 빈민촌이었어요. 장마철만 되면 동네 앞 광주천이 범람해서 온 마을이 물에 잠기고, 유실되는 집이 많았다고 합니다. 이 마을은 1980년대에 방직 산업 쇠락과 함께 공장이 문을 닫으면서 쇠퇴하기 시작했어요. 1990년대 들어 도심 공동화현상이 진행되면서 광주의 대표적인 슬럼가가 되고 말았죠.

이런 발산마을이 취약지역 재생사업에서 의미 있는 성과를 거둘 수 있었던 것은 서구청과 지역 주민, 청년, 노인들의 적극적인 참여와 노력 덕분이라고 해요. 인구 고령화가 심각한 마을에 청년들이 자리 잡고 살아가도록 지원해주고 있거든요. 슬럼화된 구도심 지역을 청년들을 활용해 대안을 찾은 거죠.

마을을 둘러본 느낌은 경남 통영의 동피랑 마을, 부산광역시의 감천문화마을과 비슷해요. 규모는 조금 더 작지만요. 그런데 단지 벽화마을로만 관광지를 만든 게 아니라, 함께 살아가는 마을로 만들었다는 점이 각별합니다. 어르신들이 경험한 삶과 느낀 이야기를 벽에 담아두었죠. 인상 깊은 문구들이 많답니다. 벽화도 예쁘고, 골목도 아기자기해요. 청년 상점이 들어서 있어 관광객들이 즐겨 찾는 여행 코스이자, 커플들의 데이트 코스로 인기 만점이랍니다.

● 월곡동 고려인 마을 ●

2001년 이후 고려인 2~3세들이 모여 살기 시작해 현재 4천여 명이 거주하고 있는, 전국 최대 규모의 고려인 마을입니다. 고려인은 러시아를 비롯한 구소련 국가에 주로 거주하면서 러시아어를 언어로 사용하는 한민족 동포입니다. 일제강점기 때 생계를 위해 이민 가거나, 독립운동을 하기 위해 연해주에 모였던

고려인 마을

사람들이 중앙아시아로 강제 이주당하는 과정에서 고려인이라는 이름이 생겨났어요. 고려인 마을은 고려인들의 삶과 역사를 간직하고 있고, 일제강점기 항일 운동사를 체계적으로 배우는 교육·연수 공간으로 활용되고 있답니다.

6^부

경상도

CITY
안동

16
전통문화의 수도, 안동

　흔히들 경상도 영남지방은 산업화 시기에 공업이 발달하면서 도시가 비약적으로 발전했다고들 합니다. 물론 틀린 이야기는 아닙니다. 포항에서 울산을 지나 부산, 창원, 거제 등은 중화학공업이 발달했고, 영남 내륙인 대구와 구미 등지는 전자와 섬유 산업의 메카가 되었지요. 하지만 모든 영남지방이 그런 산업화 과정을 거친 것은 아니에요.

　오늘 우리가 만날 안동을 중심으로 한 영남 북부 내륙과 해안 지역은 산업화 시대에 상대적으로 소외된 지역입니다. 하지만 산업화의 그늘에 놓인 까닭에, 반대급부로 놀라우리만큼 우리의 전통문화를 잘 간직한 곳으로 유명세를 누리고 있죠. 이 지역을 태백산맥과 소백산맥이 둘러싸고 있기 때문에 흔히 양백지역이라고 합니다. 두 산맥 사이에 경상분지가 있고 그곳을 남한에서 가장 긴 낙동강이 흘러요. 낙동강은 많은 지류를 거느리고 흐르면서 곳

곳에 비옥한 내륙평야를 만들어 사람들의 삶을 살찌위주었죠.

과거 농업기반 사회일 때 그런 비옥함을 바탕으로 이 지역에 고도로 수준 높은 선비문화가 형성되었답니다. 조선시대 선비의 반은 영남 출신이고, 그 선비의 반은 또 안동 출신이라는 말이 있었을 정도였죠. 선비들이 만들어놓은 전통 촌락과 종가 문화, 교육기관인 서원과 향교, 그리고 나름의 특색을 가진 불교문화까

양백산맥과 낙동강 그리고 안동

지, 다양한 전통문화가 숨 쉬는 안동으로 떠나볼까요?

낙동강의 발원지

우리나라에는 큰 강이 남북을 나누는 도시가 세 곳 있습니다. 한강이 있는 서울과 남강이 흐르는 진주, 그리고 이곳 안동입니다. 도시를 남북으로 나누니, 강은 동서로 흐른다는 이야기겠죠. 안동은 낙동강이 동에서 서로 흘러요. 안동 사람들은 낙동강의 발원지가 안동이라고 생각해요. 강원도 태백시에서 발원하는 본류는 낙강이라고 부르고 영양군 일월산에서 발원하는 반변천은 동강이라고 하는데, 이 두 강이 안동 시내 동쪽에서 합류한 후에 본격적으로 낙동강이 된다는 거죠. 통상 태백이 낙동강의 발원지로 평가받고 있지만, 이 의견도 나름의 논리를 가지고 있는 셈입니다.

낙동강은 남한에서 한강과 더불어 가장 긴 강인데, 두 강은 지형적으로 큰 차이가 있어요. 한강은 태백산맥이 동쪽으로 치우쳐 있어 동해 가까이에서 발

원하여 산맥을 따라 흐르다가 팔당 협곡을 지나면서 본격적으로 평지를 만난 후 서해로 유입됩니다. 팔당댐부터 청평, 의암, 춘천, 화천, 소양강댐까지 거의 흐르는 구간이 없을 정도로 댐이 많죠.

낙강과 반변천의 합류점

하지만 낙동강은 두 산맥 사이의 분지에서 흐르기 때문에 세숫대야 속을 흐르는 형국입니다. 주변 산지에서만 경사가 급하지 안동에서 하구까지 340 킬로미터를 흐르는 동안 해발고도는 90미터 정도만 변하기 때문에 다목적댐 건설에 부적합해요. 이처럼 완만한 하천이라서 낙동강 물줄기는 옛날부터 운송로 역할을 톡톡히 해왔습니다. 안동의 미곡을 하류로 보냈고, 남해의 해산물과 소금은 안동으로 옮겨진 후 내륙 곳곳으로 팔려나갔어요. 내륙지방인 안동이 풍부한 물산의 집산지 역할을 할 수 있었던 것은 바로 낙동강 덕분이었죠.

또 낙동강은 두 산맥이 바다에서 오는 수증기를 차단하기 때문에 비교적 강수량이 적은 소우지(小雨地)를 흐릅니다. 비가 적은 지역이라, 낙동강과 그 지류들이 생명줄 역할을 하지요. 이 적게 내리는 비도 계절적인 차이가 심하고, 태풍과 장마가 머무는 정도에 따라 연 변동도 심합니다. 비가 많은 해와 적은 해가 거의 세 배(600~1,800mm) 차이가 나기도 하죠. 낙동강 유역의 용수 공급은 거의 전적으로 낙동강에 달린 셈입니다. 그래서 낙동강에도 대규모 다목적댐을 건설하자는 요구가 있었지만, 대부분 평지나 분지인 주변의 지형적 여건 때문에 현실적으로 다목적댐 건설에 불리한 측면이 많습니다.

안동까지 낙동강은 비교적 고지대를 흐르면서 깊게 침식해서 협곡을 만

안동댐

드는데, 이를 '감입곡류하천'이라고 합니다. 감입곡류하천의 짧은 협곡에 댐을 세우면 비교적 큰 인공호수를 만들 수 있기 때문에, 이런 곳은 다목적댐 건설의 적지입니다. 안동 상류의 안동댐과 임하댐은 이런 입지적 장점을 가지고 있죠. 이 두 댐은 부산과 대구 등 대도시의 생활용수와 공장지대에 공업용수를 공급하는 임무를 수행하고 있습니다.

안동댐은 안동 시내 바로 동쪽에 위치하는데 1976년에 준공한 우리나라 최초의 양수(揚水) 겸용 발전소입니다. 수력발전소는 보통 낙차와 수량을 이용해서 발전기를 돌리는데, 앞서 이야기한 것처럼 우리나라 하천은 계절적인 강수량 차이가 심하고, 비가 많이 오는 해와 적게 오는 해의 차이가 심해서 효율적인 관리가 힘들어요. 비가 많이 오는 여름철에는 원 없이 발전기를 돌릴 수 있지만, 비가 적게 오는 겨울과 봄에는 용수도 부족한데 발전기 돌릴 틈이 여간해선 나지 않겠죠. 그래서 한번 떨어뜨린 하천수를 아래쪽의 작은 보조댐으로 가두었다가, 전력 사용이 적은 야간에 남는 전기를 사용해 상부댐으로 양수해서 재사용하는 발전소를 양수식 발전소라고 해요.

월영교 주변

안동댐 아래 수량이 풍부한 곳이 하부댐인데, 이곳 주변은 봄에는 벚꽃, 가을에는 단풍이 어우러진 월영교라는 예쁜 다리가 있습니다. 걸을 수도 있고 유람선을 탈 수도 있어서 관광객들이 많이 찾는 곳이죠.

안동 시내 동남쪽으로 18킬로미터 정도에 또 다른 다목적댐인 임하댐이 있습니다. 1993년에 준공된 임하댐은 규모는 안동댐보다 약간 작지만 하는 일은 더 다양해요. 대표적으로 멀리 금호강까지 도수관을 뚫어 인근 포항 공업단지와 대구 시내에 생활용수를 공급하는 역할을 담당하고 있거든요.

● 안동의 잔치 음식과 간고등어 ●

안동 음식 하면 간고등어를 많이들 떠올립니다. 내륙지방인 안동에 웬 고등어일까요? 안동은 유교문화의 중심지로 유명해요. 그래서 큰 잔치가 많았습니다. 그런 잔칫상에 대접하기 쉬운 음식으로 국민 생선인 고등어가 자주 올랐던 거죠. 고등어는 안동에서 가장 가까운 포구인 동해안의 영덕 강구항에서 주로 조달했는데, 안동까지 오는 동안 상하지 말라고 소금으로 간을 했습니다. 소금 간을 해둔 고등어는 안동에 도착하면 알맞게 숙성이 되었겠죠. 그렇게 그 맛이 전국에 알려지게 된 것입니다.

안동은 고등어 말고도 국수(국시)로도 유명해요. 내륙이라 밭농사 중심이었기 때문에 전통 안동국수에는 콩가루를 30% 정도 넣는다고 합니다. 산에 흔했던 꿩을 잡아 육수를 내고 호박 등으로 고명을 얹었죠.

또 안동 음식 하면 헛제삿밥도 있어요. 제사 후 남은 음식을 비빔밥으로 해서 먹었는데, 반찬과 후식까지 모두 다 제사 음식이라 맛이 강하지 않고 부드러워서 편하게 맛볼 수 있습니다.

마지막으로 찜닭이 있어요. 찜닭은 비교적 최근 음식입니다. 1980년대에 안동 구시장에서 서양식 프라이드 통닭의 확장에 위기의식을 느낀 상인들이 내놓은 퓨전음식이라고 해요. 토막 친 통닭에 풍성한 야채와 당면 등을 넣어 양은 푸짐한데 가격은 저렴해서 많은 사람들이 찾는 안동 대표 먹거리가 되었답니다.

안동찜닭

헛제삿밥

낙동강과 안동댐을 따라 만나는 안동의 첫 풍경

물은 잘 흐르다가도 때때로 범람해서 비옥한 토양을 만듭니다. 그런 토양에 농작물을 키우러 사람이 모여들고, 모여든 사람들은 다양한 문화를 남깁니다. 안동의 위쪽 낙동강이 딱 그랬을 법해요. 지금은 안동의 볼거리들이 낙동강과 떨어져 제각기 자리 잡고 있지만, 안동댐으로 물길이 막히기 전까지는 낙동강이 각 마을이나 경관의 중심이었을 게 분명합니다.

안동은 경상북도 북부에서 가장 아름다운 산 중의 하나인 청량산을 경계로 삼고 있습니다. 우리가 처음 만나볼 안동의 명소는 퇴계 이황(李滉)의 묘와

퇴계 선생의 묘

종가입니다. 안동시 도산면에 소재하고 있죠. 한국 유교의 최고봉 퇴계 선생은 면 소재지인 온혜리에서 태어나 인근 토계리에서 사셨어요. 이곳에서 독서에 전념하며 토계(兎溪)를 퇴계(退溪)로 바꾸고, 자신의 호로 삼았지요. 퇴계 선생은 높은 학덕에도 중앙의 관직보다는 한직에 머물렀고, 후에 국내 최대의 서원인 도산서원으로 발전하는 서당(1560년)을 세워 후학 양성에 힘썼습니다. 풍기군수 재직 당시 전임 군수 주세붕이 세운 백운동서원에 대한 국가의 지원을 요청해 소수서원이라는 이름을 하사받았는데, 이는 최초의 사액서원입니다. 사액이란, 요즘으로 치면 개인이 세운 사립학교에 국가가 다양한 재정지원을 해 자립시킨 격에 해당합니다.

이황 선생은 중국의 《여씨향약(呂氏鄕約)》의 '좋은 일은 서로 권하며, 잘못은 서로 바로잡아주고, 예속을 서로 권장하며, 어려운 일이 있으면 서로 도와준다'는 강령을 조선의 실정에 접목하여 우리 향약을 마련했어요.

태백산맥의 줄기가 낙동강을 향해 치닫는 능선 양지바른 곳에 퇴계 선생

이육사 문학관

의 묘가 있습니다. 풍수지리에 문외한인 사람도 이곳에 앉아 강변을 바라보고 있으면, 대번에 명당임을 알 수 있을 만큼 멋진 곳이지요.

퇴계 선생의 묘 바로 동쪽에 있는 마을, 원천리에 가면 선생의 14대 후손인 이육사 시인의 문학관과 묘가 있어요. 우리에게 잘 알려진 〈광야〉, 〈청포도〉, 〈절정〉 같은 시로 유명한 시인은 원천리에서 나고 자랐습니다. 마을 위아래로 낙동강이 곡류해 절벽과 평야가 반복되어 나타나는 멋진 경치를 가지고 있는데, 정말 시인이 태어날 법한 풍경이랍니다. 이육사 시인은 독립운동가이기도 했습니다. 일제강점기 대표적인 투사로 평생 치열한 독립운동을 했는데 잦은 옥고로 몸이 약해지자 총칼 대신 펜으로 일제와 싸워 대표적인 저항 시인이 되었죠. 우리는 이육사 시인만 기억하지만, 시인의 여섯 형제 모두 독립운동사에 한 획을 그은 분들이라고 합니다. 태어날 때 본명은 이원록(후에 원삼, 활로 개명)이었지만, 일제에 저항하다 수감되었을 때 수인번호가 264번이라 아호를 육사로 지었답니다.

이육사 시인과 퇴계 선생의 묘를 뒤로하고 산을 하나 돌아 넘으면 도산서원이 나옵니다. 도산서원에 가는 방법은 35번 국도에서 강변으로 쉽고 운치 있게 갈 수 있는 길이 하나 있고, 퇴계 종택에서 산을 넘어가는 또 다른 길이 하나 있습니다. 교육에 힘을 기울인 조선왕조는 초등교육기관으로 서당을, 중등교육기관으로 향교와 서원을, 고등교육기관으로 성균관을 운영했어요. 향교가 공립학교라면 서원은 사립학교에 해당해요. 구조와 기능은 유사했고

도산서원

요. 통치이념인 유교의 교육과 선현에 대한 제사가 주목적이었죠.

　도산서원에 가보면 절묘한 위치에 자리 잡고 있다는 것을 알 수 있습니다. 낙동강이 굽이치며 깎아둔 절벽 위에 평지가 딱 서원을 위한 만큼만 있거든요. 햇볕이 많고 강변의 풍광이 뛰어나며 민가는 멀리 있어 공부와 제사의 공간으로는 최고의 입지라는 생각이 절로 들어요.

　도산서원은 두 시기에 각기 다른 목적으로 구성된 두 개의 공간으로 나뉩니다. 퇴계 선생이 후학 양성을 위해 지은 도산서당 공간과 선생 사후 제자들과 고을 선비들이 뜻을 모아 세운 도산서원 공간이 그것이죠. 도산서당, 농운정사, 역락서재 등이 있는 도산서당 공간은 간결하고 검소하게 꾸며져 생전 선생의 인품을 잘 반영하고 있어요. 주변에 연못과 단을 만들고 매화와 대나무로 조경을 해서 자연스럽게 낙동강으로 경관이 이어지게 한 것은 궁극적으로 자연과 합일하려는 선생의 성리학적 자연관을 잘 나타내는 것이라고 해요. 뒤쪽 서원 공간은 나중에 병산서원을 이야기하면서 함께 이야기할게요.

예안향교

　서원을 나와 안동 시내 쪽으로 5킬로미터 정도 가면 예안향교가 있어요. 조선시대 향교는 오늘날 기초자치단체에 해당하는 부목군현에 하나를 두도록 법령을 정해두었을 정도로 설치와 운영을 중요시했어요. 고로 예안은 일제강점기에 부목군현을 통폐합하기 전까지 안동과 별개의 지역이었음을 알 수 있죠. 예안향교는 도산서원에 비해 덜 알려졌지만, 호반 경관과 건물 규모 등은 예사롭지 않습니다. 특히 향교 앞에 있는 은행나무 거목은 왜 서원과 향교를 행단이라고 하는지 알려주는 지표인 동시에 향교의 운치를 한껏 도드라지게 하고 있지요.

　100여 년 전까지 안동과 별개의 행정권을 이루고 있던 예안 일대는 안동호로 인해 대부분 수몰되고 말았습니다. 댐 건설 후, 예안의 중심지는 낙동강 서쪽 산중턱에 새로 건설되어 도산면 서부리가 되었고, 기존 예안 지역 중 낙동강 동안과 월곡면의 일부를 합쳐서 예안면이라는 이름으로 존속되고 있습니다. 이렇듯 대규모 다목적댐 건설에 따른 수몰은 많은 이들에게 실향의 아품을 안기기도 하고, 몇 천 년을 지속해온 전통문화를 수장시키는 결과를 가져오기도 하지요. 안동지역에만 도산면 서부리, 와룡면 소재지, 임동면 소재지 등이 안동호와 임하호 건설에 따른 수몰민 이주지역입니다. 이들 신설 지역은 농촌에서 만나기 쉽지 않은 색다른 가로망을 가진, 계획도시의 축소판이라고 할 수 있죠.

전통문화의 중심, 안동 시내를 걷다

다행히도 수몰된 지역에서 문화재적 가치가 큰 건축물들은 원형 그대로 이전해 후손들이 교육적 자료로 이용할 수 있게 복원했습니다. 주요 종갓집 등 전통 한옥과 석빙고, 객사 등 문화재들을 이전했죠. 대표적으로 도산서원과 가까운 분천리에 있었던 영천이씨의 농암종택은 상류로, 평산신씨의 종갓집인 송곡고택은 같은 도산면 서부리에서 고지대로 옮겼어요. 와룡면 오천리 군자마을에 가면 수몰된 아랫마을에 있던 많은 고옥들을 한곳에 옮겨두었는데 대부분 광산김씨 예안파 종택들이랍니다.

혈연 단위로 마을을 통째로 옮긴 곳도 있어요. 임하댐 건설로 마을이 잠긴

각종 가옥들

석빙고

무실마을(임동면 수곡리) 사람들이 대표적인 사례입니다. 전주류씨 집성촌이었던 수곡리 무실마을은 말 그대로 물의 계곡이었어요. 500년 넘게 마을을 지켜온 이들에게 댐 건설은 충격적인 일이었죠. 당연히 반대 투쟁을 벌였지만 여의치 않자, 혈족이 함께 살아갈 수 있는 대안마을을 건설했습니다. 그곳이 안동과는 제법 거리가 있는 구미시 해평면 일선리랍니다. 혹 구미에 들를 일이 있으면 한번 찾아가보세요. 뒤로는 멋진 산, 앞으로는 낙동강을 둔 전형적인 배산임수 촌락이랍니다.

안동민속촌과 민속박물관에 가보면 수몰될 뻔한 다양한 가옥을 한자리에 모아놓았답니다. 야외에 초가, 양반가, 지방 전통 가옥, 특수 재료 가옥 등이 한데 모여 있지요. 완벽하게 보존된 석빙고는 원래 예안에 있었지만 수몰될 위기에 처해 이전해놓은 것입니다. 석빙고의 원형을 볼 수 있죠.

까치구멍집

까치구멍집도 눈길을 끄는 가옥이에요. 안동은 양백산맥 사이에 위치한 내륙이라 겨울에 추운 지역입니다. 추위를 이겨내기 위해 방과 부엌, 마구간까지 실내에 위치하다 보니 환기가 중요했죠. 그래서 지붕에 환기를 위한 구멍을 냈는데, 모양이 꼭 까치집 같

임청각

다고 해서 까치구멍집이라고 부릅니다.

　본격적으로 안동 시내로 접어들면, 고성이씨 탑동종택에 있는 임청각을 만나게 됩니다. 인기리에 종영한 드라마 〈미스터 션샤인〉의 모티브를 제공한 곳이기도 해서 많은 관심을 받고 있죠. 이곳은 원래 절터였는데, 이후 99칸의 대저택이 들어섰고 이 댁 분들이 대부분 독립운동에 나섰어요. 제일 널리 알려진 분이 임시정부 초대 국무령을 지내신 이상룡 선생이랍니다. 일제는 독립운동가의 자택이 눈에 거슬렸는지, 집 앞으로 중앙선 철길을 놓아 저택을 훼손시켰죠. 2020년 중앙선이 직선 전철화되면 안동역이 외곽으로 이전하게 되는데, 그 시점에 맞춰 정부와 안동시가 이곳을 복원하기로 결정하고 예산을 책정해두었답니다. 멋진 공간이 조성되길 기대해봅니다.

　안동 시내로 접어들면 안동에서만 볼 수 있는 경관이 눈에 띄어요. 시청 서쪽으로 가면 안동종교타운이라는 구역에 여러 종교 경관이 나란히 담을 맞대고 있습니다. 우선 1909년에 설립되어 경북 북부지역 개신교의 중심이 된 안동교회가 보여요. 요즘 교회 세습 문제가 자주 논란이 되는데, 그런 점에서도 모범사례가 되고 있는 교회입니다. 또 1927년 설립되어 지역 선교의 구심점이 되어온 천주교 안동교구 목성동 성당도 보입니다. 또 화엄사상의 상징적 계승지를 자처하는 고운사 안동포교당인 대원사도 있고요. 거기에 더해 유교 문화의 보전과 계승을 위한 경상북도 유교문화회관과 안동의 대표적인 성씨인 안동김씨 종회소도 한곳에 있습니다. 안동에서만 볼 수 있는 너그러움과 포용의 경관이라고 할 수 있겠죠.

불교문화와 독특한 전탑 문화

흔히 안동 하면 유교의 고장이라고들 하지요. 하지만 유교는 조선시대의 통치 이념이고 그 이전에는 불교가 중심이었어요. 그래서 안동에는 불교 유적도 많답니다. 시내에서 영주, 봉화로 가는 5번 국도를 따라 시내를 살짝 벗어나면 제비원 석불이 나옵니다. 석불의 온화한 인상이 안동의 또 다른 얼굴처럼 보입니다. 12미터가 넘는 바위에 마애불이 조각되어 있고, 그 위에 다른 돌로 2.5미터의 불두(佛頭)를 조각해 얹었죠. 석불 위쪽에는 3층 석탑이 아담하게 자리 잡고 있고요.

통일신라시대에는 통일된 국력을 과시하듯 3층 석탑과 석불이 웅장하고 통일성 있게 만들어졌어요. 석굴암과 석가탑이 대표적이죠. 하지만 고려시대에 오면 불상 조각과 석탑의 지역색이 짙어져요. 제비원 석불도 이 시대에 조성된 것으로 보입니다. 석불과 석탑이 있는 곳에는 제비 연(燕) 자를 쓰는 연미사라는 조그마한 절이 있는데 '연미'와 '제비'는 같은 뜻입니다. 여기에 원이 붙어 지명이 제비원인데, 역원(驛院)취락이 아닐까 해요. 역원취락은 조선시대에 중앙과 지방의 통신과 행정의 편의를 위해 세운 취락으로, 조치원, 장호원, 제비원이 대표적이랍니다.

제비원 석불

우리나라에 산재한 유명한 불교 유적들은 대부분 불교가 융성했던 통일신라와 고려시대의 유산들이에요. 그래서 웬만한 불교 유적들은 전형적인 시대적 특성을 반영하고 있지요. 하지만 안동에 가면 그 어디에서도 볼 수 없는 독특한 탑들이 있습니다. 바로 벽돌로 쌓은 전탑(塼塔)이에요.

흔히 동양 삼국을 비교할 때, 중국은 전탑, 우리는 석탑, 일본은 목탑이 전형이라고 하는데, 안동에는 전탑들이 많습니다. 중국 불교문화는 황화와 양쯔강의 넓은 범람원에서 시작한 까닭에 주변에서 쉽게 구할 수 있는 진흙을 구워 만든 벽돌로 탑을 쌓았습니다. 비가 많고 기온이 높은 일본은 아름드리나무를 깎아 석탑과 불상을 조각했고요. 중생대 마그마로 인해 조성된 화강암이 풍부한 우리나라는 이런 돌들로 석탑과 불상을 만들었습니다. 최근 큰 지진이 일어난 경주도 양산단층대라고 부르는 활동층에 위치한 까닭에 화강암을 쉽게 구할 수 있었고, 지금까지 석탑이 많이 남아 있죠.

반면 안동 지역은 중생대 마그마가 관입될 당시 호수였기 때문에 화강암보다는 낙동강 변의 진흙을 구워 만든 전탑이 축조하기 쉬웠을 거예요. 또 정치·지리적으로 생각해보아도, 안동의 세력권이 경주와 달라 독자적인 문화

신세동 전탑(위)
동부동 전탑(아래)

권이 형성되었을 수도 있고요. 아무튼 안동에 가면 우리나라에서 흔히 보기 힘든 전탑을 많이 만날 수 있답니다.

임청각 앞에서 전탑의 전형을 만날 수 있어요. 국보 16호로 지정된 신세동 7층 전탑입니다. 임청각과 철길 사이에 위태롭게 서 있는 것이 국보 대접을 제대로 받지 못하는 듯한 인상을 주죠. 얼른 중앙선이 이전해서 본 모습을 되찾았으면 좋겠네요. 이곳은 원래 법흥사라는 절이 있었던 것으로 추정되는데 현재는 고성이씨 탑동종택이 자리하고 있습니다. 7층 전탑만 남아 절터의 흔적을 보여주고 있지요.

안동역 옆의 동부동(법림사) 전탑도 지금은 5층만 남아 통통하지만, 원래는 7층이었다는 기록이 남아 있어요. 이 전탑은 바로 앞에 간결하고 소박한 당간지주와 함께 있는데 아쉽게 한국전쟁 때 윗부분이 파손되었답니다.

안동 시내의 전탑과 석탑들은 풍수지리 사상의 비보사상을 담고 있어요. 풍수지리적으로 안동이 낙동강으로 열려 있어 남쪽의 지세가 약한데 이것을 보충하기 위해 남쪽에 절과 석탑을 세운 거죠. 전탑은 여기 말고도 남안동 나들목 인근에 가면 조탑동 5층 전탑이 있고,

같은 안동 문화권인 의성의 탑리, 영양의 봉감모전탑도 있으니 함께 둘러보면 좋겠지요.

이제 안동 불교문화의 진수를 보여주는 봉정사로 가볼까요. 2018년 6월에 영주 부석사, 양산 통도사, 보은 법주사, 공주 마곡사, 순천 선암사, 해남 대흥사 등과 함께 안동 봉정사도 '산사, 한국의 산지승원'이란 이름으로 유네스코 세계유산으로 등재되었어요. 봉정사는 규모가 작다는 이유로 제외하라는 권고가 있었지만, 봉정사가 가지고 있는 건축미를 인정받아 결국 함께 등재되었답니다.

봉정사에는 12세기 중엽에 지어져 우리나라에서 가장 오래된 목조 건축물인 극락전이 있습니다. 국보 제15호로 지정되어 있죠. 역사에 비해 그리 오래돼 보이지 않는 것은 1972년 해체하여 수리한 후 다시 복원하면서 단청을 새로 칠했기 때문입니다. 그 과정에서 극락전의 기원이 12세기 중엽까지 올라간다는 기록이 나온 거예요. 배흘림기둥에 맞배지붕으로 소박하고 간결한 아름다움을 보여주죠.

봉정사 극락전(위)
봉정사 대웅전(중간)
봉정사 영산암(아래)

현재 봉정사의 주 건물은 조선 초에 건축된 대웅전으로, 역시 역사가 오래되고 건축적 가치가 높아 국보 제311호로 지정되어 있습니다. 건물이 전체적으로 퇴락한 느낌이지만 웅장한 팔작지붕에 아름다운 다포 양식이라 건물의 짜임새로만 본다면 극락전보다 한 수 위에요. 또 다른 법당 건물과 달리 사대부 집의 사랑채에나 있을 법한 툇마루와 난간이 있고요.

대웅전과 극락전 사이에 있는 화엄강당과 극락전 앞의 고금당도 유명한 건축물로 각각 보물로 지정되어 있습니다. 봉정사에는 숨은 보물이 하나 더 있는데 바로 우측 산길로 잠시만 오르면 만나는 영산암이라는 부속암자입니다. 원래 극락전 앞에 있던 것을 옮겨놓은 우화루를 통해 마당으로 들어서면 소나무 등으로 아담하게 꾸며진 정원이 어느 양반가 마당에 들어선 느낌이에요. 전체적으로 겨울이 추운 안동지방의 민가처럼 미음(ㅁ) 자 형을 띠고 있지요.

● 전통 가옥의 다양한 양식들 ●

맞배 지붕(박공 지붕)　　　팔작 지붕(합각 지붕)　　　우진각 지붕(모임 지붕)

답사나 여행을 다니다 보면 우리나라 전통 가옥을 자주 만나게 되는데, 설명이 다소 어렵지요. 전통 가옥은 먼저 지붕의 형태에 따라 맞배지붕, 우진각지붕, 팔작지붕 등으로 나눕니다. 맞배지붕은 건물 앞뒤가 대칭으로 경사진 지붕이고 구조가 간단해요. 우진각지붕은 옆 처마가 사면으로 내려간 지붕이고 팔작지붕은 맞배지붕과 우진각을 합쳐놓은 형태입니다. 빗물이 떨어지는 처마는 홑처마와 겹처마로 쉽게 이해할 수 있고요.

제일 이해하기 어려운 것이 주심포와 다포 양식입니다. 지붕의 하중을 받치기 위해 짜넣은 구조물을 공포(栱包)라고 하는데, 이 공포는 하중을 받치는 구조적인 기능 외에도 건물의 아름다움을 더하는 심미적 기능을 담당하지요. 아름다운 공포가 기둥 위에만 올려져 있으면 주심포 양식이라고 하고, 기둥과 기둥 사이에도 들어가 있으면 다포 양식이라고 해요. 조선 초기까지는 기술이 발전하지 못해 주심포 계열이 우세하였고 조선 중기 이후로는 기술이 발전하면서 다포 계열의 아름다운 목조 건축물이 많아졌지요.

주심포와 다포양식의 비교 (좌-주심포, 우-다포)

하회마을과 병산서원

안동에는 또 다른 유네스코 문화유산이 있는데 바로 하회마을입니다. 2010년 경주 양동마을과 함께 한국의 역사 마을로 등재되었어요. 전통 촌락의 경관은 1970년대까지만 하더라도 전국 어디에서나 흔히 볼 수 있었지만 새마을운동과 이촌향도의 광풍 속에서 급속도로 사라져갔죠. 지금 하회마을에서 볼 수 있는 한적한 돌담길, 우뚝 솟은 종갓집, 기와집과 초가집, 성황당 등은 어지간한 마을은 기본적으로 갖추고 있던 요소들이었습니다. 근대화가 빠른 속도로 진행되어서 얻은 것도

하회마을 지도(출처 : 안동시 관광안내도)

많지만, 그만큼 잃어버린 것도 적지 않습니다.

하회(河回)마을은 이름 그대로 하천이 휘돌아서 태극문양을 그리는 곳에 자리 잡은 마을입니다. 방문할 때는 방향을 잘 잡아야 해요. 곡류하는 하천을 기준으로 방향을 잡으면 헷갈리거든요. 외곽 주차장에서 셔틀버스를 이용해 마을 북동쪽으로 진입을 하게 되는데요. 전통적인 촌락 입지에서는 배산임수로 인해 북쪽에서 남쪽으로 경사가 낮아집니다. 하회마을에서는 부용대 절벽 쪽으로 경사가 낮아지는데 그쪽이 북쪽입니다. 동서남북이 하천으로 뻥 뚫려 있어서 차가운 북서풍이 바로 마을로 불어오겠죠. 그래서 마을 북쪽, 강과 마을 사이에 나름 규모를 갖춘 소나무 숲으로 방풍림을 조성해두었답니다.

방문객들은 대부분 마을 북동쪽에서 남서쪽으로 난 하회종가길을 걷게 되는데 이 길을 중심으로 부용대가 있는 쪽이 북촌이고 반대쪽이 남촌이에요. 북촌의 중심 건물은 남향으로 지어진 양진당으로 풍산류씨 큰집 종가라

하회마을 양진당

고 생각하시면 됩니다. 남촌의 중심 건물은 작은집 종가로 서향을 하고 있습니다. 남향이면 큰집을 등지게 되고, 마주 보면 북향이 되기에 서향으로 지은 것 같아요. 각각 임진왜란 때 명재상 류성룡 선생과 그 형인 류운룡 선생의 집으로, 후손들에 의해 보존되고 가꾸어져왔는데 집안에 대한 자부심을 곳곳에서 느낄 수 있죠.

하회마을에는 두 가지 민속놀이가 전래해요. 우리가 익히 알고 있는 하회탈춤과 생소한 줄불 선유놀이가 그것이죠. 탈춤이 각종 탈을 쓰고 양반들을 풍자하는 민초들의 놀이라면, 줄불 선유놀이는 달 밝은 밤에 강물 위로 불꽃을 띄워 밝히고 배를 타고 즐기는 양반들의 놀이랍니다.

마을 중심에서 좁은 골목길로 접어들면 수령이 600년이 넘는 느티나무 삼신당이 자리를 잡고 있어요. 뒷산 중턱에는 서낭당, 자락에는 국사당이 있어 유교 색채가 강한 마을치고는 신당이 많은 편이에요.

한적하고 경치 좋은 곳에는 공부하기 좋은 공간들이 포진하고 있습니다. 부용대 동쪽에 류운룡 선생을 받들기 위해 지은 화천서당이 있는데 원래는 서원이었다고 해요. 부용대 바로 아래에는 류성룡 선생이《징비록》을 저술

하회마을 충효당   하회마을 부용대

하회마을 탈춤

한 겸암정사가 있고, 마을 어귀에는 원지정사와 빈연정사가 있습니다.

하회마을 옆에 있는 병산서원은 꼭 찾아가보아야 할 곳입니다. 걸어서 간다면 하회에서 바로 접근할 수 있지만, 차량으로 간다면 하회 반대편으로 좁은 오솔길을 따라가야 합니다. 그런데 그 길이 참 멋지답니다. 버드나무 숲과 모래사장 등 낙동강이 만들어놓은 다양한 풍경을 감상할 수 있지요.

병산서원은 류성룡 선생과 그 아들 류진을 배향한 서원으로 모태는 풍악서당인데, 철종 때 병산서원이라는 사액을 받았습니다. 도산서원에서도 잠시 살펴봤지만, 조선시대는 유교의 통치 이념을 지키기 위해 교육기관을 세웠어요. 기본이 되는 교육시설로는 국가가 설립하고 관리한 향교와 사설교육기관인 서원이 있었는데요. 조선 전기에는 향교가, 조선 후기로 갈수록 서원이 무게중심이 되었죠. 서원이 막 설립되던 16세기 초의 도산서원과 달리 병산서원은 서원이 확고히 자리 잡은 17세기에 지어진 곳이라 서원의 배치나 구성이 조선시대 서원의 전형을 보여준다고 합니다.

서원의 기본 배치는 공립학교인 성균관이나 향교와 같은 형식입니다. 남북 일직선상에 외삼문, 누각, 강당, 내삼문, 사당을 놓고, 강당 앞쪽 좌우에 기숙사인 동재와 서재를 놓으며, 강당 뒤쪽에 사당을 중심으로 전사청(제사 관장)과 장판고(서고)를 두었습니다. 그리고 낮은 담을 둘렀는데, 사당에는 출입을 엄격히 통제하기 위해 또 담을 두었지요.

외삼문에서 '극기복례(克己復禮)'에서 따온 복례문을 들어서면 누각의 만대루를 만나게 됩니다. 누각 아래에 난 계단을 걸어 올라가게 되어 있어 자연스럽게 고개가 숙여집니다. 만대루에서 보는 낙동강, 건너편 병산, 그리고 하늘

병산서원

까지 모두 서원의 일부처럼 느껴져요. 만대루 정면에 있는 강당인 입교당은 서원의 핵심 역할을 하는 곳입니다. 즉 수업을 하는 공간이지요. 그 앞으로 기숙사인 동재와 서재가 있는데 마루를 중심으로 양쪽에 온돌방을 두었답니다. 서원 밖에 관리인이 사는 고직사가 있고, 그 앞에는 머슴 뒷간인 달팽이 화장실이 있습니다.

되돌아온 경북도청

'전통문화의 수도'라 할 안동을 지면으로 온전히 소개한다는 것은 불가능한 일입니다. 그럴 만도 한 것이 안동은 우리나라 도시 중 가장 넓은 면적(1,521 km^2)을 차지하고 있으니까요. 서울특별시(605km^2)의 2.5배로 다른 어느 광역시보다도 넓은 면적을 가지고 있지요. 이렇게 넓은 면적은 고려시대부터 이어져온 안동의 역사성과 밀접한 관련이 있답니다.

왕건이 건국한 고려와 견훤이 건국한 후백제는 패권을 두고 겨루었지요. 견훤이 안동과 가까운 상주 출신이라 안동도 후백제 세력과 가까웠어요. 태조 왕건이 신라와의 연결 교두보인 안동을 차지하기 위해 진격해왔는데, 난

태사묘

관에 봉착합니다. 이때 왕건을 도와 승리한 김선평, 권행, 장정필의 위패를 모신 곳이 안동시청에서 동쪽으로 길을 건너면 나오는 태사묘(太師廟)예요. 각각 안동김씨, 안동권씨, 안동장씨의 시조들이죠. 왕건은 이들을 기리기 위해 고창으로 불리던 이 고을을 '동쪽을 편안하게 한 곳'이라는 의미로 안동이란 이름을 친히 지어주었습니다.

우리나라는 과거 지방행정 구역을 8도로 재편하고, 그 밑에 지금의 기초자치단체 격인 부목군현(府·牧·郡·縣)을 도시와 고을의 크기에 따라 달리 운영했어요. 그때부터 안동은 경상도에서 경주와 함께 그 중요성을 인정받아 길주목, 안동부 등으로 최상위 행정체계를 이루어갔죠.

과거 잘나가던 안동부의 중심에 지금은 웅부공원이 들어섰어요. 안동시와 안동군이 통합될 때 안동시 통합청사를 옛 안동대학교 부지로 이전하고(대학 교정을 시청으로 사용하고 있어서 그런지 여느 도시의 시청과 달리 여유롭고 아름다운 조경을 뽐내고 있어요) 군청을 허문 후 시민 공모 사업으로 공원을 조성했답니다. 옛 안동군청에는 고려 공민왕의 친필 현판으로 알려진 '안동웅부(安東雄府)'가 걸려 있는데 여기서 공원 이름이 나왔어요. 지금은 시청에 가면 볼 수 있답니다.

웅부공원에는 몇 가지 의미 있는 곳이 있어요. 안동부를 지켜주었다고 믿는 부신목으로 수령 800년이 넘는 느티나무가 있답니다. 안동부사도 부임해 오면 먼저 이곳에 인사를 드리고 매년 정월에 제사도 올렸다는데 지금도 그

전통이 이어져오고 있답니다. 안동의 지명이 유래한(안어대동) 대동루와 안동의 옛 이름에서 따온 영가헌은 서울 파고다공원처럼 할아버지, 할머니들의 담소처입니다. 상원사 동종을 재현한 시민의 종과 안동 평화의 소녀상, 콘텐츠 박물관 등도 있고요.

안동시청 안동웅부

이렇게 잘나가던 안동도 철도 등의 교통수단의 변화와 맞물려 급속도로 중요도가 낮아졌습니다. 경부선의 선로가 안동과 거리가 먼 김천, 대구로 개설됨에 따라 경주와 함께 경상도의 양대 도시로 불리던 안동은 해방 후 5위권으로 떨어지고 1963년에야 시로 승격됩니다. 산업화의 혜택을 받은 다른 도시들이 성장하면서 더욱 위축된 안동은 1976년 안동댐 건설로 그 정점에 다다르게 됩니다. 최대 24만이던 인구도 지금은 16만 명대로 감소했어요.

하지만 2008년 대구광역시에 위치한 경상북도청 이전 후보지로 안동시 풍천면과 예천군 호명면이 선정되고 고속도로와 철도 직선 전철화 등으로 교통이 점차 편리해지면서, 바이오산업을 비롯한 각종 산업단지를 유치하게 되어 30년 만에 처음으로 인구가 증가세로 돌아섰다고 합니다.

하회마을에서 가까운 안동시 풍천면에 가면 새롭게 이전된 경상북도청을 만날 수 있습니다. 2016년에 도의회, 도경찰청, 도교육청 등과 함께 이전이 완료되었는데 한옥 외형에 웅장함이 압권이랍니다. 검무산을 '배산'으로 낙동강을 '임수'로 둔 전형적인 풍수지리 입지인데, 앞으로 다시 왕성해질 안동의 미래를 상징하는 듯합니다. 🌱

CITY
대구

팔공산

DTC 섬유박물관

경상감영공원·
근대역사박물관

약령시장·
한의학박물관

동성로

평화시장

공구골목

서문시장

대구백화점

청라언덕

서상돈고택
이상화고택
계산성당
(구)대구제일교회

관덕정
기념관

두류공원
(치맥페스티벌)

근대를 품은 분지의 도시, 대구

　도시가 성장하는 과정에서 구도심 또는 원도심이 쇠퇴하고 신도심이 성장하는 것은 그다지 생소한 일은 아닙니다. 하지만 대구는 현재의 대구역에서 동성로를 거쳐 반월당까지 이어지는 원도심이 여전히 중심지의 기능을 발휘하고 있습니다. 물론 대구의 원도심이 꾸준히 성장하기만 했던 것은 아니에요. 외곽지역의 상업 기능이 성장하면서 원도심이 위기를 겪기도 했거든요.

　원도심은 '근대로(路)의 여행'이라는 관광 프로그램을 통해 그 위기를 극복했습니다. 관광지로서의 대구의 매력을 보여주고 많은 관광객을 유치하는 계기가 되었죠. 근대로의 골목투어는 2001년 시민단체인 거리문화시민연대가 처음 시작했습니다. 그러다 2008년 5월부터 대구광역시 중구가 근대골목투어를 본격적으로 운영하기 시작했고, 2012년에는 '한국관광의 별'로 선정되었죠. 2009년부터 다섯 개의 코스(제1코스 '경상감영달성길', 제2코스 '근대문화골목', 제3코스 '패션한방

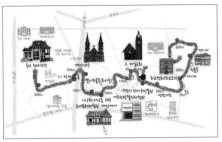

골목투어 제2코스 근대문화골목 지도
(출처 : 대구광역시 중구청)

길', 제4코스 '삼덕봉산문화길', 제5코스 '남산100년향수길')로 재편했는데, 이중 1~3코스는 옛 대구읍성과 직간접적으로 관련되어 있습니다. 그럼 우리 다 함께 대구읍성을 걸으며 근대의 흔적을 찾아보기로 할까요?

과거와 현재의 만남, 동성로와 북성로

각 도시의 최고 중심 상업 지구를 보통 '시내'라고 부릅니다. 서울처럼 상업 지역이 많은 도시에서는 시내라는 단어가 다소 생소하겠지만, 지방 도시들의 경우 대개 중심지역이 하나뿐이다 보니 '시내 간다'라고 하면 중심 상업 지역에 쇼핑 등의 여가생활을 즐기러 가는 것으로 이해하곤 하지요.

대구 시내를 둘러싼 도로 이름은 동성로, 남성로, 서성로, 북성로예요. 근대골목투어도 4성로를 가로지르고 있지요. 현재 도로가 놓인 자리는 대구읍성이 서 있었던 곳입니다. 대구읍성은 1590년에 토성으로 조성되었으나 임진왜란을 겪는 와중에 파괴되었다가 1736년에 다시 석성으로 재건되었답니다. 둘레는 약 2.68킬로미터, 높이는 서남쪽이 3.78미터, 동북쪽이 3.57미터 정도였으며, 성의 동서남북에 네 개의 정문과 동서에 두 개의 소문이 있었다고 해요. 그러나 1906년 친일파였던 경북관찰사 서리 박중양이 정부의 허락도 없이 일본인의 요구대로 읍성을 헐어버렸죠. 그렇게 읍성은 소실되었지만, 그 자리에 놓인 신작로를 통해 근대의 대구가 성장했어요.

진동문 터(위)
동소문 터(아래)

　　동성로는 대구역 건너에서부터 중앙파출소까지 이어져 있습니다. 대구읍성의 동쪽 성곽이 있던 자리죠. 동성에는 정문인 진동문과 소문인 동소문이 있었다고 하는데, 바닥에 큰 동판을 넣어 문이 있던 자리를 표시해두었답니다. 성곽 가운데 문이 있었다면 길도 있었다는 뜻이겠죠? 현재도 두 문을 지나던 길이 그대로 남아 있어요. 100년 전 선조들이 걷던 길을 걷고 있다는 상상을 해보면 도보 여행의 즐거움이 배가 되겠죠?

　　동성로를 걷다 보면 바닥에 현재 동성이 있었던 자리임을 나타내는 동판이 있어요. 북성로와 남성로에도 있죠. 이 작은 표지 하나로 공간에 숨겨진 100년 전의 역사와 조우하다니, 신기하지 않나요?

　　동성로는 대구 최고의 번화가에 걸맞게 여러 극장과 귀금속 쇼핑 지구(교동), 백화점, 다양한 상가와 식당들이 즐비해요. 젊음의 생기가 가득한 곳이죠. 2009년부터 동성로 정비 사업이 시작되어 도보 중심의 거리가 조성되었고, 중간중간 쉼터와 광장도 만들어졌어요. 전국에 몇 남지 않은 지역 백화점인 대구백화점(줄여서 흔히 '대백'이라고 부릅니다) 앞은 만남의 장이자 동성로에서도 핵심적인 곳이에요.

　　대구역 앞에서 동성로와 북성로가 만납니다. 북성로에는 공구 골목이 형

차례로 북성로, 동성도, 남성로의 동판

성되어 있어요. 북성이 철거된 후 도로가 만들어지고 기차역(대구역)이 생기면서 일제강점기에 상업의 중심지로 성장하게 됩니다. 주점, 장신구점, 곡물회사, 마나카이 백화점 등의 현대식 상점이 들어섰어요. 광복 이후, 공구 및 산업 물품이 들어선 상점 거리로 점차 변해갔고 인교동 공구 상가와 합쳐지면서 산업 공구 골목이 형성되었죠.

이렇게 같거나 비슷한 종류의 점포가 모여드는 현상을 '집적'이라고 합니다. 집적지가 형성되면 정보나 물품의 교류가 수월하고 찾아오는 소비자에게도 많은 이점이 생겨요. 대구에는 이런 집적지가 중구 일대에 더 있습니다. 서문시장 주변의 타월 거리, 오토바이 골목 등이 대표적이죠.

북성로의 공구 골목에는 공구 상점만 있는 게 아닙니다. 주변에 작은 공장

동성로 일대

들이 다닥다닥 붙어 있어요. 일반적인 공구를 찾는 손님도 있지만, 주변 공장에 물품을 공급하기도 하죠. 지금은 규모가 줄었지만 1970년대부터 90년대까지만 해도 이 일대가 큰 공업

북성로 공구 골목 　　　　　　　　　　　 북성로 돼지갈비

지구였어요. 한번 상상해보죠. 고된 하루 노동을 마치고 퇴근하는 노동자는 굉장히 배가 출출했을 거예요. 매번 비싼 음식을 먹기는 힘들었겠죠. 그리고 집에도 가야 하고요. 뭔가 간단하면서도 허기를 달랠 음식이 있다면 안성맞춤이었을 거예요. 그래서 탄생한 음식이 '북성로 돼지갈비와 우동'이에요. 처음엔 포장마차로 영업을 시작했지만, 지금은 노점이 불법이 되면서 일부는 식당으로 변했고 일부는 다른 지역으로 옮겨갔습니다. 노동자들의 허기를 달래주던 돼지갈비와 우동이 최근에는 시끌벅적하고 색다른 분위기를 찾는 사람들로 인해 문전성시를 이루고 있답니다.

●━━━ 경상감영공원과 근대역사박물관 ━━━●

신작로가 생기기 전 대구 읍성의 중심지는 현재의 종로 1가와 포정동으로 경상감영 일대였습니다. 경상감영은 조선시대 경상도를 관찰하던 감영으로 현대의 도청과 같은 기관입니다. 조선 초 경주에 있었던 것이 상주, 안동 등을 거쳐 1601년(선조 34년)에 최종적으로 대구로 이전해 현재까지 이어져오고 있죠. 최근에는 시민의 쉼터인 공원으로 조성되어 다양한 문화 체험 행사도 열리고 있어요.
경상감영공원 옆에는 대구근대역사관이 있어요. 대구근대역사관은 1932년 조선식산은행 대구지점으로 건립되었으며 광복 이후 한국산업은행 대구지점으로 사용된 건물을 활용하여 만든 박물관입니다. 르네상스 양식의 건물도 눈에 띄지만, 여러 자료를 통해 근대 대구의 모습을 알아가는 첫 출발지로 안성맞춤인 곳입니다.

경상감영공원

대구근대역사관

조선시대 2대 시장을 품은 남성로와 서성로

남성로는 중앙파출소부터 약령시 골목을 지나 서성네거리에 이르는 길이에요. 남성로는 대구읍성의 남쪽 성곽이 있었던 자리이고, 영남대로(嶺南大路)가 지나가는 중요한 관문인 영남제일관문이 정문 구실을 했지요. 영남제일관문은 동구 망우당 공원에 재현되어 있어요. 현재의 현대백화점 뒷길에는 영남대로 일부를 '과거길'로 꾸며놓았어요. 동성로가 젊음의 생기와 현대의 발전을 즐길 수 있는 곳이었다면 남성로는 과거를 오롯이 즐길 수 있는 곳

영남대로 터

과거길

인데, 그중 가장 유명한 것이 약령시예요.

조선시대 최대의 약재 시장인 약령시는 개설 이유가 분명하지 않습니다. 조정에 진상할 약재를 수집하거나 일본에 약재를 수출하기 위해 열린 것으로 추정하고 있을 뿐이죠. 조선시대의 약령시는 경상감영의 남쪽과 북쪽에서 열렸는데, 일제에 의해 감영이 헐리게 된 후 현재의 남성로 일대로 이동했어요. 서양 의학과 약이 유입되어 한약 수요가 감소하면서 과거의 영광이 바래고 있지만, 여전히 전국 최대의 약재 시장이랍니다. 약령시 가운데에 있는 한의약박물관은 약령시와 한약재 등의 전시 및 문화 공간으로 조성되어 운영되고 있습니다.

한의약박물관 입구 옆에는 붉은 벽돌로 지어진 (구)대구제일교회가 있어요. 1933년에 지어진 경북 최초의 기독교회로 대구 선교의 역사적 의의를 지닌 곳이에요. 현재는 건물 노후로 인해 교회는 다른 곳으로 이전했지만, 옛 건물은 기독교 역사관으로 일

약령시 골목(위)
(구)대구제일교회(중간)
제일교회 기단석(아래)

반인들에게 공개되고 있어요. 선교 역사 외에 대구제일교회가 가진 역사적 의의는 기단부의 돌에서 찾을 수 있습니다. 대구읍성이 철거될 당시 백성들은 슬픔에 빠졌죠. 일제는 민족정기를 파괴하기 위해 읍성 철거로 나온 돌마

계산성당

저도 모두 부숴서 공터에 버리게 했어요. 이에 대한 반항으로 몇몇 백성들이 돌을 숨기기도 했다는데, 마침 교회를 짓고 있어서 읍성에서 나온 돌을 기단으로 사용했다고 합니다. 그냥 지나친다면 돌덩이일 뿐이지만, 알고 보면 우리의 슬픈 역사가 숨어 있는 곳이죠.

약령시를 지나 남성로의 끝에 다다르면 계산성당을 만나게 됩니다. 1902년에 완공된 계산성당은 서울과 평양에 이어 세 번째로 세워진, 고딕 양식이 가미된 로마네스크 양식의 성당입니다. 내부의 스테인드글라스가 아름답고, 박정희 대통령과 육영수 여사가 결혼식을 올린 곳이기도 하지요.

저항 시인으로 유명한 이상화 시인의 출생지가 계산성당 인근에 있어요. 이상화 시인의 고택 앞에는 국채보상운동을 일으킨 서상돈 선생의 고택이 자리하고 있고요. 이곳은 현재 새로이 조성되어 많은 관광객이 찾아오고 있답니다.

서상돈 고택

이상화 고택

● 이상화 시인의 〈빼앗긴 들에도 봄은 오는가〉의 들은 어디일까? ●

일제강점기의 대구는 다양한 문학인들이 모여 대표적인 작품을 많이 남겼어요. 당시 대구에서 활동한 대표적인 문인으로 이상화, 이장희, 현진건, 윤복진, 이육사, 박목월 등이 있었습니다. 그중 이상화 시인을 모르는 국민은 아마 없을 겁니다. 발표한 여러 작품 중에서도 〈빼앗긴 들에도 봄은 오는가〉(《개벽》, 1926)는 저항시로 유명하죠. 그런데 이 시에 나오는 들은 어디일까요? 국어 시간에 '들'은 '빼앗긴 조국'이라고 흔히 배우죠. 교과서적 해석이 틀렸다는 것이 아니라, 이상화 시인이 어디서 영감을 얻었을까 하는 걸 생각해보자는 겁니다. 확실하게 단언할 수는 없겠지만, 많은 사람들이 '수성뜰'을 지목합니다.

수성뜰은 현재의 수성구 일대로, 대구를 남북으로 가로지르는 신천과 닿아 있고 최근 휴양 장소로 주목받는 수성못이 있는 지역이에요. 수성못은 일제강점기인 1925년에 농업용수 공급용으로 조성되었어요.

신천의 범람원과 수성못의 목적으로 미루어 짐작컨대, 이 주변은 상당히 넓은 벼농사 지역이었을 거예요. 이 수성뜰이 일제의 수탈 대상이 되었다면, 대구에 거주하던 시인이 영감을 받기에 충분하지 않았을까요? 수성못 수변공원에도 커다란 시비(詩碑)를 설치해 시민들에게 알리고 있답니다.

서성로 중앙분리대(위)
서문시장(아래)

아쉽게도 서성로는 큰 도로가 형성되어 동성로, 남성로와 달리 읍성의 흔적을 전혀 찾을 수 없습니다. 하지만 신선한 아이디어를 활용해 그 아쉬움을 달래고 있죠. 도로의 중앙분리대를 읍성을 형상화하여 설치했답니다.

대구는 일찍부터 편리한 교통 덕분에 상업이 발달했어요. 평양시장, 강경시장과 더불어 서문시장은 전국 3대 시장으로 꼽힐 만큼 유명했습니다. 읍성의 서문 밖에 위치해 오늘까지도 '서문시장'이라 불리는데, 현재의 서문시장은 서문 앞에서 더욱 서쪽으로 이동해 있답니다. 대형 상점의 성장, 생활의 변화 등으로 전통시장은 계속해서 활력을 잃어가고 있어요. 서문시장도 예외가 아니었죠. 엎친 데 덮친 격으로 2005년, 2016년에는 화재로 인해 큰 피해를 보기도 했습니다.

서문시장을 활성화하기 위한 고민 끝에, 대구광역시 글로벌명품시장 육성사업단에서 2006년 6월부터 '서문시장 야시장'을 개장했어요. 첫 개장은 3일간의 단발성 축제로 시작했죠. '한여름의 야시장' 콘셉트가 의외의 성공을 거두게 되면서 현재까지 연중무휴로 운영되고 있답니다. 새로운 먹거리와 볼거리를 제공하면서 관광객이 찾아오고 언론에도 노출되는 등 지금까지도 인기를 얻고 있지요. 야시장으로 인해 서문시장의 일반 매장을 찾는 손님이 많아졌는지는 모르겠지만, 전통시장의 고루한 이미지에서 탈피하는 데는 큰 성공을 거두었다고 할 수 있어요.

계산성당의 맞은편으로 길을 건너면 가파른 언덕으로 난 계단이 나오는데 이 계단을 3·1만세운동길이라고 부릅니다. 대구는 서울보다 일주일이 늦은 1919년 3월 8일에 만세운동이 일어났는데, 계성학교, 신명학교, 대구고보, 성서학당 등에 재학 중이던 학생들이 이곳을 지나 3·1운동 집결지로 이동했다고 해요.

계단을 지나면 청라언덕에 닿습니다. 이은상 시인이 작사하고 박태준 선생이 작곡한 〈동무생각〉의 배경이 된 곳이기도 해요. 청라언덕은 지금의 동산의료원이 출발하게 된 선교사들

3·1만세운동길(위)
선교사 주택(아래)

의 주택이 있어요. 스윗즈, 챔니스, 블레어 주택 3동이 아직 남아 있어, 드라마 촬영지, 결혼사진 촬영지로도 유명한 곳이랍니다.

● 능금의 고장 대구 ●

청라언덕에는 특별한 나무가 얼마 전까지 있었습니다. 대구 하면 능금이 유명했습니다(능금과 사과는 종자가 다르다고는 하지만, 일반적으로 비슷하다고 하니, 능금을 옛날 사과 정도로 이해하면 좋겠습니다). 대구의 사과나무는 1899년 청라언덕에 잠들어 있는 선교사에 의해 처음 심겼다고 합니다. 이후 1910년대 일본인들이 금호강 주변 지역에 과수원을 조성하면서 본격적으로 재배되었죠. 1960년대에는 전국 생산량의 87%를 차지하기도 했고요.

이렇게 유명한 대구 사과의 시조, 즉 선교사가 심은 사과의 손자뻘 되는 나무가 얼마

전까지 여기에 있었습니다. 2008년에 여기를 찾았을 당시에도 수액을 주입하며 살리기 위해 노력하는 모습을 볼 수 있었는데, 아쉽게도 이제는 그 기둥만 남아 있습니다. 생명이 다하는 것을 막을 수는 없겠지만, 역사의 한 부분이 없어지는 것 같아 아쉽네요.

옛 대구 능금의 흔적

대구의 종교 경관

앞서 살펴본 약령시의 중간쯤에서 남쪽으로 나오면 염매 시장이 있고, 염매 시장은 현대백화점과 닿아 있어요. 염매 시장은 소금(염, 鹽)을 판매(매, 賣)하는 시장 또는 물건을 저렴(廉)하게 판매하는 시장에서 기원했다고 합니다. 이 시장도 중요하지만, 더 흥미로운 공간이 현대백화점 앞에 있어요. 현대백화점 앞 공터에 '동학 교조 수운 최제우 순도비'가 세워져 있거든요. 순도비 너머에는 '천주교 성지 관덕정순교기념관'이 있고요.

백화점 앞을 지나는 달구벌대로는 대구의 동서를 잇는 주요 교통로로 왕복 10차선입니다. 달구벌대로는 옛 대구천의 복개도로(덮은 뒤 만든 도로)이죠. 대구천은 금호강의 지류로 대구의 남동쪽에서 북서쪽으로 흘렀는데, 도시화가 진행되기 전까지는 주변에 모래톱이 가득한 범람원이 넓게 펼쳐져 있었어요. 평상시에는 빨래터로도 쓰이고 씨름이나 강강술래도 하고, 전시를 대비한 병영훈련장이기도 했답니다. 관덕정은 병영훈련을 내려다보는 망루 역할을 하는 곳이었어요.

조선 말기에 동학과 서학(천주교)이 백성
사이로 퍼지자 조정은 이들을 무자비하게
박해했습니다. 동학의 창시자인 최제우가
1864년 사도난정(邪道亂正)의 죄목으로 관
덕정 앞 모래톱에서 순교했어요. 병인박해
때 경상도에서 붙잡힌 천주교도들도 이곳
에서 처형됐다고 해요. 그래서 천주교에서
대지를 매입해 관덕정을 새로 만들고 순교

최제우 순도비(앞)와
관덕정순교기념관(길 건너 망루)

기념관을 세웠죠. 천도교에서도 순도비를 세웠고요. '순교'라는 가슴 아프고
끔찍한 역사적 현장이면서, 두 종교가 서로의 순교지로 하나의 공간을 공유
하는 뜻깊은 장소이기도 합니다.

대구를 대표하는 산은 팔공산이죠. 팔공산에는 불교를 대표하는 동화사
와 갓바위가 있습니다. 팔공산(八公山)은 고려를 건국한 왕건과 관련 있어요.
왕건은 후삼국을 통일하는 과정에서 후백제의 견훤과 마지막까지 치열한 전
투를 벌여요. 팔공산을 오르는 길에 작은 고개가 있는데, 이곳에서 왕건은 견
훤에게 포위당해 큰 위험에 처하고 말죠. 왕건을 따르던 신숭겸 장군 등 여덟
명이 왕건을 피난시키고 장렬히 싸우다 전사합니다. 후삼국 통일 후 왕건은
이 전투(공산 전투)에서 전사한 여덟 명의 공신을 기리기 위해 산 이름을 팔공
산이라 정했다고 합니다.

팔공산 자체도 그렇지만, 정상에 있는 갓바위도 유명해요. 갓바위의 정식
명칭은 '팔공산 관봉 석조여래좌상'으로 보물 제431호로 지정되어 있습니
다. 신라시대에 제작되었고 관리는 동화사가 아닌 선본사에서 하고 있어요.
불상 위에 갓을 쓰고 있어서 갓바위라고 부르죠. 온 맘을 다해 불상에 기도하

갓바위

면 평생 하나의 소원은 꼭 들어준다는 전설이 있어서, 1년 내내 기도하는 사람이 끊이질 않고 있죠. 특히 수능이 다가오면 전국의 수험생 부모들이 갓바위로 모여들어요.

팔공산의 능선을 따라 대구시와 경산시의 경계가 나뉘는 곳이 여럿 있어요. 공교롭게도 갓바위가 위치한 관봉을 따라 행정구역이 갈라지는데, 그래서 대구와 경산이 갓바위를 서로 자기 소유라며 다투고 있는 거예요. 위치상으로는 경산시에 위치한 것이 맞는데, 갓바위에 오르는 큰길은 대구에 속해 있어서 갈등이 쉽게 정리되지 않고 있다고 합니다.

폭염 페스티벌이 열리는 도시

대구를 대표하는 이미지는 어떤 것들이 있을까요? 여러 이미지 중 '더위'를 떠올리는 분들이 많을 거예요. 대학 시절 다른 지역에서 온 동기가 대구의 더위를 "햇볕이 피부를 때리는 것 같다"고 표현하더군요. 그만큼 대구의 더위는 엄청납니다. 1942년 8월 1일 대구에서 40℃를 기록한 것이 2017년까지의 우리나라 최고 기온이었어요. 기상청 자료에 따르면 대구 여름(6~8월)의 평년(1981~2010년) 평균기온이 25℃라고 합니다. 2018년 8월의 평균기온은 28.2℃였어요. 같은 여름철 평년 평균기온이 경상도에 속하는 안동 23.5℃, 부산 23.6℃, 창원 24.5℃인 것만 봐도, 대구가 확실히 덥다는 것을 알 수 있지요. 이렇게 더운 이유는 남북으로 산지에 싸인 분지이기 때문입니다.

대구 사람은 더위에 대한 양가감정을 가지고 있어요. 일기예보나 뉴스를

대프리카 조형물

통해 가장 덥다는 소식을 접하면 온갖 불평불만을 쏟아냅니다. 그런데 최근 강릉이나 밀양, 영천 등이 새로운 폭염 지역으로 부상하고 있다는 소식을 접하면 1등을 빼앗겼다는 묘한 패배감에 빠지기도 합니다. 그만큼 대구의 폭염은 시민들의 생활과 인식에 깊게 뿌리내리고 있답니다.

이렇게 덥다 보니 대구의 여름을 '대프리카'라고 부르기도 해요. 아프리카만큼 더운 대구라는 뜻이죠. 현대백화점 앞에 조형물을 설치하기도 했어요. 실제로 한여름 뜨거워진 아스팔트 위에서 달걀이 익기도 하는데, 이를 재미있는 조형물로 표현한 거예요. 사진에 적힌 "치대지 마라, 덥다 아이가"는 "건드리지 마라, 상당히 덥다" 정도로 해석할 수 있는 대구 사투리예요. 기사로도 많이 소개되었고, 사진을 찍으러 관광객이 찾아올 정도로 유명했죠. 이 버전은 이제는 철거되었어요. 공공 부지인 보도에 허가 없이 조형물을 설치해 온 것이라고 하네요. 하지만 규모는 다소 축소되었어도 올해 역시 위트 넘치는 대프리카 조형물들이 허가를 받아 전시되었습니다..

대구시는 다양한 분야에서 더위 마케팅을 하고 있지만, 동시에 여름 기온을 낮추기 위한 노력도 다방면으로 하고 있어요. 우선, 가로수를 많이 심었어요. 전국에서 인구 대비 가장 많은 가로수가 조성되어 있죠. 서울시는 시민 37명당 1그루인데, 대구시는 시민 14명당 1그루가 심겨 있다고 합니다. 국립산림과학원의 연구 결과에 따르면, 대구에 많이 심어진 플라타너스 1그루는 15평형 에어컨 10대를 네 시간 가동하는 것과 같은 효과를 낸다고 해요.

쿨링 포그 시스템 동대구역 앞의 그늘막

　두 번째 노력은 신천 정비 사업이에요. 대구는 동서로는 개방되어 있고 남북으로는 산으로 둘러싸인 분지 지형입니다. 신천은 남쪽에서 북쪽으로 흘러 금호강으로 합류하는 하천으로 대구의 중심을 관통하죠. 대구시는 2003년부터 시작된 신천 자연하천 정비 사업을 성공적으로 진행해 수달이 돌아올 만큼 깨끗해졌어요. 하천은 증발산 작용으로 주위 기온을 낮춰줘요. 그리고 하천길을 따라 바람이 불기 때문에 바람길 역할도 톡톡히 하지요. 도시는 고층 빌딩과 난개발로 인해 바람길이 막혀 있는 경우가 많습니다. 바람길이 막히면 공기 순환이 어려워, 인공열 방출이 특히 많은 도심부는 큰 열섬에 갇히게 되는 셈이죠. 신천은 남북으로 길게 도심을 관통하는 바람 터널 역할을 함으로써 기온 감소에 이바지하고 있습니다.

　미시적인 해결책도 마련되어 있습니다. 시민들이 더위를 잠깐 피할 수 있도록 해주는 시설을 설치했는데, 바로 쿨링 포그(Cooling-fog) 시스템과 그늘막 설치입니다. 쿨링 포그 시스템은 말 그대로 안개처럼 미세한 물을 분사해서 주변 기온을 낮추는 장치예요. 그늘막은 건널목과 같이 장기간 햇빛에 노출되는 곳에 그늘을 제공해주기 위해 설치한 것인데, 대구에서는 첨단 기술까지 접목한 스마트 그늘막을 전국 최초로 선보이기도 했죠. 동대구역 앞의 스마트 그늘막은 시간에 따른 태양 고도를 계산해 그늘막 길이를 조절해줍니다. 이외에도 도시공원 조성, 푸른옥상가꾸기사업 등을 꾸준히 실시해 1970년 대비 한여름 최고 기온이 1.2℃가 내려갔다고 합니다.

2018년 들어 대구가 가지고 있던 여름 최고 기온 기록이 깨졌어요. 강원도 홍천이 41℃를 기록하며 1위로 올라섰거든요. 대구와 인접한 영천 신령이 40.4℃, 경산 하양이 40.0℃를 기록하며 오히려 대구보다 더 더웠습니다. 이러다 보니 대구경북연구원에서 폭염에 대한 대구, 영천, 경산의 공동 대응이 필요하다고 주장했어요. 바람길 관리나 공단지역의 인공열 억제, 쿨루프 등 새로운 대책을 내놓았는데, 앞으로의 결과가 궁금해집니다.

한편 대구는 무더위를 활용해서 여러 축제를 열고 있어요. 하지만 여러 가지 노력이 결실을 맺어 대구의 여름 기온이 내려간다면 축제는 어떻게 될까요? 더위 하면 대구가 아닌 다른 지역이 떠오르는 날이 찾아올지도 모르겠습니다.

새로운 비상을 꿈꾸는 섬유산업

고려 말에 문익점 선생이 목화씨를 중국에서 가지고 온 역사는 대부분 잘 알고 있을 겁니다. 그럼 문익점 선생이 가지고 온 씨앗을 처음 심은 곳은 어디일까요? 바로 경상북도 의성입니다. 마늘과 컬링으로 유명한 의성이지만, 목화를 처음 재배한 곳이기도 하지요. 목화 재배가 성공한 뒤 10년 만에 전국에서 목화를 재배하기 시작했다고 하는데, 특히 의성과 가깝고 인구가 풍부한 대구에서 면직물 산업이 성장했습니다.

1915년 중구 인교동(달성공원의 동쪽)에 한국인 자본에 의해 설립된 최초의 섬유 공장인 '동양염직소'로부터 근대적 섬유산업이 성장하게 됩니다. 1920년대부터는 달성공원과 비산동(현재 대구염색일반산업단지가 자리 잡고 있어요) 일대에 20여 개의 공장이 생겨났어요. 인근의 서문시장과 조화를 이루어 포목점이 성업했죠.

1941년 조선방직 대구메리야스 공장이 설립되면서 메리야스(내의) 공업의 중심지가 되었고 더불어 섬유 도시로 급성장하게 돼요. 한국전쟁은 수많은 아픔을 남긴 슬픈 역사지만, 대구에게는 전화위복의 기회가 되었습니다. 전쟁의 피해를 가장 적게 입었고 수많은 피난민으로 노동력이 넘쳐났어요. 많은 노동력이 필요한 섬유산업의 발전에 더할 나위 없는 기반이 마련된 거죠. 1954년 제일모직을 시작으로 근대적 모직물 공업이 발전했고, 1963년 한국나일론(현재 ㈜코오롱 대구공장)에서 나일론을 생산하면서 화학섬유 생산이 시작되었어요. 1970년대에 수출이 증가하게 되자 단일산업 최초로 100억 불 수출을 달성하는 등 호황을 맞았으나 1980년대에 들어 석유파동과 산업구조 변화 등으로 인해 크게 위축되고 말았습니다.

2000년대 들어 대구의 섬유산업은 가격 경쟁력보다는 기술 발전으로 위기를 극복하기 위해 노력하고 있습니다. 3D 프린팅을 적용하거나 LED와 접목한 제품 개발, 탄소섬유 강화플라스틱 또는 형상기억합금 소재 섬유, 바이오 셔츠 등을 개발하여 상품화하고 있어요. 이렇게 개발된 신섬유는 일반적인 섬유와는 달리 IT, 수송, 방재, 방호, 스포츠 및 레저, 의

섬유 공장

료 · 건강, 환경 등 다양한 분야에 사용 될 수 있다고 합니다.

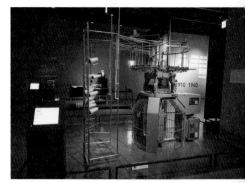

DTC 섬유박물관

100년에 가까운 대구의 섬유산업 역사를 한눈에 볼 수 있는 곳이 있어 요. DTC(Daegu Textile Complex) 섬유박 물관은 대구 섬유산업의 과거, 현재, 미래를 만나볼 수 있는 공간입니다. 서 양 패션의 역사, 재봉틀의 발전 역사, 실을 만드는 연조기 발전 과정, 서문시장의 과거, 탄소 자동차 체험, 섬유 기 업의 소개 등 대구뿐만 아니라 섬유 전체의 역사를 알 수 있도록 다양한 전시 실을 운영하고 있답니다.

신소재 개발, 박물관 설치와 더불어, 대구 섬유산업의 비상을 위한 대구국 제패션문화페스티벌도 매년 개최하고 있습니다. 2018년에는 대구삼성창조 캠퍼스에서 열렸는데, 대구삼성창조캠퍼스는 구 제일모직 부지에 조성된 건 물입니다. 대구국제패션문화페스티벌은 국제문화, 문화융합, 산업융합 패션 쇼와 다양한 섬유 및 패션 관련 전시회를 개최하고, 패션아트와 스타일 뷰티 체험 부스를 운영해 대구시민과 관광객의 발길을 끌고 있답니다.

치킨의 성지

드라마 〈별에서 온 그대〉에서는 특히 치킨과 맥주를 먹는 장면이 많이 나 왔죠. 그래서 중국에서도 한국의 치킨집이 성황을 이룬다는 기사를 본 적 있 어요. 치킨과 맥주(이하 치맥)는 현대인들의 삶에 쉼표를 찍는 중요한 문화가 되어가는 것 같습니다. 우리나라의 치킨 전문점은 3만 6천여 개라고 합니다. 세계 전체 맥도날드 매장 수와 비슷하다는 우스갯소리가 인터넷에서 화제가 됐을 정도로 치맥의 인기는 대단합니다. 중요한 건 이처럼 국민의 생활에 깊게 침투한 '치느님'의 성지가 바로 대구라는 점입니다.

대구와 닭의 인연은 생각보다 오래되었습니다. 대구는 예전에 달구벌이라 불렸는데, 달구벌의 의미는 크게 두 가지로 해석됩니다. 하나는 달(達)이 '크다, 넓다'이고 구(句)는 '언덕', 벌(伐)은 '평야'로, '큰 언덕과 평야' 정도로 해석하는 견해입니다. 조선시대 한자 표기로 바뀌면서 대구(大丘)로 표기했다가 구(丘)가 공자의 이름과 같다고 하여 같은 뜻을 가진 구(邱)로 바뀌어서 지금의 대구(大邱)에 이르렀다는 거죠.

다른 하나는 '달구'를 '닭'의 방언으로 보는 견해입니다. 경상도 방언으로 '닭이'를 '달기'라고 발음합니다. 표준 발음으로는 '닥이'가 맞죠. 닭을 달구라고 부르는 어르신이 있는 것으로 보아 어느 정도 맞는 것 같아요. 달구벌은 '닭이 많은 평야', '닭의 평야' 정도로 해석됩니다. 그렇다면 대구는 닭을 정말 많이 기르던 초기 국가였거나, 닭을 토템으로 삼은 국가로 추정할 수 있겠죠. 신라의 토템도 닭입니다. 시조인 박혁거세가 계정(鷄井) 옆 알에서 태어났고, 신라를 계림(鷄林)이라고 부르기도 했으니까 신라에서 닭이 얼마나 중요했는지 알 수 있죠.

기록으로 남아 있는 대구와 닭의 인연을 살펴보겠습니다. 1907년 제작된 대구시 전도에 따르면, 조선 3대 시장이었던 서문시장의 3분의 1이 닭을 파는 곳이었다고 합니다. 어마어마한 규모죠. 이후 산업화가 진행되면서 육류 소비가 늘어났는데, 사육 비용과 기간이 많이 드는 돼지나 소보다 닭을 기르는 게 쉬웠다고 합니다. 그래서인지 1970년대부터 대구와 대구 주변의 의성,

청도, 경산에는 대규모 양계장이 많이 생겨났대요. 현재까지도 10만 마리 이상 사육하는 양계장이 대구, 경북 지역에만 10여 곳이 있다고 하죠. 계육 가공회사도 더불어 발전하게 되었는데, 이런 이유로 닭고기뿐만 아니라 닭발, 닭똥집(모래집), 닭 내장 등도 대구를 대표하는 음식으로 자리 잡게 돼요. 수성못 주변의 닭발집, 동구 평화시장의 닭똥집 골목, 칠성시장 내의 닭내장볶음집이 대표적입니다.

특히 평화시장의 닭똥집 골목은 안지랑 곱창골목과 함께 대표적인 음식거리로 성장하게 됩니다. 1969년 동대구역이 생기면서 인근에 평화시장이 들어섰죠. 평화시장 앞 거리에 인력시장이 섰다고 하는데, 이 넉넉지 않은 형편의 인력꾼들에게 술안주로 팔기 시작한 것이 닭똥집이었답니다. 그것이 닭똥집 골목의 시초였어요.

이것으로 치킨의 성지가 대구라고 주장하기엔 조금 부족하다고요? 치킨의 중심지가 대구임을 보여주는 다른 사례도 있어요. 우리나라에는 정말 많은 치킨 프랜차이즈가 있는데, 이중 '멕시칸', '멕시카나', '호식이 두 마리 치킨', '땅땅치킨' 등이 대구에서 시작한 기업이고 '교촌치킨'은 구미에 본점이 있으나 대구에 분점을 만들면서 기업이 크게 성장한 사례입니다. 그리고 2013년부터 두류공원에서 '치맥페스티벌'을 시작했습니다. 다양한 '치느님'과 함께 여러 종류의 맥주를 저렴한 가격에 맛볼 수 있다는 소문이 돌면서 뜨거운 한여름에도 100만 명 이상 찾는 대구의 대표 축제로 발돋움했습니다. 2018년 개최된 치맥페스티벌에는 국내외 치킨과 맥주 관련 100여 개 업체가 참가하여 200여 개의 부스를 운영했어요. 한여름 밤에 치느님과 시원한 맥주를 함께 하면서 대구 여행을 마무리해보는 것은 어떨까요?

거제

18
아름다운 해안 도시, 거제

우리나라에 역대 대통령을 두 명이나 배출한 섬이 있다는 걸 알고 있나요? 인구가 가장 많은 도시인 서울도 아니고 섬에서 말이죠. 바로 거제도랍니다. 제14대 김영삼 대통령과 제19대 문재인 대통령이 거제 출신이에요. 거제(巨 濟)는 한자로 클 거(巨), 건널 제(濟) 자를 씁니다. 큰 섬이란 뜻이죠. 우리나라 에서는 제주도 다음으로 큰 섬이에요. 그래서 두 대통령은 같은 섬이지만 아 주 다른 지역에서 태어났답니다.

김영삼 대통령은 멸치어장과 어선 10여 척을 가진 부잣집에서 태어났고, 출 생지는 동부에 위치한 장목면 대계마을이에요. 여기서 멀지 않은 곳에 옥포항 이 있는데, 이순신 장군의 옥포해전으로 유명한 곳이죠. 현재 거제에서 가장 큰 조선소가 위치한 곳이기도 합니다. 밤낮없이 바쁘게 돌아가는 조선소를 보고 있노라면 우리나라 해양 산업의 성장 과정을 피부로 느낄 수 있답니다.

문재인 대통령의 부모님은 한국전쟁 피난민으로 서부에 위치한 거제면 남정마을에 정착한 후에 문재인 대통령을 낳았어요. 남정마을 근처에는 거제면사무소가 있는데, 이곳은 조선시대 거제관아가 있던 곳이기도 합니다. 또한 관아가 옮겨지기 전까지 거제의 중심이었던 고현에는 고현읍성과 한국전쟁 때 만든 피난민 및 포로수용소 등의 역사 유적이 남아 있죠.

거제는 해안선의 길이가 약 360킬로미터로 서울에서 부산까지의 거리와 유사합니다. 그래서 자동차로 해안선을 따라 섬을 한 바퀴 돌려면 다섯 시간 이상 걸립니다. 하지만 굽이굽이 해안을 따라 돌면 어느 곳이든 쪽빛 바다와 깎아지른 해안절벽, 그리고 아름다운 해변을 볼 수 있답니다. 우리나라 역대 두 대통령의 출생지일 뿐만 아니라 조선시대 역사 유적지가 곳곳에 남아 있고, 남해 쪽빛 바다와 아름다운 해안 경관들을 함께 감상할 수 있는 거제로 한 번 떠나볼까요?

자연의 조각품을 품은 아름다운 거제

거제는 해안의 어느 곳을 가더라도 남해의 쪽빛 바다를 감상할 수 있습니다. 왜 남해 바닷물의 빛깔은 유난히 쪽빛일까요? 일반적으로 바다의 빛깔이 파란색을 띠는 것은 수심에 따라 투과되는 빛의 파장 때문인데, 바다의 수심이 10미터 정도가 되면 대부분의 빛이 흡수된다고 해요. 그중 파장이 가장 짧은 파란색이 가장 늦게 흡수되면서 바닷물이 파란빛을 띤다고 하네요. 바다마다 물의 빛깔이 다른 것은 물속의 침전물이나 부유물, 플랑크톤 등이 빛을 반사해서 그렇고요. 서해의 경우는 갯벌이 넓게 발달해 있어 수심이 얕은데다가, 예로부터 황해라 불릴 정도로 중국의 황하나 양쯔강으로부터 황토물이 많이 유입되기 때

거제 한려해상국립공원

문에 바닷물의 빛깔이 탁한 색을 띠게 됩니다. 남해의 경우는 이러한 침전물이나 부유물이 적고 수심이 깊어 쪽빛을 띠는 거죠.

거제는 본섬을 제외하고도 11개의 유인도와 51개의 무인도로 구성되어 있습니다. 거제뿐만 아니라 인근 남해는 섬이 많고 해안선의 드나듦이 복잡한 '리아스식 해안'이에요. 후빙기의 해수면 상승 때 잠기면서 만들어진 지형이죠. 육지가 바다에 잠길 때 산맥의 산봉우리들은 섬으로 남게 되는데, 거제와 주변 섬들도 이렇게 형성되었습니다. 또한 경사가 급한 소백산맥의 줄기가 바다에 잠겨서 형성되었기 때문에, 완만한 제주도의 해안과는 달리 경사가 급하고 해안절벽이 많이 발달해 있습니다. 아름다운 거제의 쪽빛 바다와 다도해의 경관은 한려해상국립공원에 속해 있기도 합니다.

거제의 해안가나 섬을 가보면, 아름다운 해안 지형을 곳곳에서 볼 수 있습니다. 이러한 해안 지형은 주로 파랑이나 조류 등에 의해 형성되지요. 파랑의

해금강 해안절벽   구조라 해변

힘이 집중되는 곳(串)은 침식이 많이 일어나고 만(灣)은 이러한 힘이 약화되어 퇴적이 주로 이루어진답니다. 그래서 곳에는 침식지형인 해안절벽, 바위섬, 파식대, 해안 동굴 등이 발달하고, 만에는 모래사장, 자갈 해변, 갯벌 등이 발달하게 되지요. 거제에서 해안 침식지형을 많이 볼 수 있는 대표적인 곳은 해금강, 신선대 등이 있고, 퇴적지형을 많이 볼 수 있는 곳은 학동 몽돌해변, 구조라 해수욕장 등을 꼽을 수 있습니다.

거제의 자연이 만든 걸작품 중에 가장 아름답기로 유명한 해금강으로 가볼까요? 해금강은 '바다의 금강산'이라 불릴 만큼 아름다운 경관을 자랑하는 곳입니다. 거제도 남동쪽의 갈곶(乫串)에서 떨어져나와 형성된 돌섬이 있지요. 섬 전체가 해안절벽으로 이루어져 있고, 주변에는 사자바위나 촛대바위 같은 바위섬들이 다양한 풍경을 만들고 있답니다. 하나의 돌섬 같아 보이지만 실질적으로 네 갈래로 나뉘어 있고 파도가 잔잔할 때 이 사이를 배들이 지나다닐 수 있습니다. 그 공간 안에서는 하늘이 십자 모양으로 바라보인다 하여 '십자동굴'이라고 불린답니다.

사자바위

십자동굴

촛대바위

우제봉에서 바라본 해금강 전경

해금강마을 선착장

장승포항 어선과 유람선

장승포항 인근 음식거리

해금강으로 가는 유람선은 가까운 해금강마을 선착장에서 운행하고 있습니다. 이외에도 장승포, 구조라, 지세포 등 여섯 개의 항구에서 정기적으로 운행하고 있어요. 이중 장승포항은 어선과 유람선이 함께 운행되는 비교적 큰 항구예요. 어항이 발달한 곳 주변에 해산물 식당이 즐비한 건 당연한 일이겠죠? 거제는 유명한 해산물 먹거리가 많은데, 그중 멍게비빔밥, 성게비빔밥, 대구탕, 물메기탕 등이 대표적이죠. 항구 근처의 어느 식당을 가든지 신선하고 맛있는 해산물 음식을 먹을 수 있답니다.

● 거제 해산물 먹거리 ●

거제의 대표적인 해산물 음식은 거제 멍게비빔밥과 성게비빔밥이 있어요. 거제 앞바다에서 잡은 멍게와 성게를 참기름, 깨소금 등을 넣고 약간의 양념과 간을 하여 밥과 함께 비벼 먹는 음식이에요. 멍게는 4~6월경이 제철이고, 성게는 5~8월이 제철인데 주로 해녀들이 많이 잡는답니다. 5~6월에는 보라성게가 많이 잡히기도 하고요. 비빔밥은 거제, 통영 지역에서 즐겨 먹는 멍게젓갈, 성게젓갈을 함께 비벼 먹으면서 발전했다고 하네요. 특히, 거제에서는 비빔밥과 함께 맑은 생선국(도다리, 노래미, 우럭 등)이 나오는 것이 특징이에요.
또 다른 별미는 거제 대구탕입니다. 겨울철에 먹는 대표적인 음식으로 담백하고 시원한 맛이 일품이지요. 대구는 머리가 크고 입이 커서 대구(大口)라고 부르는데, 생김새는 명태와 비슷해요. 주로 10월에서 다음 해 2월 사이에 많이 잡히며, 거제는 전국의 대구 생산량의 대부분을 차지한다고 합니다.

한편 청정수역인 거제는 굴 양식이 많이 이루어져 굴 구이도 매우 유명하며, 도다리쑥국, 물메기탕, 어죽, 싱싱한 생선회 등 다양한 먹거리를 즐길 수 있는 곳이랍니다.

멍게비빔밥　　　　　　　　　　　대구탕

거제의 쪽빛 바다를 즐기는 건 반드시 유람선을 타고 섬에 가야만 가능한 것은 아니에요. 해안도로를 타고 자동차 드라이브를 하거나 자전거 트레킹을 하는 것만으로도 아름다운 남해의 풍광을 감상할 수 있답니다.

이렇게 감상할 수 있는 대표적인 곳이 신선대예요. 해금강마을에서 산책로를 따라 걸으면 갈 수 있는 곳입니다. 경치가 아름다워 '신선도 쉬어 가는 곳'이라는 의미의 이름을 가지게 되었죠. 여러 층으로 이루어진 넓은 파식대

신선대 산책로　　　　　　　도장포마을에서 바라본 바람의 언덕

신선대와 해안절벽

는 수십 명이 앉아서 바다 경치를 감상할 수 있답니다. 시원한 바닷바람을 몸으로 느낄 수 있는 '바람의 언덕'도 근처에 있는데, 유명한 곳이에요.

　일반적으로 파도의 힘이 약화되는 만(灣)에는 모래가 쌓여 모래사장이 발달하는 경우가 많은데, 거제의 학동 몽돌해변은 자갈이 쌓여서 만들어진 이색적인 해변입니다. 1킬로미터가 넘는 몽돌해변에서는 파도가 자갈 사이를 드나들면서 내는 독특한 하모니의 연주가 끊임없이 들린답니다. 이곳의 몽돌(자갈)은 보존을 위해 반출이 허락되지 않는데, 가끔 추억으로 가져가는 사람들이 있다고 해요. 아름다운 해안 지형을 오랫동안 보존하기 위해 우리 스스로 지켜야 할 노력들은 해야겠죠?

학동 몽돌해변

자갈을 파고드는 파도

사람이 만들어놓은 또 다른 아름다움

자연이 만든 아름다운 해안 경관들을 감상했다면, 이제 사람이 만든 이색적인 경관들을 구경하는 건 어떨까요? 거제에는 벽화마을을 유난히 많이 볼 수 있습니다. 거제시가 관광산업 활성화 정책으로 관광객들이 특히 많이 찾는 어촌마을의 경관을 바꾸고자 벽화사업을 진행했기 때문이지요. 도시재생 사업의 일환으로 만들어진 부산의 감천문화마을이나 통영의 동피랑마을 등과는 성격이 조금 다른 셈이죠. 이러한 벽화마을 중에 대표적인 곳이 해금강 벽화마을과 도장포 벽화마을이에요. 해금강 벽화마을은 물고기와 어촌 생활 모습 등을 주제로, 도장포 벽화마을은 도자기를 주제로 벽화가 그려져 있는 것이 특징이랍니다.

거제에는 섬 전체를 한 사람이 가꾼 곳이 있어요. 바로 외도입니다. 외도는 거제도에서 4킬로미터 정도 떨어진 곳에 위치한 섬으로 해금강 유람선이 꼭 들르는 곳이기도 해요. 해금강과 마찬가지로 기암절벽으로 둘러싸여 있지요. 개인 소유의 섬으로 드라마 〈겨울연가〉의 마지막 장면에 나오는 리스하우스와 식물 정원으로 유명한 곳이에요. '외도 보타니아'라고 불리고 있는데, 보타니아는 botani(식물)와 utopia(낙원)의 합성어입니다. 이름처럼 4만 5천 평의 섬 전체에 64종의 자연식물과 전 세계 1천여 종의 희귀아열대식물이 자라고 있어요. 1995년부터 '해상식물공원'으로 개장했고, 연간 100만 명 이상이 찾는 관광 명소입니다.

해금강 벽화마을(위)
도장포 벽화마을(아래)

외도 보타니아 입구(위)
해상식물공원(중간)
리스하우스(아래)

위도상으로 거제는 남쪽에 있는데다 바다의 영향을 많이 받다 보니 연평균 기온이 높고, 1월 평균기온이 3.7℃로 매우 따뜻한 편이에요. 이렇듯 기후가 온화해서 외도와 같은 '해상식물공원'을 조성할 수도 있고, 파인애플, 참다래 등의 난대성 작물도 재배할 수 있으며, 따뜻한 기후에서 자라는 식생인 난대림도 많이 분포하고 있답니다. 식생이란 지표를 덮고 있는 식물 군락을 의미하는데 이들의 분포는 보통 기후에 의해 결정됩니다. 우리나라의 제주도와 남해와 같이 따뜻한 기후에서 자라는 수종은 동백나무, 대나무 등의 상록활엽수인데, 남해에 위치한 거제에서도 동백나무 자생지나 대나무 숲 등을 곳곳에서 볼 수 있답니다.

거제에서 동백나무를 많이 볼 수 있는 곳은 우제봉 동백숲, 학동 동백숲 등이 대표적이에요. 우제봉은 갈곶(칡이 많이 자라서 붙여진 지명)에 있는 고도 100미터 정도의 봉우리입니다. 전망대까지 오르는 둘레길은 1킬로미터가 채 되지 않고 경사가 완만해서 천천히 가도 30분 정도면 충분히 오를 수 있어요. 이 둘레길 전체가 동백나무가 우거진 숲이랍니다. 둘레길을 오르는 내내 삼림욕을 즐길 수 있는 건 덤이지요. 우제봉이 있는 바위 절벽은 '서불과차(徐市過此)'란 글귀가 새겨져 있던 곳으로 유명한 곳이에요. 중국 진시황 때 불로초를 구하기 위해 3천여 명

우제봉 동백숲

을 데리고 이곳에 온 서불이 '서불이 이곳을 지났다'라는 의미의 '서불과차(徐市
過此)'를 바위절벽에 새겼다고 해요. 하지만 1959년 사라호 태풍으로 암벽에서
글씨가 떨어져나간 바람에 지금은 볼 수 없답니다.

　학동 동백숲은 학동 몽돌해변 근처에 있어요. 이곳 동백나무 군락은 4킬
로미터 정도가 보호구역으로 지정되어 있어 들어갈 수는 없습니다. 하지만
길을 따라 늘어서 있는 동백나무에 아름답게 핀 동백꽃을 감상할 수 있는 곳
이랍니다. 이곳의 동백꽃을 보고 싶으면 꽃이 만개하는 2월 말에서 3월 말 사
이에 가는 것이 좋을 듯해요. 무지개색 깃털로 유명하고 천연기념물로 지정
된 팔색조의 서식지이기도 하지요. 이곳이 보호구역으로 지정된 이유를 되

팔색조 서식지인 학동 동백숲　　　　　　　　　　학동 동백나무 꽃

맹종죽 테마공원

맹종죽숲

대통밥과 죽순무침

새겨보며, 자연을 생각하는 마음으로 돌아보면 의미 있는 시간이 될 거예요.

또한 거제는 대나무 숲도 마을 뒤편 곳곳에서 자주 볼 수 있어요. 그중 맹종죽 테마공원은 대나무 숲에서 삼림욕을 즐기며 대나무 관련 전시관 등을 볼 수 있는 곳으로 유명하죠. 맹종죽은 호남죽, 죽순죽, 일본죽 등으로 불리며, 지름이 20센티미터 정도로 우리나라 대나무 중에 가장 굵게 자라는 종입니다. 주로 죽순을 먹기 위해 재배하기 때문에 이와 관련된 대통밥과 죽순무침, 죽순 제육볶음 등의 요리를 주변에서 먹을 수 있답니다.

역사를 품은 조선시대 거제

거제는 예로부터 왜구의 침략이 많은 곳이었어요. 지리적으로 일본의 대마도와 가까이 있는 섬이니 당연했겠죠? 고려시대나 조선시대에도 마찬가지였죠. 그래서 일찍부터 곳곳에 성(城)을 쌓아 주민들을 보호하려 했지만, 성의 대부분이 해안가에 있어 왜구의 침략에 취약하고 물이나 식량이 부족한 문제를 안고 있었어요. 조선시대 세종대왕의 명으로 이러한 성들의 문제점을 보완하여, 지금의 계룡산 아래에 선형으로 튼튼한 석성(石城)을 쌓았습

고현읍성 내부 성

고현읍성 외부 성

계룡루(황취루)

니다. 이것이 바로 고현읍성(古縣邑城)이에요.

　기록에 의하면 경상도민 2만여 명이 동원되어 9년여에 걸쳐 둘레 2킬로미터, 높이 7미터로 쌓았다고 합니다. 그리고 당시 산등성에 있던 관아를 이곳으로 옮겨왔죠. 이후부터 고현읍성이 거제의 중심이 되었습니다. 현종 때 거제관아를 거제읍인 지금의 거제면사무소 자리로 옮겼으나, 읍성을 축조하지 않은 상황에서 옮긴 까닭에 고현읍성의 중심지로서의 기능은 지금까지도 계속 유지될 수 있었습니다. 현재 이곳에는 거제시청이 있어 거제의 행정적 중심 역할을 하고 있으며, 거제에서 가장 큰 전통시장인 고현시장도 주변에서 열려 상업적 중심 역할도 수행하고 있답니다. 고현시장은 거제 인근에서 잡은 각종 해산물, 건어물 등을 사거나 싱싱한 회를 맛볼 수 있는 곳입니다.

거제시청

고현시장

옥포대첩 기념관

효충사와 옥포바다

다른 읍성과 마찬가지로 평지에 지은 고현읍성은, 둘레는 다른 남해안 읍성과 비교했을 때 중간 정도의 크기지만 왜구를 방어하기 위해 성곽의 높이는 꽤 높게 축조했습니다. 한국전쟁 때까지만 해도 대부분의 성벽이 남아 있었지요. 그런데 유엔군이 포로수용소를 지을 때 이곳 성벽을 헐어서 돌을 썼기 때문에 지금은 남서부의 600미터 정도만 옛 모습으로 남아 있어요. 현재 세 개의 성문 중 '계룡루'만 복원되어 있고요. 이 문의 원래 이름은 '황취루(黃

옥포대첩기념탑

옥포루

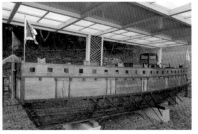

거북선 모형   판옥선 모형

翠樓)'였다고 합니다.

고현읍성이 왜구의 잦은 침략으로부터 주민을 보호하기 위해 축조했다면, 거제 옥포는 임진왜란 때 왜구의 침략을 막은 이순신 장군의 첫 승전이 있었던 곳이랍니다. 거제는 왜구가 조선시대 남해를 거쳐 전라도, 충청도 그리고 한양과 가장 가까운 인천 앞바다까지 갈 수 있는 바닷길의 주요 길목에 해당하는 곳이었어요. 그중 옥포는 그 초입에 위치해 지리적으로 중요한 요충지였죠. 그래서 경상우수사 원균은 왜구에게 빼앗긴 옥포를 다시 찾고 싶었어요. 하지만 임진왜란 초기에 많은 군사를 잃어 70척 중에 6척밖에 남지 않은 상태였죠. 그는 전라우수사 이순신에게 도움을 요청합니다. 1592년 5월 7일, 당포 앞바다에서 46척을 이끌고 합류한 이순신은 옥포에 정박해 있던 왜구와 격전을 벌이게 됩니다. 왜선 50척 중 26척을 격침하는 큰 전과를 올리는데, 이를 '옥포대첩'이라고 하지요. 이를 기념하기 위해 옥포가 내려다보이는 언덕에 옥포대첩기념공원을 조성해두었습니다. 기념공원 내에는 옥포대첩기념관, 효충사(사당), 그리고 옥포대첩기념탑, 옥포루 등이 있답니다. 이러한 기념물들을 보면서 당시 옥포대첩을 머릿속으로 그려보는 것도 의미 있겠죠. 옥포루에 올라 아름다운 쪽빛의 옥포 바다를 감상하는 것은 필수 코스이고요.

한국전쟁의 가슴 아픈 흔적을 간직한 거제

고현읍성이 있던 계룡산 아래는 한국전쟁 당시 대규모 피난민 및 포로수용소가 있던 곳이에요. 그 규모는 얼마나 컸을까요? 거제는 한국전쟁 당시 전쟁터에서 멀리 떨어진 섬으로 전쟁포로를 격리하고 수용하기에 매우 적합한 곳이었습니다. 그런 까닭에 피난민 약 20만 명과 포로 17만 명에 육박하는 인원이 이곳으로 몰려왔어요. 당시 거제 주민이 10만 명 정도였으니 피난민과 포로를 합치면 거제 주민의 네 배에 달할 정도였죠. 결국 이들을 수용할 수용소가 필요했고 고현읍성이 있던 자리를 중심으로 대규모의 수용소를 설치하게 됩니다. 지금도 거제포로수용소유적공원 내에 PX 및 무도장, 경비대장 집무실 등이 남아 있고, 거제 고현중학교 인근에도 수용소 막사 등의 흔적을 찾아볼 수 있습니다.

2002년, 포로수용소가 있던 자리에 거제포로수용소유적공원을 개관했습니다. 그 당시의 막사, 사진, 의복 등을 전시하여 포로들의 생활상을 보여주고 간접적인 전쟁체험 등을 통해 안보의식을 고취하고 있지요. 하지만 관리가 소홀해 포로수용소 유적들이 이곳저곳에 방치되어 있기 때문에, 그 온전한 모습을 볼 수 없다는 사실은 안타까운 일입니다.

거제포로수용소 전경 그림

수용소가 있던 자리의 현재 모습

유적공원 내 막사 모형 　　　　　 포로수용소 건물 유적

거제를 키운 조선업

1970년대 이전까지 거제의 모든 중심이 고현이었다면, 그 이후에는 옥포 등의 항구로 거제의 성장 중심이 급속히 이전하게 됩니다. 거제 조선업의 성장 때문이죠. 옥포항에 위치한 옥포산업단지와 고현항에 위치한 죽도산업단지에 대표적인 조선소들이 있어요. 그중 옥포항에는 거제 최대의 조선소가 있죠. 옥포항은 파도가 높지 않고 조차가 적은 편이며, 수심이 11~13미터로 조선소 부지로는 최적의 입지 조건을 갖추고 있습니다. 사전에 허가를 받으면 조선소에서 선박을 만드는 모습을 견학할 수 있습니다. 63빌딩을 옆으로 눕혀놓은 크기의 어마어마한 선박들이 어떻게 만들어지는지 그 생생한 현장을 목격할 수 있죠.

거제는 우리나라 조선업의 70% 이상을 책임지고 있다고 해도 과언이 아닙니다. 우리나라 전체 조선소에서 일하는 인구가 10만 명 정도인데, 절반인 5만 명이 거제에 있는 조선소에서 일하고 있거든요. 거제의 현재 총인구가 약 25만 명인데, 5분의 1이 이 조선소에서 일하고 있습니다. 이외에도 조선소에 납품하는 업체들의 종사자까지 포함하면 조선업에 종사하는 규모는 더욱 늘어난답니다.

옥포산업단지 도트 내에서 선박을 건조하는 광경

1970년대 경제개발 5개년 계획에 따라 남해안을 중심으로 시작한 조선업은 2000년에 수주잔량으로 세계 1위를 차지하기도 했습니다. 조선업의 성장과 더불어 1990년대 15만 명 정도였던 거제의 인구는 2015년에 25만 명을 넘을 정도로 급속하게 증가했죠. 대부분 조선소가 위치한 옥포산업단지와 죽도산업단지 등을 중심으로 인구가 많이 유입되어 지금도 이곳에는 아파트가 지어지는 등 경관이 빠르게 변화하고 있답니다. 하지만 우리나라 조선업은 2008년 금융위기, 2014년 유가 급락 등으로 인해 2016년부터 구조조정을 겪고 있어요. 거제도 이로 인해 상당한 어려움을 겪고 있는 중이지요.

옥포산업단지 조선소

한편 지세포에는 거제조선해양문화관과 거제어촌민속전시관이 있습니다. 이곳에서는 선박의 역사, 선박이 만들어지는 과정 등

거제어촌민속전시관　　　　　　　　　　거제조선해양문화관

을 보고 체험할 수 있을 뿐만 아니라, 거제의 역사와 거제의 해양문화 등도 엿

볼 수 있지요. 그리고 실제 크기의 거북선 모형도 볼 수 있고요.

　배는 예전부터 어업이나 다른 나라와의 무역에 있어서 매우 중요한 수단이

었어요. 삼면이 바다인 우리나라는 일찍부터 어업이 발달했고 부족한 부존자

원으로 인해 가공무역이 발달했습니다. 여전히 많은 부분에서 무역에 의존하

고 있는 상황이고요. 그러므로 조선업은 앞으로도 매우 중요할 수밖에 없습니

다. 조선업의 발달에 있어 거제는 현재 가장 중심에 있다고 할 수 있죠.

거가대교 개통에 따른 거제의 변화

　거제는 섬이지만 1970년대부터 육지와 연결되어서, 섬이 아닌 것 같은 느

낌도 지닌 곳이랍니다. 특히 1999년에 개통된 신 거제대교는 거제-통영 간

의 접근성을 크게 향상시켰을 뿐만 아니라 수도권과의 접근성도 높여 자동

차로 서울에서 네 시간 정도면 거제에 갈 수 있게 되었습니다. 이로써 수도권

거가대교

과 거제가 일일생활권이 가능해졌다고 할 수 있죠.

또한 2010년에 개통된 거가대교는 거제-부산 간의 거리를 60킬로미터 정도로 단축해 한 시간이 채 걸리지 않도록 접근성을 높였습니다. 거가대교가 건설되기 전에 부산에서 거제로 가려면 통영을 거쳐 140킬로미터 정도를 두 시간이 넘게 돌아가야 했거든요.

거가대교는 부산의 가덕도와 거제도를 연결하는 8.2킬로미터 도로 구간을 통칭합니다. 그중 가덕도와 대죽도의 3.7킬로미터 구간은 수심 50미터 내외의 깊은 바다 속 해저터널이 있는 것으로 유명하지요. 여러 개의 침매함을 연결하는 침매공법(沈埋工法)으로 만들어졌는데, 이 터널은 세계 최장 함체(180m) 건설, 세계 최초 외해 건설, 세계 최고 수심(48m) 건설 등 다섯 개의 세계 기록을 가지고 있기도 합니다. 이 구간을 교량이 아닌 해저터널로 준공한 이유는 부산신항, 마산항, 통영의 LNG 기지항 등으로 운행되는 대형 선박의 통행을 방해할 뿐만 아니라 진해에 위치한 해군기지로 오가는 대형 군함의 통행에도 문제가 되기 때문이었어요. 또 전쟁이 일어나 교량이 붕괴되면 진해만이 완전히 고립되어 해군의 작전 수행이 어려워지기 때문이기도 하죠. 이 지역 자체가 예로부터 해상군사요충지인 것은 변함이 없네요.

가덕해저터널

거가대교 건설에 따른 부산-거제 간 접근성의 향상은 이들 지역 간의 관광객 및 물류 거래량의 증가를 가져왔어요. 특히 KTX를 통해 부산을 거쳐 거제로 유입되는 관광객 수가 많이 증가했죠. 하지만 부산 지역 관광객들은 워낙 가깝다 보니 숙박 대신 당일로 거제를 관광하고 돌아가는 경우가 많습니다. 또한 거가대교의 건설은 거제에서 부산으로의 빨대효과도 함께 발생시켰어요. '빨대효과(straw effect)'란 음료수에 빨대를 꽂아 빨아들이는 것처럼 교통 및 통신의 발달로 주변 도시 기능이 중심의 대도시로 흡수되는 현상을 말합니다. 거제에 비해 상권이 발달한 부산으로의 빨대효과가 발생한 거죠.

섬이지만 육지와 연결되어 누구나 쉽게 찾을 수 있는 곳, 섬이지만 일찍부터 도시로서의 경관을 갖추고 있는 곳, 남해의 쪽빛 바다와 아름다운 해안 경관을 볼 수 있는 곳, 역사적 유적지와 우리나라 최대의 조선소를 볼 수 있는 곳, 역대 대통령을 두 명이나 배출한 곳 등 매력과 볼거리가 풍부한 거제로 도시여행을 떠나보는 건 어떨까요?

울릉도&독도

울릉도

대풍감전망대

나리분지

내수전전망대

저동항

행남해안산책로

독도박물관

도동항

통구이 마을

거북바위

사동항

삼선암

코끼리바위

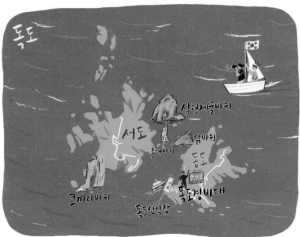

독도

삼형제굴바위

닭바위

촛대바위

동도

서도

독도경비대

코끼리바위

독도선착장

동해의 보물이자 신비의 섬, 울릉도 & 독도

이제 이 책의 마지막 여행지인 울릉도와 독도로 여행을 떠날 차례입니다. 많이 기다리셨죠? 울릉도와 독도는 동해 한가운데에 위치한 섬이기 때문에 배를 타고 가야 합니다.

'울렁울렁 울렁대는 가슴 안고 연락선을 타고 가면 울릉도라 뱃머리도 신이 나서 트위스트 아름다운 울릉도~' 이 노래는 누구나 한 번쯤은 들어봤을 〈울릉도 트위스트〉인데, 불편한 교통편을 재밌는 가사와 신나는 트위스트풍 곡조로 엮어낸 곡이죠. 특히 울릉도와 뱃멀미를 표현하는 '울렁'이란 단어를 대비시켜 언어적으로 재미를 준 점이 돋보입니다.

노래 가사에서도 알 수 있듯이 울릉도와 독도에 가려면 많은 노력과 인내의 시간이 필요합니다. 배는 교통수단 중에서도 기상의 영향을 가장 많이 받기 때문에 가는 길도 그만큼 어렵답니다. 특히 독도는 1년 365일 중에 평균 60일 안

독도

꽈으로 접안(接岸)에 성공할 만큼 기상여건의 영향을 많이 받는 곳입니다. 3대가 덕을 쌓아야만 독도에 한 번 들어갈 수 있다는 우스갯소리가 있을 정도이니 여러분이 언뜻 생각하기에도 쉽지는 않겠죠? 그래서일까요? 울릉도와 독도가 우리에게 주는 아름다움과 감동의 크기는 언어로는 표현하기 어려울 정도로 크답니다. 자! 그럼 대한민국의 보물섬으로 함께 떠나볼까요?

화산활동이 빚어낸 위대한 작품, 울릉도

오각형 모양의 화산섬인 울릉도는 우리나라에서 아홉 번째로 큰 섬으로 면적은 72.91제곱킬로미터이며 울산광역시 남구와 비슷하고 2019년 6월 기준으로 약 9,800명이 거주하고 있어요. 인구로만 본다면 전국 226개 기초자치단체 중 유일하게 1만 명이 넘지 않는 곳이지요. 행정구역은 경상북도

울릉도 택시   좁고 경사진 골목

울릉군에 속해 있고 네 개의 유인도와 마흔 개의 무인도로 구성되어 있습니다. 제주도와 함께 화산활동으로 형성된 울릉도는 천혜의 자연환경과 볼수록 신기한 기암괴석, 그리고 다양한 볼거리와 먹거리가 있어서 해마다 30만 명이 넘는 관광객이 찾아오는 우리나라 대표 관광지랍니다.

울릉도에서는 4륜구동 차량의 택시를 볼 수 있는데 이것은 화산지형과 매우 밀접한 관련이 있어요. 울릉도는 신생대 3기와 4기 사이에 화산활동으로 형성된 섬으로 용암의 유동성이 약하고 점성이 강해 급경사의 형태를 이루고 있습니다. 따라서 도로 또한 경사가 급하고 좁기 때문에 육지처럼 승용차 택시보다는 오르막길에 강한 SUV 차량이 훨씬 유용하고 안전하답니다. 연간 강수량의 30% 이상이 겨울에 눈으로 내리는 대표적인 다설지이기도 해서 더더욱 그렇지요.

울릉도는 독도와 함께 2012년 '울릉도 · 독도 국가지질공원'으로 지정된 만큼 화산지형의 학습장으로 손색이 없습니다. 우선 도동항에 도착하면 항구 좌우로 우뚝 솟은 기암절벽과 바닥이 훤히 보일 정도로 맑은 쪽빛 바닷물, 가파른 벽에 굳건히 자리한 향나무가 시선을 압도합니다. 성인봉과 나리분지, 기암괴석 등 육지에서 볼 수 없는 화산활동의 위대한 작품들이 곳곳에 자

행남 해안 산책로

리하고 있지요.

그중 가장 먼저 만나볼 곳은 화산암과 해안이 절묘한 조화를 이루고 경사진 해안가를 따라서 조성된 '행남 해안 산책로'입니다. 해양수산부에서 선정한 '전국의 52개 걷기 좋은 해안 길'로 선정될 만큼 비경을 자랑합니다. 산책로의 총거리는 2.6킬로미터이며 울릉도 동남쪽 해안을 따라 도동항에서 저동항까지 연결되어 있는데, 1시간 30분 정도면 충분히 돌아볼 수 있어요. 산책로 오른쪽은 물감을 풀어놓은 듯한 푸른 쪽빛의 바다와 맞닿아 있고 왼쪽

타포니

해식동굴

코끼리바위(위)
해안 절벽(아래)

으로는 자연이 빚어낸 기암괴석이 이어져 그 절경에 취하게 되지요. 산책로 곳곳에는 파랑의 침식에 의해 형성된 해식동굴, 파랑의 풍화에 의해 형성된 벌집 모양의 구멍인 타포니 등이 있어서 지리를 공부하는 친구들은 반드시 들러야 하는 명소입니다.

행남 해안 산책로를 지나 자동차 창문을 열고 상쾌한 바람을 맞으며 한참 달리다 보면 거북이 모양의 거대한 바위 하나가 눈에 들어오는데, 바로 통구미마을의 명물인 '거북바위'예요. 거북바위는 모양이 마치 거북이가 바위를 타고 올라가는 것처럼 보여 붙여진 이름입니다. 물속에 코를 빠뜨리고 있는 코끼리 형상을 한 코끼리바위도 있어요.

바위의 표면이 용암이 식어 굳어진 주상절리로 되어 있어 마치 코끼리의 거친 피부를 연상시키죠. 코끼리바위는 코 부분에 구멍이 뚫린 바위라는 의미에서 공암(孔巖)이라고도 불리는데, 그 구멍 사이로 소형 선박의 왕래가 가능하다고 합니다.

지상으로 놀러 온 세 선녀에 얽힌 전설이 내려오는 삼선암도 그 절경을 자랑합니다. 또 내수전 전망대는 울릉도에서 해돋이 장소로 유명한 곳인데, 이곳에 올라서면 끝이 보이지 않는 수평선과 푸른 바다 위에 떠 있는 죽도, 관음도 등을 한눈에 담을 수 있습니다. 이처럼 울릉도에는 열 손

관음도(위)
죽도(아래)

나리분지

가락으로 다 셀 수 없을 만큼 아름다운 곳이 많지만, 개인적으로 가장 아름답다고 생각하는 곳 중 하나가 '대풍감 전망대'에서 바라본 울릉도 해안의 모습이에요. 태하해변에서 모노레일을 타면 어린이나 노약자도 쉽게 대풍감 전망대에 오를 수 있는데 이곳에서 바라본 해안의 경치는 '한국 관광 100선'과 한국사진작가협회에서 뽑은 '한국의 10대 비경'으로 선정될 만큼 빼어나답니다. 해안가를 따라 솟은 산봉우리와 바다 위에 떠 있는 각종 암석들은 풍경화의 한 장면을 그대로 옮겨놓은 것처럼 아름다워서 바라보고 있자면 감탄사가 절로 나와요.

울릉도는 화산지형이기 때문에 대부분 길이 가파르고 험하지만, 너른 평지를 만나볼 수 있는 곳도 있습니다. 바로 나리분지입니다. 나리분지는 성인봉 북쪽의 칼데라 화구가 함몰하여 형성된 화구원으로, 화산 폭발로 생긴 분화구 안에 화산재가 쌓여서 오늘날과 같은 형태를 이루게 되었답니다. '나리'라는 명칭은 이곳에 정착한 사람들이 섬말나리 뿌리를 캐 먹고 살아온 데서 비롯되었다고 해요. 또한 유난히 라도(전라도) 사람들이 많이 들어와 살던 곳이라 하여 붙여졌다는 설도 있습니다. 동서로 1.5킬로미터, 남북으로 2킬로미터 길이의 나리분지 안에 또다시 용

알봉 안내표지판

암이 분출해 새로운 화산지형인 알봉(538m)이 탄생했어요. 울릉도를 이중화
산이라 부르는 이유는 이처럼 1차적인 화구 함몰로 형성된 칼데라 분화구인
나리분지에 2차적인 분화 활동으로 알봉이 생겨났기 때문이지요.

● **3無 5多의 섬 울릉도** ●

제주도의 '3다(돌, 바람, 여자) 3무(도둑, 거지, 대문)'는 많이 들어보셨죠? 울릉도에도 제
주도처럼 '3無 5多'가 있습니다. 공해 · 도둑 · 뱀이 없어서 3無, 바람 · 물 · 돌 · 향나무 ·
미인이 많아서 5多랍니다. 청정 지역이라 산업 시설이 없으니 공해가 없어 공기가 깨
끗하고, 도둑질을 해봤자 육지로 도망칠 수 없으니 도둑도 없다고 합니다. 화산지형의
자연환경에서는 당연히 뱀이 살기 힘들고요. 과거에 일본인들이 울릉도에 뱀을 풀어
놓은 적이 있었는데 울릉도의 자연환경과 뱀의 서식지는 상극 관계여서 지금은 모두
사라지고 없다고 합니다.

울릉도의 맛과 명소를 찾아서

해외여행을 갈 때면 현지에서 반드시 먹어야 하는 음식과 사와야 하는 물
건을 의미하는 여행지별 '머스트 해브(MUST HAVE)' 리스트를 만들곤 하죠.
울릉도에도 가면 꼭 먹어야 할 음식들이 있습니다. 이른바 '울릉 5미'라고 하
는 울릉도만의 맛을 소개해볼게요. 우선 울릉도 하면 빼놓을 수 없는 것이 바
로 오징어입니다. 울릉도의 청정 해역에서 잡히는 오징어는 살이 통통하고
육즙이 풍부해 맛있기로 유명합니다. 오징어는 머리부터 발끝까지 버릴 것
하나 없이 식재료로 사용되는데 울릉도에서만 먹을 수 있는 오징어 내장탕
이 별미예요. 하지만 요즘은 중국어선의 싹쓸이 조업과 기온 상승으로 어획
량이 줄어서 '금징어'라고 불릴 만큼 오징어 가격이 급등했답니다. 가격이 오

른 만큼 소비가 줄어서 오징어 어업에 종사하는 분들이 어려움을 겪고 있지요. 소비자들도 예전처럼 쉽게 오징어를 먹을 수 없어서 많이 아쉽고요.

오징어와 함께 홍합밥도 빼놓을 수 없는데 싱싱한 홍합에 밥과 김, 그리고 양념장을 곁들여 먹으면 그 맛이 정말 최고입니다. 요즘엔 한 단계 업그레이드 되어 홍합밥에 따개비까지 넣어 '홍따밥'이라고 부르기도 해요.

그리고 울릉도 호박엿을 모르는 사람은 설마 없겠죠? 울릉도 호박엿은 지리적 표시제로 등록될 만큼 울릉도를 대표하는 특산품이 되었습니다. 일반적인 호박엿은 치아에 달라붙어서 먹기가 불편한데 울릉도 호박엿은 치아에 붙지 않게 가공해 그 인기가 높습니다. 하지만 울릉도 호박엿이 처음부터 호박으로 만들어지진 않았어요. 원래는 울릉도에 자생하는 상록활엽수인 후박나무의 껍질을 이용해 만들었는데 '후박'의 발음이 호박과 비슷하여 외지 사람들로부터 호박엿으로 불리게 되었던 거죠. 하지만 지금은 후박나무를 보호하고 호박엿을 대중화하기 위해 값이 싸고 구하기 쉬운 호박으로 만들고 있답니다. 울릉도 곳곳에서 호박엿 판매장을 쉽게 볼 수 있는데, 요즘엔 호박엿과 함께 호박 젤리, 호박 빵, 호박 막걸리, 호박 식혜 등 다양한 메뉴에서 호박 향을 맛볼 수 있어요.

오징어 내장탕   홍합밥   호박엿과 호박빵

울릉 약소는 울릉도에 자생하는 산나물과 각종 약초를 먹고 자라는 울릉
도산 소고기를 말하는데, 육질이 좋고 약초 특유의 향이 배어 있어 잡내가 나
지 않아요. 씹으면 씹을수록 고소한 맛을 느낄 수 있죠. 1998년에는 상표로
등록되기도 했어요.

명이나물, 취나물, 부지깽이 등 울릉도
의 해풍을 맞으며 자란 각종 산나물을 고
추장과 참기름에 비벼 먹는 산채비빔밥도
빼놓을 수 없어요. 울릉도 산채비빔밥은
편의점에서 가공식품으로 판매될 만큼 사
랑받고 있답니다.

이처럼 울릉도에는 울릉 5미가 있어서
관광객의 입맛을 행복하게 채워줍니다. 관
련해서 울릉도를 대표하는 귀여운 캐릭터
도 있답니다. 바다를 건너온 호박낭자를
표현한 '해호랑'과 지역 특산물인 오징어
를 표현한 '오기동이'인데 만약 울릉도에
도착한다면 곳곳에서 해호랑과 오기동이
가 반갑게 맞아줄 거예요. 지역적 특성을
캐릭터로 만들어 울릉도를 알리고 관광객
들에게 즐거움까지 주는 울릉도의 센스가
멋지지 않나요?

한편 한겨울 눈이 많이 올 때는 2미터 이
상이 쌓이기도 하는데 이러한 자연환경을

오기동이와 해호랑(위)
너와 투막집(가운데)
억새 투막집(아래)

극복하기 위해서 가옥에 우데기를 설치합니다. 울릉도에는 '너와 투막집'과 '억새 투막집'이 국가 민속문화재로 지정되어 있는데 우데기를 관찰할 수 있어요. 우데기는 겨울철 눈이 많이 내리는 울릉도에서 눈이 집 안으로 들어오는 것을 막고 이동 및 활동 공간을 마련하기 위하여 설치한 일종의 방설 벽입니다. 우데기 설치 이외에도 많이 쌓인 눈 위를 쉽게 걸을 수 있도록 신발에 설피를 덧대어 신었고 눈 때문에 지붕이 무너지는 것을 막기 위해 지붕의 경사를 급하게 만들었죠. 이 모든 것이 폭설을 극복하기 위한 울릉도 주민들의 지혜랍니다.

울릉도에는 아름다운 자연경관 이외에도 우리나라 유일의 영토 박물관인 '독도박물관'이 있어요. 선조들의 유물이 전시되어 있는 일반 박물관과는 달리 독도에 대한 올바른 인식을 심어주기 위한 사료들이 전시되어 있죠. 독도박물관은 1997년에 문을 열었고 지상 2층, 지하 1층으로 구성되어 있습니다. 박물관 옆에는 독도전망대까지 갈 수 있는 케이블카가 설치되어 있는데, 맑은 날에는 전망대에서 육안으로도 독도를 볼 수 있다고 합니다.

바다 한가운데 있는 섬에는 어떻게 전기가 공급될까요? 육지와 가까운 섬들의 경우, 통상 송전탑으로 육지에서 직접 전기를 공급합니다. 하지만 울릉도는 육지로부터 멀리 떨어져 있어서 이런 방법으로는 공급이 어려워요. 그래서 울릉도는 내연발전으로 전력 공급의 90% 이상을 생산하고 있고, 소수력발전도 그 일부를 담당하고 있습니다. 울릉도에는 현재 두 개의 수력발전소가 있고 최대 700킬로와트의 전력(600kW인 1발전소와 100kW인 2발전소)을 생산할 수 있다고 해요. 소수력발전은 수력발전과 같은 원리로, 떨어지는 물을 이용해 전기를 만들어요. 다만 수력발전처럼 댐을 큰 강에 건설하지 않고 작은 하천이나 폭포수를 이용한다는 점이 다르죠. 국내 유일의 용천수발전소인 추산수력발전소는 높이 270미터의 바위 사이에서 뿜어져 나오는 물(용출수)로 수차를 돌리면 수

| 독도전망대 케이블카 | 독도전망대 |

차와 곧바로 연결된 발전기가 돌면서 전기에너지를 생산한답니다. 주변 생태계에 나쁜 영향을 거의 주지 않는 친환경 에너지인 거죠.

◆ **울릉도 만남의 광장** ◆

울릉도에는 사계절 많은 관광객이 찾아옵니다. 하지만 다른 관광지에 비해 인프라 구축이 부족하고 도로가 좁고 경사가 심해 자유 여행보다는 주로 패키지를 이용한 관광객이 많아요. 그러다 보니 자연스럽게 관광객들이 시간을 정해 모이는 장소가 생겼는데 그곳이 바로 '만남의 광장'이랍니다. 만남의 광장은 숙소와 식당들이 밀집한 도동항과 저동항 두 곳에 있어요. 우선 도동항에는 여객터미널과 주차장 사이의 장소인데, 이곳은 울릉도에서 가장 번화한 곳이기도 합니다. 저동항은 관해정(觀海亭)이라고 부르는 후박나무 근처입니다. 후박나무는 울릉도의 군목으로 지정되어 사람들의 사랑을 받고 있습니다.

| 도동항 만남의 광장 | 저동항 만남의 광장 |

교통 혁신이 진행 중인 울릉도

현재 울릉도에 가기 위해서 이용할 수 있는 교통수단은 선박(배)이 유일한데 울릉도로 출발하는 배는 강릉항, 묵호항, 후포항, 포항항 이렇게 네 곳에서 탈 수 있습니다. 울릉도까지의 거리는 후포항에서 159킬로미터로 가장 가깝고, 포항항에서는 217킬로미터가 떨어져 있어 가장 멀어요. 기상 상황에 따라 동해의 파도가 높은 날이면 승객들이 뱃멀미를 많이 해서, 출발하기 전 멀미약 복용이 거의 필수 공식처럼 되어 있습니다. 여객선 터미널마다 각종 멀미약이 불티나게 팔리는 광경을 볼 수 있죠.

울릉도에 가려면 서울을 기준으로 시간이 얼마나 걸릴까요? 만약 묵호항을 이용한다고 가정하면 서울에서 묵호항까지 버스로 세 시간, 묵호항에서 울릉도까지 배로 세 시간이 걸립니다. 그리고 버스와 배를 타려고 기다리는 시간까지 더하면 최소 일곱 시간은 필요해요. 독도까지 가려면 두 시간을 더해 무려 아홉 시간을 이동하는 강행군이 펼쳐집니다. 생각만 해도 벌써 지치지 않나요?

그런데 최근 주민들의 염원을 담아 교통 혁신의 바람이 불고 있어요. 먼저 입출항 시 명동 한복판만큼이나 복잡했던 도동항에서 승객 전용 인도교와 차량 진출입로를 분리해 교통 혼잡을 해소했죠. 그리고 2010년부터 도동항 여객선 터미널을 새롭게 만들어 관광객의 편의를 증진했고요. 그 결과 지금은 터미널이 많이 좋아져서 여행의 질도 높아졌답니다. 여객선 터미널의 발전과 함께 도동항은 울릉도 상권의 중심지 역할을 톡톡히 해내고 있어요. 특히 관광객이 많이 찾아오는 여름에는 마치 서울의 명동거리를 방불케 할 정도의 인파로 북적거린답니다.

현재 사동항은 개발 사업이 진행되고 있는데 최근 해경·해군 부두를 짓기 위한 방파제 건설이 완성되었어요. 이것은 울릉도에 해군 함정이 상시 정

도동항 여객선 터미널   도동항

박하여 독도를 관리하고 해경이 중국 불법 어선을 단속할 수 있는 접안 시설이 필요하다는 의견을 반영한 것입니다. 접안 시설이 모두 완공되면 해군 함정이 울릉도에 상시 접안할 수 있어서 영토 및 영해 관리에 큰 도움이 되겠죠.

이렇게 발전된 바닷길 이외에도 하늘길까지 같이 열린다면 금상첨화겠죠? 울릉군청에 따르면 2019년부터 영덕과 울릉도를 오가는 헬기를 시범 운행할 예정이라고 해요. 배를 타면 세 시간 이상이 걸릴 거리를 헬기로 단 35분 만에 이동할 수 있다는 점에서 기대가 매우 큽니다. 또 사동항에 50여 명을 태울 수 있는 소형 공항 건설도 추진하고 있어요. 환경문제와 편리성을 고려해 사동항 근처의 바다를 매립해서 공항을 만들기로 최종 결정되었죠. 만약 헬기와 비행기 운송이 보편화된다면 울릉도는 또 한 번 변화의 바람이 불어 발전이 이루어질 것으로 보입니다.

울릉도는 마그마의 점성이 강하고 유동성이 약해 종을 엎어놓은 것과 같은 종상화산의 형태를 이루고 있어요. 따라서 마그마가 멀리 흐르지 못해 성인봉 정상에서 해안 쪽을 향해 가파른 절벽을 이루고 있죠. 이러한 지형을 이

용해 비교적 경사가 완만한 섬 외곽을 둘러싼 일주도로가 일찍부터 발달했
는데 울릉도에서는 이 도로가 마치 고속도로처럼 느껴질 만큼 폭이 넓어 사
람들이 자주 이용하고 있답니다.

일주도로가 완전히 개통되기 전에는 울릉도 북동쪽에 위치한 내수전에서
북면 섬목까지의 약 4.75킬로미터 구간이 막혀 있었습니다. 그래서 섬목에서
내수전까지 15분이면 충분히 갈 수 있는 거리를 1시간 30분 정도 돌아가야 하
는 불편을 겪었죠. 그러나 1963년 3월 울릉도 종합개발계획의 하나로 시작된
울릉도 일주도로가 2018년 12월, 약 55년 만에 완전 개통되어 기대를 한 몸에
받고 있답니다. 또한 노폭이 협소하고 낙석으로 인해 차량 통행이 불편했던 기
존 일주도로 개량사업도 계속해서 진행하고 있다고 해요. 시간이 지날수록 진
화하는 울릉도의 앞으로의 모습이 더욱 기대되는 이유이기도 합니다.

대한민국의 아침을 여는 우리 땅 독도

지구는 서쪽에서 동쪽으로 자전하고, 해는 동쪽에서 떠서 서쪽으로 진다
는 사실은 누구나 잘 알고 있죠? 따라서 동쪽에 위치한 지역이 서쪽 지역보다
해가 더 빨리 뜨고 빨리 집니다. 갑자기 왜 지구의 자전, 일출 얘기냐고요? 바
로 독도가 우리나라 최동단에 위치해 해가 가장 먼저 뜨는 곳이기 때문입니
다. 한마디로 독도는 대한민국의 아침을 연다고 말할 수 있죠.

독도는 동도와 서도 및 89개의 바위섬으로 구성되어 있고 면적은 187.554
제곱미터로 국제 축구 경기장 규격의 2.5배 정도의 넓이입니다. 생각보다 작은
가요? 물론 육안으로 보이는 섬의 규모로만 본다면 제주도와 울릉도에 비해 작
지만, 형성 시기를 보면 독도가 가장 먼저 생긴 섬이에요. 독도는 지금으로부터

460만 년 전부터 250만 년 전 사이에 해저에서 분출한 용암이 굳어져 탄생했습니다. 탄생 당시에는 하나의 섬이었지만 동해의 바람과 파도의 오랜 침식 활동으로 지금의 동도와 서도 및 여러 섬의 모습을 갖추게 된 거죠.

이번엔 기후를 살펴볼까요? 독도의 연평균 기온은 약 12℃이고 가장 더운 달인 8월의 기온도 25℃를 넘지 않아 여름에도 시원한 편이에요. 최한월인 1월의 평균 기온도 영하로 떨어지지 않아 비교적 온화한 편이고요. 독도는 울릉도와 함께 난류의 영향을 받는 해양성 기후랍니다. 연평균 강수량은 약 1,300밀리미터 정도이고 겨울엔 폭설이 자주 내리지만 바위의 경사가 급하고 바람이 강해 눈이 쌓이지는 않아요.

고속도로에 진입하려면 반드시 나들목(인터체인지)을 지나야 하듯이 독도에 가려면 우선 울릉도를 거쳐야 합니다. 울릉도는 마치 독도의 관문 도시 같은 역할을 수행하기 때문에 보통 울릉도에 오면 독도까지 한꺼번에 여행하려는 관광객이 많아요.

독도 가는 배를 타는 곳은 사동항과 저동항 두 곳이 있습니다. 승선권은 여객선의 정원 범위 내에서 선착순으로 접수하는데 보통 여행사를 통해 승선권을 구매하지만 직접 예매할 수도 있어요. 울릉도에서 독도까지 걸리는 시간은 1시간 50분 정도이고 독도에 머무르는 시간을 포함해서 왕복 네 시간 정도 소요됩니다.

독도는 1982년 천연기념물 제336호(명칭 : 독도천연보호구역)로 지정되었습니다. 문화재보호법 제33조에 근거하여 공개를 제한

동도에서 바라본 서도

449

독도의 기암괴석(시스택)

했지만 2005년 정부 방침의 변경으로 제한지역 중 동도에 한해서 일반인의
출입이 가능하도록 해제했죠. 입도허가제를 신고제로 전환하면서 독도의 아
름다움을 직접 눈으로 보고 느낄 수 있는 기회가 주어진 거예요. 2009년 6월
부터는 기존의 1일 입도 제한 인원(1,880명)도 폐지했습니다. 하지만 배에 탈
수 있는 인원이 한정적이기 때문에 1회 입도 인원은 470명으로 제한하고 있
지요. 독도는 동도와 서도로 나뉘어 있는데 서도는 지역주민이 거주하고 있
어서 입도가 제한되어 있습니다. 동도에 한해서 관광객이 둘러볼 수 있는 시
간이 20여 분 주어지고 있답니다. 하지만 독도에는 방파제가 설치되어 있지
않고 파도가 높아서 일반 관람객의 경우 기상 여건 및 형편에 따라 입도가 어
려운 날이 많아요. 만약 날씨가 허락하지 않아 접안이 어려운 경우에는 독도
주변을 배로 선회하고 돌아와야 해요. 또한 관광이 아닌 행사, 집회, 언론사
취재·촬영, 학술조사 등의 목적을 가진 숙박 및 체류를 계획하고 있다면 반
드시 입도 14일 전에 울릉군의 허가를 받아야만 합니다.

대한민국 동쪽 땅끝 표석　　　　독도와 사동항을 오가는 씨스타호

　쌤은 지난 6년 동안 여섯 번 접안을 시도해 다섯 번 독도 땅을 밟아보았어요. 처음 선착장에서 바라본 독도의 모습은 생각한 것보다 웅장하고 늠름해서, 아름다움과 신비로움을 넘어 경외심마저 들었답니다. 영상과 사진으로만 봐왔던 우리 땅 독도가 눈앞에 펼쳐지는 순간, 쌤을 비롯한 많은 사람들이 한동안 흥분을 감추지 못하고 함성을 질렀습니다. 그리고 저마다 한 손에는 태극기를 들고 나머지 한 손은 포즈를 취하며 독도의 풍경을 사진에 담느라 분주했죠. 풍경이 아름다운 곳은 관광객으로 많이 밀리는데 그중에서도 가장 붐비는 곳은 촛대바위와 삼형제굴바위가 보이는 곳과 대한민국 동쪽 땅끝 표석 앞이에요. 독도에 갈 계획이 있다면 사진 명소에서 멋진 인증 사진을 남기는 것이 독도를 추억하는 하나의 방법이 되겠죠? 이렇게 20여 분의 설렘과 환희의 시간이 지나면 배에 탑승하라는 뱃고동 소리가 울려 퍼집니다. 관광객들은 한 장의 사진이라도 더 남기기 위해 연신 카메라 셔터를 눌러댄 후 이내 아쉬움에 떨어지지 않는 발걸음을 배로 향합니다. 비록 체류 시간도 짧고 탐방 구역도 한정적이지만 소중한 우리 영토를 보호하기 위한 조치이니, 아쉽지만 이해해야겠죠?

독도를 부르는 다양한 이름

우리가 현재 부르는 '독도'라는 이름은 울릉도 주민이 부르던 '독섬'에서 비롯된 것으로 '돌섬'의 사투리예요. '독도'라는 명칭이 우리나라 문서에 처음 기록된 것은 1906년입니다. 하지만 독도를 부르는 이름은 매우 많았어요. 고대 우산국에서 비롯된 우산도, 물개(강치)가 많이 사는 섬이라는 뜻의 가지도, 섬이 세 개의 봉우리로 보인다는 뜻의 삼봉도, 돌섬에서 비롯된 석도 등 다양한 이름으로 불렸죠. 또한 외국에서는 리앙쿠르 암(프랑스), 호넷 암(영국), 메넬라이-올리부차(러시아)라고 불렀는데 모두 독도를 발견한 선박에서 비롯된 이름이랍니다.

독도 주민이 된다는 것과 독도의 가치

독도에는 언제부터 주민이 살게 되었을까요? 최종덕 씨가 1981년 10월 14일 독도에 주민등록을 처음 등재한 분입니다. 이후 1987년 9월 23일 사망할 때까지 거주하셨지요. 당시의 주소지는 경상북도 울릉군 울릉읍 독도리 30번지였어요. 이후 최종덕 씨의 사위인 조준기 씨의 일가족 모두가 독도로 주소를 옮기기도 했어요. 1991년 11월 17일부터 김성도, 김신열 씨 부부가 독도주민숙소(울릉읍 독도리 20-2)에서 어로 활동에 종사하며 거주했는데 2018년 10월 21일 안타깝게도 김성도 이장님께서 세상을 떠나셨습니다.

이외에도 독도경비대, 등대 관리원 등이 교대로 상주하며 독도와 함께하고 있습니다. 여기서 잠깐! 2014년 1월 1일부터 도로명 주소가 전면 시행되면서 독도의 동도는 신라 장군 이사부의 이름을 딴 이사부길, 서도는 독도를 지킨 안용복의 이름을 딴 안용복길로 명명하게 되었어요. 도로명 주소를 부여함으로써 독도가 우리나라의 고유 영토임을 다시 한 번 확인했다고 볼 수 있죠.

서도 도로명 주소 　　　　　　　　　　 동도 도로명 주소

그런데 궁금한 것은 독도는 우리나라의 중요한 영토인데 왜 군인이 지키지 않고 경찰이 지키고 있을까요? 대통령 훈령 제28호에 따르면 울릉도 지역 해안 경비는 경찰이 담당하도록 되어 있으며, 독도는 울릉도의 부속 도서(島嶼)이기 때문에 경찰이 경비 임무를 수행하고 있다고 해요. 현재까지 독도 안에는 별도의 군사시설이 없지만, 만약 군사시설을 설치하여 군인들이 지킨다면 외교적 분쟁 지역으로 해석될 수도 있기 때문이죠. 물론 군사시설을 설치하자는 의견도 있었지만, 현재 우리나라가 독도를 실효적으로 지배하고 있기 때문에 괜한 오해를 살 필요는 없다고 보는 것입니다.

독도명예주민증도 있습니다. AFC U-23 축구대회 및 2018 자카르타-팔렘방 아시안게임에서 우수한 성적으로 베트남을 감동시킨 박항서 감독의 이야기 잘 아시죠? 박항서 감독은 베트남에서 지도력을 인정받고 베트남 국민에게 감동을 준 대가로 베트남 노동시민훈장(명예시민)을 받았다고 합니다. 2002년 한일 월드컵 때 히딩크 감독도 대한민국 명예시민이 되었죠. 이처럼 명예시민이 된다는 것은 지역사회가 외부인을 인정했다는 최고의 찬사라고 할 수 있어요. 여러분도 독도명예주민

독도 경비대 숙소

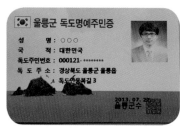

독도명예주민증 앞면   독도명예주민증 뒷면

이 될 수 있어요. 독도에 입도하거나 선회 관람한 사람 중 울릉군 독도명예주
민이 되고자 하는 사람에게는 독도명예주민증이 발급됩니다. 독도에 다녀온
사람이라면 독도명예주민증을 발급받음으로써 독도의 위상 강화에 보탬이
될 수 있고 애국심도 함양할 수 있겠죠?

독도는 영토의 가치 이외에도 다양한 경제·생태·군사적 가치를 지니고
있어요. 혹시 '불타는 얼음'이라고 불리는 가스 하이드레이트에 대해서 들어
보셨나요? 현재 석유와 천연가스의 대안으로 가스 하이드레이트에 대한 기
대가 높아지고 있습니다. 실제 2007년에는 독도 주변 바다에서 채취에 성공
하기도 했고 현재 국내 가스 소비량의 30년분에 해당하는 약 6억 톤이 분포
하는 것으로 추정되고 있어요.
이외에도 독도 주변 바다의 해
양 심층수는 해저 200미터 이
하의 깊은 곳에 존재하기 때문
에 태양 빛이 도달하지 않아
2℃ 이하의 수온을 유지하고
있습니다. 오염물질의 유입이
없어 청정성이 뛰어나며 미네

심층수 공장

랄과 영양염류가 풍부하다고 알려
져 있죠.

또한 독도 연안과 대화퇴 어장
에는 오징어, 꽁치, 방어, 전복, 소라
등의 다양한 수산물이 풍부해요.
독도에는 해국, 섬괴불나무 등 약
60여 종의 식물들과 바다제비, 슴
새, 괭이갈매기 등의 조류들이 서
식하고 있습니다. 이러한 생태계를

괭이갈매기

보존하기 위해 1999년에 천연기념물 제336호 독도천연보호구역으로 지정
하여 보호하고 있지요.

군사적으로도 해상 교통로의 중심지 기능을 하며 주변국인 일본과 러시
아, 미국의 해군 작전에 중요한 역할을 하고 있어요. 이 정도면 독도의 가치는
아무리 강조해도 지나치지 않겠죠?

강치는 왜 사라졌을까요?

독도는 바다사자로 알려진 강치의
서식지였으나 안타깝게도 지금은
볼 수 없게 되었어요. 독도 주변의 자
원을 탐내던 일본이 강치의 가죽과
기름을 팔아 이익을 얻기 위해서 암
컷, 수컷, 새끼 상관없이 강치를 무분
별하게 포획했기 때문입니다. 1972
년 독도에서 강치가 확인되기도 했
지만 이후 멸종되었어요. 정말 안타

까운 일이지만 강치를 다시 보고 싶은 마음을 담아 2017년에는 EBS에서 〈독도수비대 강치〉라는 애니메이션을 방영하기도 했답니다. 앞으로 유럽으로 수출할 계획도 있다고 하니 유럽 전역에 독도와 강치를 알리는 좋은 기회가 될 것으로 기대합니다.

독도는 우리 땅!

'독도는 우리 땅'이라는 노랫말처럼 우리는 독도가 대한민국 영토임을 당연히 알고 있고 독도를 호시탐탐 노리는 일본의 역사 왜곡에 분노하고 있죠. 하지만 어떤 근거로 독도가 우리 땅인지를 되물어본다면 과연 얼마나 많은 사람들이 제대로 대답할 수 있을지 걱정되는 것도 사실입니다. 그래서 지금부터는 독도가 왜 대한민국의 고유 영토인지 지리적·역사적·국제법적으로 간략하게 알아보도록 할게요.

우리나라에서 독도에 대한 최초의 기록은 고려시대에 쓰인 《삼국사기》에서 찾아볼 수 있습니다. 여기에는 이사부가 우산국을 복속하였다는 내용이 나오는데 우산국은 울릉도와 독도를 포함하고 있죠. 재미있는 것은 당시 이사부가 우산국을 정벌하기 위해 나무로 된 가짜 사자를 만들어 위협하니 우산국 백성들이 두려워하여 바로 항복했다고 해요. 《세종실록지리지》에는 우산(독도)과 무릉(울릉도)은 거리가 멀지 않아 날씨가 맑으면 서로 바라볼 수 있다고 나와 있어요. 눈에 보인다는 것은 이미 그 당시에 독도를 인식하고 있었고 독도가 울릉도의 생활권에 포함되어 있었다는 것을 방증하죠. 이런 사실은 독도가 우리 영토라는 사실에 매우 중요한 역사적 근거가 되고 있습니다. 안용복은 두 차례에 걸쳐 일본을 오가며 울릉도와 독도가 조선의 영토라는 것을 확인하기도 했어요.

독도 홍보 물품

독도 홍보 문구

일본의 기록도 살펴볼까요? 독도에 관한 일본의 최초 기록은《은주시청합기》(1667)에서 찾아볼 수 있는데 '일본의 서북쪽 경계를 오키 섬으로 한다'고 적혀 있어 독도를 일본의 영토로 여기지 않았다는 것을 알 수 있습니다. 이뿐만이 아니에요. 일본 메이지 정부의 최고 행정기관인 태정관은 "울릉도와 독도가 일본과 관계가 없다는 것을 명심할 것"이라는 지령을 내무성에 하달했었죠. 이렇게 일본은 1905년 이전에는 독도가 일본 땅이라고 단 한 번도 주장하지 않았어요. 그러다 러일 전쟁 중 〈시마네현 고시 제40호〉(1905.2.)를 통해 불법으로 독도를 자국의 영토로 편입하게 됩니다. 하지만 이때는 이미 을사늑약으로 외교권이 박탈되었기 때문에 대한제국 정부는 어떠한 공식적인 항의도 할 수 없었죠. 그러다 2차 세계대전이 끝난 후 연합국의 카이로 선언, 포츠담 회담을 통해 독도는 우리의 품으로 다시 돌아오게 됩니다. 이후 연합국 최고사령관 각서 제677호를 발효하여 독도를 일본의 통치 범위에서 제외하게 된 거죠.

외교부 홈페이지에 따르면 "독도는 역사적·지리적·국제법적으로 명백한 우리 고유의 영토입니다. 독도에 대한 영유권 분쟁은 존재하지 않으며 독도는 외교 교섭이나 사법적 해결의 대상이 될 수 없습니다"라고 명시하고 있

독도지킴이 활동   독도 캠페인

습니다. 그렇다면 일본은 왜 이렇게 끈질기게 독도 영유권을 주장하고 있을
까요? 우선 1차적인 목표는 독도를 분쟁 지역화하는 데 있어요. 일본은 독도
영유권 문제를 국제사법재판소에서 해결해야 한다고 주장하고 있지만, 독도
는 명백한 대한민국 영토이기 때문에 굳이 국제사법재판소에서 반복하여 이
를 증명할 이유가 없습니다. 독도는 우리 국민이 거주하고 있고, 독도경비대
의 경찰이 치안을 담당하고 있으며, 독도 관련 법령을 시행하고 있습니다. 따
라서 독도는 주권자로서의 역할과 권리를 충분히 실현하고 있는 우리의 영
토입니다.

 현재 독도를 지키기 위해 많은 사람들이 다양한 활동을 진행하고 있어요.
대표적인 사이버외교 사절단인 '반크'는 세계화 시대에 발맞추어 인터넷을
통해 더 많은 국가의 더 많은 사람들에게 독도는 대한민국 영토라는 사실을
홍보하고 있습니다. 경상북도 의회는 2005년에 '대한제국 칙령 제41호' 선
포를 기념하여 매년 10월을 '독도의 달'로 지정하여 기념하고 있죠. 그리고
2010년에는 시민·사회단체들이 '대한제국 칙령 제41호'를 공포한 10월 25

일을 '독도의 날'로 선포했고요. 물론 국가 기념일로 지정되진 않았지만, 독도 수호 의지를 담은 날이라고 할 수 있어요. 또한 동북아역사재단에서 설립한 독도연구소는 독도 관련 조사·연구 및 정책 개발을 통해 독도에 대한 국민의 관심과 이해를 높일 수 있도록 여러 협력 사업을 펼치고 있습니다. 대표적인 사례로 전국의 초·중·고등학교를 대상으로 독도 지킴이 활동을 지원함으로써 자라나는 학생들에게 올바른 영토관 확립과 독도 수호 의지를 심어주고 있지요.

지금까지 울릉도와 독도로 신나는 여행을 떠나봤어요. 꼭 가보고 싶은 곳이지만 쉽게 접하기 힘든 곳인 만큼 더 궁금하고 신비롭게 느껴지지 않나요? 만약 울릉도와 독도로 여행을 꿈꾸고 있다면 꼭 실행해보세요. 여러분 인생최고의 여행이 펼쳐질 거예요.

도서·문헌·기사

• 〈한국의 외국인 밀집 지역 : 역사적 형성과정과 사회 공간적 변화〉,《한국도시행정
  학회》제23집 제1호, 2010.

• 강봉이 외,《철새협동鳥合:철원 철새마을 커뮤니티 디자인》, 나무도시, 2012.

• 강신욱, 〈110년 전 충북도청 충주→청주 이전 왜?…"일제수탈정책"〉,《뉴시스》,
  2018. 5. 5.

• 강진구, 〈'성수동 이사 간 공씨책방 "헌책 득템하러 오세요"〉',《한국일보》, 2018. 4. 9.

• 강창숙 외,《한국지리지 충청북도》, 충청북도, 2016.

• 경의선공유지신문,《경의선공유지시민행동×26번째 자치구 계간 소식지》제1호,
  2018. 4.

• 경의선공유지신문,《경의선공유지시민행동×26번째 자치구 계간 소식지》제2호,
  2018. 8.

• 공윤경, 〈해방촌의 문화 변화와 공간의 지속가능성〉,《한국사진지리학회지》제24
  권 제2호, 2014.

• 광주광역시교육청,《중학교 주제로 보는 역사》, 광주광역시교육청, 2018.

• 권동희,《한국의 지형》, 한울아카데미, 2006.

• 권중걸, 〈예술, 문화 – 이승에서도 저승에서도 배필이 되는 남원의 사랑과 추어탕〉,
  《한맛한얼》1(3), 2008.

• 권혁재,《한국지리 지방편》, 법문사, 2005.

• 김경민,《건축왕, 경성을 만들다》, 이마, 2017년

• 김경수,《광주 땅 이야기》, 향지사, 2005.

• 김미정, 〈88올림픽과 동갑…학천탕은 이색 커피숍으로 변신중〉,《중부매일》, 2018. 1. 9.

- 김병수, 〈도시 생활구조의 새로운 전환에 대해-전주한옥마을과 연계한 전주남부 시장 청년몰 구상과 실천을 중심으로〉, 《로컬리티 인문학》 10, 2013.
- 김보름 · 천혜정, 〈청년 예술창업가들의 공간 전유-이태원 우사단로10길 사례 연구〉, 《문화정책논총》 30(1), 2016.
- 김여진, 〈우리 동네가 사라지고 있다〉, 《강원도민일보》, 2017.3.21.
- 김정수, 〈올해 철원평야 찾은 두루미 1999년 조사 이후 최대〉, 《한겨레신문》, 2018. 1.28.
- 김정후, 《발전소는 어떻게 미술관이 되었는가》, 돌베개, 2013.
- 김종철, 〈춘향전과 지리 – 문학교육과 지리교육의 공동 영역의 탐색〉, 《고전문학과 교육》 35, 2017.
- 김주미, 《전주 여행 레시피》, 즐거운상상, 2015.
- 김지훈, 〈'탐구 자유 지켜줄 '연구자의 집' 15년 만에 꽃핀다'〉, 《한겨레신문》, 2019. 1.29.
- 김창길, 〈[김창길의 사진 공책] 흔해빠진 풍경사진〉, 《경향신문》, 2018.6.8.
- 김태호, 〈한국의 화산지형 연구〉, 《한국지형학회지》 18(4), 2011.
- 김호기, 〈DMZ는 우리에게 무엇인가〉, 《경향신문》, 2013.7.23.
- 김훈, 《남한산성》, 학고재, 2017.
- 나평순, 〈물길의 변화로 본 북촌의 장소성〉, 《한국지리학회지》, 2017.
- 노성태, 《광주의 기억을 걷다》, 살림터, 2014.
- 동북아역사재단, 《우리 땅 독도를 만나다》, 동북아역사재단, 2015.
- 디자인하우스, 《전주 한지 천 년의 꿈》, 디자인하우스, 2005.
- 마강래, 《지방도시 살생부》, 개마고원, 2017.
- 문화재청, 《이야기가 있는 문화유산 여행길 충청권》, 문화재청 활용정책과, 2013.
- 민병준 외, 《해설 대동여지도》, 진선출판사, 2018.
- 박경하, 〈이태원의 다문화적 성격에 대한 역사적 접근〉, 《중앙사론》 38호, 2013.
- 박선홍, 《광주1백년 1》, 심미안, 2012.
- 박소령, 〈북촌 도시한옥주거지의 골목길에 관한 연구〉, 서울시립대학교 대학원, 2004.

- 박소영,《봄에는 전주 가을에는 부산》, 두베, 2014.
- 박수혁, 〈민통선 5km 북상 추진 '설레는 강원도'〉,《한겨레신문》, 2018. 5. 7.
- 박종률, 〈5·18 영령을 모독하는 전두환의 '궤변'〉,《CBS노컷뉴스》, 2016.5.17.
- 박현호, 〈대청호 집중호우 쓰레기 처리비용 7억원 예상〉,《노컷뉴스》, 2018. 9. 3.
- 배진영, 〈한국이슬람교중앙회 이주화 이맘 인터뷰 - "이슬람의 매력은 통일성과 다양성"〉,《월간조선》, 2018. 10.
- 뿌리깊은나무 편집부,《한국의 발견 - 경기도》, 뿌리깊은나무, 1989.
- 서울역사박물관,《신촌 - 청년문화를 품은 개척지》, 2016.
- 서울역사박물관,《홍대앞 - 서울의 문화발전소》, 2017.
- 서울특별시, 〈서울 서남권 중국동포 밀집지역 현황 조사 연구〉, 2015.
- 서태동, 〈The 지리어스와 함께하는 질문이 있는 답사 - 광주광역시 양림동 사례를 중심으로〉,《아우라지》, 전국지리교사모임, 2017.
- 성남시사편찬위원회,《성남시 40년사》, 성남시, 2014.
- 손규성, 〈대덕테크노밸리 8년만에 완공〉,《한겨레신문》, 2009. 11. 5.
- 신귀백·김경미,《전주편애》, 채륜서, 2016.
- 신정일,《두 발로 쓴 대한민국 국토교과서 신정일의 신 택리지 강원도》, 타임북스, 2011.
- 신한나, 〈서울 도시한옥지역의 젠트리피케이션 현상과 서촌 한옥변화에 관한 연구〉, 영남대학교 대학원, 2017.
- 안미애,《한국인이 꼭 알아야 할 30가지 남한산성 이야기》, 라온북, 2016.
- 안창모, 〈철도도시 대전 발전의 견인차였지만 어느덧 쇠락해 버린…〉,《한국일보》, 2016. 8. 7.
- 양인화, 〈대중음악 창조계층의 활동지역 선택원인 연구 - 홍대 인디음악 신을 중심으로〉, 동국대학교 동서사상연구소,《철학·사상·문화》제21호, 2016.
- 영영훈,《미치도록 가보고 싶은 우리 땅 울릉도·독도》, 넥서스BOOKS, 2005.
- 오윤주, 〈'아파트도 마을이다'…신문이 가져온 아파트의 변화〉,《한겨레신문》, 2018. 1. 30.
- 오윤주, 〈마을이 두꺼비를 살렸다, 두꺼비가 마을을 살렸다〉,《한겨레신문》, 2012.

1. 20.

· 오종택, 〈[뉴스 속으로] 북쪽엔 미국 · 유럽인, 남쪽엔 중동 · 아시아인…두 얼굴의 이태원〉,《중앙일보》, 2016. 8. 13.

· 옥선희,《북촌 탐닉》, 푸르메, 2009.

· 울릉군,《울릉도 · 독도 지질공원》, 2013.

· 원종관 외,《한탄강 지질 탐사일지》, 지성사, 2015.

· 유현준,《도시는 무엇으로 사는가》, 을유문화사, 2015.

· 윤아라미, 〈익선동 한옥주거지의 형성과정과 건축특성 연구-익선동 166번지 사례를 중심으로〉, 한국전통문화대학교 대학원, 2017.

· 이기환, 〈[민통선 문화유산 기행](16) 태봉국 도성(上)〉,《경향신문》, 2007. 6. 22.

· 이기환, 〈[민통선 문화유산 기행](18) 한반도의 배꼽 '오리산'(上)〉,《경향신문》, 2007. 7. 6.

· 이동고, 〈구 울산초등학교 랜드마크는 300년생 회화나무〉,《울산저널》, 2018.9.10.

· 이민부 외, 〈추가령 구조곡의 지역지형 연구〉,《대한지리학회지》, 제51권(제4호), 2016.

· 이병천 외 2명,《전주한옥마을》, 대원사, 2013.

· 이병천,《당신에게 전주》, 꿈의지도, 2015.

· 이새보미야,《전주시집》, 51BOOKS, 2014.

· 이소영 외,《전주인도 모르는 REAL 전주》, 시간의물레, 2014.

· 이승연, 〈역사문화자원을 활용한 민북마을 환경계획〉, 서울시립대학교 대학원, 2012.

· 이우평,《한국의 지형산책》, 푸른숲, 2007.

· 이윤정, 〈소읍기행, 민간인통제선 북쪽마을, 철원 양지리〉,《경향신문》, 2009. 3. 25.

· 이의한, 〈철원의 야외답사 코스 개발〉,《한국지형학회지》, 제22권(제3호), 2015.

· 이인우, 〈'시민의 힘으로 지킨 서점, 100년의 역사를 다짐'〉,《한겨레신문》, 2017. 8. 31.

· 이재림, 〈중국동포의 힘겨운 겨울나기: 서울 가리봉동 조선족 벌집촌에서 1주일〉,《중앙일보시사미디어》, 2007.

· 이정국, 〈[비무장지대에 묻혀진 마을들] 〈1〉 철원읍(구철원)〉,《강원일보》, 2004.

10. 25.

- 이창근, 〈뉴딜사업과 문화재생, 지역주민이 답이다〉,《중부매일》, 2018. 6. 7.
- 이춘호, 〈효심으로 다진 60년 전통 '송정떡갈비'와 별미 '상추튀김'〉,《영남일보》, 2017. 12. 8.
- 이학영, 〈국민음식 추어탕 – 미꾸라지〉,《하천과 문화》13(4), 2017.
- 이해란, 〈서울시 북촌의 경관 변천에 관한 연구〉, 이해란, 한국교원대학교 대학원, 2009.
- 이후남, 〈영화와 실화 사이 '1987'의 숨은 디테일 8가지〉,《중앙일보》, 2018. 1. 7.
- 임동헌,《민통선 사람들》, 늘푸른소나무, 2000.
- 장치은 외 1명,《이번엔! 울릉도 · 독도》, 넥서스BOOKS, 2014.
- 장혜원 · 이지혜,《여행길 전주 · 군산》, 푸른봄, 2017.
- 전경숙, 〈광주광역시의 도시 재생과 지속가능한 도시 성장 방안〉,《한국도시지리학회지》, 2011.
- 전국사회과교과연구회,《독도를 부탁해》, 서해문집, 2011.
- 전국역사교사모임,《주도자, 중재자, 선구자, 2011자주연수 자료집》, 2011.
- 전상인,《공간으로 세상읽기(집, 터, 길의 인문사회학)》, 세창출판사, 2017.
- 전주국제영화제, 최기우 외,《전주 느리게 걷기》, 페이퍼북, 2012.
- 전주시역사박물관,《꽃심을 지닌 땅 전주(문화유산편)》, 흐름, 2016.
- 전진삼, 〈홍대 앞 예술시장, 프리마켓〉, 사)한국건설안전기술협회,《건설안전기술》 Vol. 45, 2008.
- 정미영, 〈전통주거지역 문화관광 정책 연구–서울 북촌을 중심으로〉, 고려대학교 대학원, 2017.
- 정민경, 〈'쫓겨나가고 소송당하고…사라지는 헌책방'〉,《미디어 오늘》, 2017. 1. 14.
- 정민석, 〈'도심 한가운데 멈춰버린 시간…수도권 간이역'〉,《한겨레신문》 2018. 10. 11.
- 조하영, 〈외국인 밀집지역 내 한국인과 중국인의 상호인식 : 접촉의 효과를 중심으로〉, 서울대학교, 2018.
- 중앙일보 취재팀, 〈앞으로 갔다 뒤로 갔다 73년 여정 끝낸 추억열차〉,《중앙일보》, 2012. 6. 27.

- 지민이 · 강은일,《한국의 문화 여행: 인천, 대전, 광주 광역시》, 스프링, 2016.
- 진교원,〈삼척 해상케이블카 오늘부터 운영 시작〉,《강원도민일보》, 2017.9.26.
- 채수홍, 구혜경,〈전통시장의 쇠락과정, 대응양상, 그리고 미래〉,《비교문화연구》 21(1), 2015
- 청주시장,《재미있는 청주이야기》, 청주시 관광과, 2015.
- 청주시장,《콩닥콩닥 휴》, 청주시 관광과, 2015.
- 최동열,〈삼척 장호 어촌체험마을 '대박'〉,《강원도민일보》, 2012.1.11.
- 최동열,〈해수욕 말고도 체험 즐길거리 '무궁무진' 대박 터〉,《강원도민일보》, 2016.8.22.
- 최석호,《골목길 역사산책(서울편)》, 시루, 2018.
- 최승현,〈강원 동해안 어촌 10곳 중 9곳 소멸위험... 정주여건 개선 등 대책〉,《경향신문》, 2019.2.19.
- 최용백 외 3인,《성남구경 성남9경》, 푸른세상, 2013.
- 최재용,《우리 땅 이야기》, 21세기북스, 2015.
- 최준식,《동 북촌 이야기》, 주류성, 2018.
- 최준식,《익선동 이야기(최준식의 서울 문화지)》, 주류성, 2018.
- 최준호,〈네이처 '대전이 한국 기초과학의 중심으로 뜨고 있다'〉,《중앙일보》, 2017.10.31.
- 최하얀,〈'한국 대학가에서 100년 서점은 꿈일 뿐인가?'〉,《프레시안》, 2012.11.23.
- 최홍대,〈부활에 성공한 광주 '1913 송정역시장'〉,《오마이뉴스》, 2017.9.9.
- 판문역 공동취재단 · CBS노컷뉴스 황영찬,〈"10년 만에 판문역에 열차가 섰다" 남북, 철도 · 도로 연결 착공식〉,《노컷뉴스》, 2018.12.26.
- 한국관광공사,〈전통시장과 예술이 공존하는 곳, 광주 대인예술시장〉,《중소기업뉴스》, 2018.10.18.
- 한국문화유산답사회,《답사여행의 길잡이 3(동해, 설악)》, 돌베개, 1997.
- 한국지리정보연구회,《자연지리학사전》, 한울아카데미, 2004.
- 허영란 · 유미림,《아름다운 독도》, 천재교육, 2012.
- 황교익,《맛 칼럼니스트 황교익의 행복한 맛여행》, 터치아트, 2015.
- 황두진,《가장 도시적인 삶》, 반비, 2017.

- 간현관광지 (http://ganhyeon.wonju.go.kr)
- 강원통계정보 (http://stat.gwd.go.kr)
- 국가지질공원 (http://www.koreageoparks.kr)
- 국립공원관리공단 (http://www.knps.or.kr)
- 네이버 지식백과 (http://terms.naver.com)
- 대덕연구개발특구 (https://dd.innopolis.or.kr)
- 대전 관광 (http://www.daejeon.go.kr/tou/index.do)
- 대전 소제동 철도관사촌(https://brunch.co.kr/@jinyeongseo/22)
- 대전칼국수축제 (http://www.kalguksu.org)
- 대청호생태마을 (http://www.dceco.co.kr/page.do?pageId=205)
- 독도연구소 (http://www.dokdohistory.com)
- 디엠지기 (https://www.dmz.go.kr)
- 디지털 울릉문화대전 (http://ulleung.grandculture.net/?local=ulleung)
- 맹종죽테마파크 (http://www.maengjongjuk.co.kr)
- 문화재청 문화유산정보 (http://www.cha.go.kr/korea/heritage/search)
- 뮤지엄산 (http://www.museumsan.org)
- 박경리 문학공원 (http://tojipark.wonju.go.kr)
- 보건복지부 오송생명과학단지지원센터 (http://osong.mohw.go.kr/user/index.do)
- 오크밸리 (http://www.oakvalley.co.kr)
- 외도 보타니아 (http://www.oedobotania.com)
- 원주기업도시 (http://www.wonjuec.co.kr)
- 원주시 걷기협회 (http://http://wjwalking.com)
- 원주시 문화관광 (http://tourism.wonju.go.kr)
- 원주의료고등학교 (http://wonjumedi.gwe.hs.kr)
- 원주자유시장 (https://blog.naver.com/wjfreemarket)
- 이한열기념사업회 (http://www.leememorial.or.kr)
- 정부청사관리본부 (http://www.chungsa.go.kr/chungsa/frt/main.do)

- 청원생명축제 (http://bio.cheongju.go.kr)
- 통계청 (http://stat.kosis.kr)
- 페이스북 울릉도 (https://www.facebook.com/pg/ulleungtour/photos/?ref=page_internal)
- 한국민족문화대백과 (http://encykorea.aks.ac.kr)
- 횡성문화재단 (http://www.hscf.or.kr)
- 각 지자체 홈페이지

지리쌤과 함께하는
우리나라 도시 여행 2

1판 1쇄 2019년 9월 25일 | 1판 2쇄 2020년 9월 10일

지은이 전국지리교사모임
펴낸이 윤혜준
편집장 구본근
고문 손달진
본문디자인 박정민
지도일러스트 최청운

펴낸곳 도서출판 폭스코너 | 출판등록 제2015-000059호(2015년 3월 11일)
주소 서울시 마포구 월드컵북로 400 문화콘텐츠센터 5층 15호(우·03925)
전화 02-3291-3397 | 팩스 02-3291-3338 | 이메일 foxcorner15@naver.com
페이스북 www.facebook.com/foxcorner15 | 블로그 https://blog.naver.com/foxcorner15

종이 일문지업(주) | 인쇄 수이북스 | 제본 국일문화사

ⓒ 전국지리교사모임, 2019

ISBN 979-11-87514-27-5 (03980)